弗兰克·维尔切克／著

丁亦兵　乔从丰　任德龙
李学潜　沈彭年／译

奇妙的现实

Fantastic Realitites

科 学 出 版 社
北 京

内 容 简 介

本书是国际著名理论物理学家、2004年诺贝尔物理学奖获得者、美国麻省理工大学教授弗兰克·维尔切克的一部介绍现代物理学知识的高级科普著作，他用通俗的语言向那些不具备高深数学基础知识的读者介绍了物理学从基础到最新成就的几乎所有重要方面，充分体现了作者渊博的学识、深邃的思想、独特的见解和睿智幽默的风格。同时，本书最后还收入了维尔切克夫人贝特希在他获得诺贝尔奖前后所写的博文，带领读者一同体验"诺贝尔奖奇遇"。借此，读者可以对这位杰出物理学家的生活获得一定的了解。

本书通俗易懂，语言幽默，适合对物理学及相关学科感兴趣的大众读者阅读。

图书在版编目(CIP)数据

奇妙的现实/（美）维尔切克（Wilezek，F.）著；丁亦兵等译.—北京：科学出版社，2010.6

ISBN 978-7-03-027505-9

Ⅰ.奇… Ⅱ.①维… ②丁… Ⅲ.①物理学-普级读物 Ⅳ.①04-49

中国版本图书馆CIP数据核字（2010）第083422号

责任编辑：胡升华 郭勇斌 卜 新 / 责任校对：宋玲玲

责任印制：李 彤 / 封面设计：黄华斌

编辑部电话：010-64035853

E-mail：houjunlin@ mail. sciencep. com

科 学 出 版 社 出版

北京东黄城根北街16号

邮政编码：100717

http://www.sciencep.com

北京凌奇印刷有限责任公司 印刷

科学出版社发行 各地新华书店经销

*

2010年6月第 一 版 开本：B5（720×1000）

2021年10月第五次印刷 印张：17

字数：301 000

定价：68.00元

（如有印装质量问题，我社负责调换）

序

奇妙的现实

由于乔从丰和他的朋友们的努力，《奇妙的现实》中译本才能得以面世。在此，真诚感谢他们的工作。科学是一项国际性的事业。两位著名的中国物理学家杨振宁和李政道的重要工作是现代物理学的主要组成部分，我有幸与他们结识，就在几周前（2007 年 12 月），在斯德哥尔摩的诺贝尔奖庆典上，我遇到了我的朋友李政道，当时正值庆祝他获奖 50 周年！

呈现在你面前的这本书是我 30 多年来认真思考物理世界的产物。我大部分的努力都在致力于拓展知识的前沿。那些工作经常涉及不熟悉的概念和枯燥无味的数学，这些是大部分人不具备基础或没有耐心去精通的。你不必为了欣赏《费加罗的婚礼》而像莫扎特一样去作曲。与此类似，你也不必为了用美妙的现代物理概念丰富你的生活而去精通现代物理的技术细节。通过本书，我试图使这一点成为可能，并希望本书能够使读者赏心悦目。也许，你将发现，一旦尝试了这些想法，就会使你渴望获得更多的知识和启发。

如果本书有助于激励年轻人，这将使我感到特别高兴。有几句话我特别想告诉他们：

献身科学会使你成为能跨越时空这样的团体的一员，它是真正推动人类社会进步的原动力。这种生活也会有很多的乐趣，譬如《奇妙的现实》中我夫人贝特希用博客日记描述的诺贝尔奖奇遇，这也是本书的独到之处。如果你再向后读，你将看到，现在正是成为一个物理学家的特别激动人心的时刻。快去读吧！

弗兰克·维尔切克

2008 年 1 月 12 日

Introduction

Fantastic Realities

Thanks to the efforts of Congfeng Qiao and his friends, *Fantastic Realities* is appearing in Chinese. Science is an international enterprise. The central to modern physics is the work of two famous Chinese physicists, C. N. Yang and T. D. Lee, whom I've had the privilege to know personally. Just a few weeks ago (December 2007), I met my friend T. D. Lee in Stockholm at the Nobel Prize festivities—where he was celebrating the 50th anniversary of his award!

The book before you is the fruit of more than thirty years of hard thinking about the physical world. Most of my effort has been to expand the frontiers of knowledge. That work often involves unfamiliar concepts and dry mathematics, which most people don't have the background or patience to master. But just as you don't have to compose like Mozart to enjoy *The Marriage of Figaro*, you don't have to master the technicalities of modern physics to enrich your life with its fantastic concepts. I've tried, in these pages, to help make that possible, and I hope enjoyable. And maybe you'll find that a taste of the ideas makes you hungry for more.

I'd be especially delighted if this book helps inspire young people. A few words especially to them: A life in science makes you part of a community that spans continents and generations, and is the real engine of progress for humanity. It can also be a lot of fun, as you'll see in a unique feature of *Fantastic Realities*—my wife Betsy's blog-based diary of our Nobel adventures. If you read further, you'll see that it's now an especially exciting time to be a physicist. Go for it.

January 12, 2008

Frank Wilczek

译　者　序

经过五位译者近一年的努力，诺贝尔物理学奖获得者弗兰克·维尔切克的一部著名科普文集《奇妙的现实》的中译本终于呈现在广大读者面前。此时此刻，作为译者，我们有一种如释重负的感觉。我们不由自主地想起了影视剧中颇为流行的一句名言："我们已经尽力了。"

按原著前言所述，本书应该是一本轻松、消闲、给人以乐趣的书。但通读原文，你会发现，事实远非如此。的确，本书有一些笑话、诗歌和维尔切克夫人写的才气横溢的博客文章，但全书讲的是历史，讲的是哲学，讲的是大量的前沿科学，特别是其主题介绍的是极其抽象的现代物理知识。即使是那些笑话、诗歌和维尔切克夫人写的博客文章也都承载着一份凝重、一份深刻，给人以启迪，读起来也就不会那么轻松。

弗兰克·维尔切克堪称一位奇才，使他和戴维格罗斯（David Gross）、波利策一起荣获2004年诺贝尔物理学奖的工作，是他于1973～1974年在普林斯顿大学攻读博士学位时完成的，当年他只有二十二三岁，但他所取得的成就却已对基本粒子强相互作用的理论发展做出了划时代的贡献。戴维格罗斯（David Gross）是他的导师，工作是他们共同完成的，文章由他们一起署名。波利策是一位在哈佛大学攻读博士的研究生，比维尔切克年长两岁，他独立地完成了同样的工作，文章同时发表在同一杂志上。30多年来，维尔切克一直活跃在物理学的前沿。正如他在专门为我国读者撰写的中文版序中所述，本书是30多年来他认真考虑物理世界的产物。无论是他对于现代物理知识的介绍，还是他写的一些书评，抑或他写的几首诗歌，都表现出他渊博的学识、深邃的思想和独特的见解，这是读者在一般的书中难以见到的。认真读过之后，你会觉得这的确是一本好书，获益匪浅。我们热切地希望读者能够喜欢本书。

本书得以出版，除了原著作者的热情关心和支持之外，与科学出版社编辑尽职尽责的帮助是分不开的。在此，我们要向他们表示衷心的感谢。需要说明的是，尽管译者顺序是按照姓氏笔画排列的，参与翻译的多寡也不尽相同，但按照科学界的惯例，译者们都愿意并应该为译文中可能存在的纰漏承担相应的责任。由于我们的中文和英文水平有限，不当甚至误译之处在所难免，恳请读者不吝赐教。

译　者

2010年2月7日

前　　言

本书能给人以乐趣。其中，有一些笑话、诗歌和取自贝特希·黛雯（Betsy Devine）才气横溢的博客文章，它们应该都是轻松、消闲的读物，也有一些历史、哲学、前沿科学的解释以及前沿科学。按风格和主题，我将49篇文章安排为12部分，并给每一部分都写了一篇简短的引文。你可以依照你喜好的顺序，挑选一些阅读（我们已经删去了涉及较深数学内容的3部分——译者注）。尽管文章的观点之间有很多联系，但并没有依赖性。贝特希的贡献放在最后，但你可能很想从它开始。如果是我的话，我会这样做。

对先前已经发表的几篇文章，我仅做了最小的改动。我想感谢所有有关的出版商，感谢他们允许再版。我也要感谢各位编辑，感谢他们的帮助和建议。我特别要感谢格洛里亚·鲁比肯（Gloria Lubkin），她征集并编辑了所有的18篇参考文献。

精练的引言是一本书的良好开端。

目　　录

一、构建这个世界及其他

我讨厌“约化论”（也称“还原论”）。不是指这件事，而是这个词。这种说法容易引起对它的内容产生误解。解释事物是一种增加而不是约简的过程。我更喜欢牛顿的措辞：分析和综合。把被研究的问题或现象分解成较简单的组成部分（分析），然后将这些较简单部分组合成整体（综合）。

公元前600年，毕达哥拉斯（Pythagoras）出于想象，断言“万物皆数”，为分析树立了一个雄心勃勃的目标。至少可以说，他的这个纲领曾经几度兴衰沉浮。两千年来，他的这一观点曾经激励了一些抱负远大的先觉者，但随着经典物理的兴起而衰落了。后来，随着20世纪量子力学的建立，毕达哥拉斯的思想又得到了成功回归。令人惊奇的是，对现实最完善和最精确的诠释如何恰好体现了一个不足信的远古幻想，这在“世界的数字处方”中会有详细阐述。

由四部分组成的系列“分析和综合”，是我们目前对自然所做分析之最深层次的简明而广泛的纵览，指明了其尚未完成的特点及其最终的深刻局限性。

在“分析和综合之一”中，我偶然发现了一连串关于理想世界的巧妙想法。它们之中的每一个都由一些基本组分及其行为精确定义，并以各自独有的方式封闭和完成。较后一些的版本都包含一些附加特征，就像Word软件的一连串版本一样。因此，我们有World 1.0、World 2.0等。如同Word软件，如果不需要那些新特征，那么较早的、较简单的世界（World）版本就避免了臃肿，因而可能就是佳品。我在“分析和综合之一”中建议了六个可用的World版本。实际上，具有全部特征的最新版本World 6.0，是一个真正的杂牌机（kluge）（指由不配套元件拼凑而成的计算机——译者注）。我已经看到了一些关于World 7.0的广告，但它还只是一个朦胧件（vaporware）（指远未成熟就已做广告宣传的计算机软硬件——译者注）。

为了理解我们所观测到的整个世界，仅知道它的基本方程是不够的。因为几乎可以肯定，这些方程容许有很多个解。我们将需要一些另外的原理来告诉我们，哪些解适用于现实。在“分析和综合之二”、“分析和综合之三”中，我讨论了现代宇宙学如何允许分析方法深入破解这个问题。只要输入一些数据，它便构建出一个具体的世界解。

有很多关于“约化论的界限”的讨论。其中，绝大部分是模糊的、感情化的，或二者兼备。然而，实现具体化是有可能的。因为科学分析的进步本身，已经揭示出几个限制科学分析能力的非常客观、深刻的效应。在“分析和综合之四”中，我确认了三种这样的现象：投射（projection）（即我们不能看到所有事物这个事实）、量子力学的概率逻辑以及混沌（即对初始条件的极度敏感性）。实际上，这些效应使我们从基本方程（如果我们有它们）的解（如果我们得到了它）出发而达到对经验的完整描述变得不可能。对于这种情况，可用的术语是偶然性（contingency）：你不可能分析所有事物，有些事物仅仅是偶然的。从积极的方面说，我认为很可能会发现世界上所有的偶然性仅产生于上述的这三个来源。这样，我们可以分析它们产生的效应，从而分离出什么是我们最终能分析的，什么是我们最终不能分析的。这样，推理发现了其自身的局限性。

公正地承认这些局限性是一种解脱。它使我们不再存有任何幻想：以为分析可以汇集成一个说明一切的理论。它将回答所有的问题，并给出恰当的（很宽广的）视野以使理论更符合我们的经验。

我特别喜欢我为“分析和综合之四”发明的一个形象化比喻：绕着你射中的地方画靶子就可以射中靶心。如果你先画好靶心，然后站在你的弓的射程之内，那么射箭会是一项比较好的体育运动。

1　世界的数字处方

20 世纪的物理学大约起始于公元前 600 年，当时萨摩斯（Sámos）岛的毕达哥拉斯宣布了一个惊人的想法。

通过研究弹拨琴弦所发出的声音的音调，毕达哥拉斯发现人类对和声的感知是和数的比率有关的。他研究了由相同材料制造的弦，这些弦的粗细相同，处于相同的紧张状态，但长度不同。在这些条件下，他发现当琴弦长度的比率可用一些小的整数表示时，发出的音调听起来恰好和谐。例如，弦长比为 2∶1 时发出的是八度乐音，3∶2 时是五度乐音，4∶3 时是四度乐音。

由这个发现所激发的想法归纳为“万物皆数”的格言。这句话成了毕达哥拉斯学派的信条，该学派是一个把古老的宗教信徒和现代的科学学会结合为一体的不分性别的社会团体。

这个学派有过许多杰出的发现，所有的都应归功于毕达哥拉斯。也许最著名、最深刻的就是毕达哥拉斯定理（我国称之为勾股定理——译者注）。这个定理一直是几何学入门课程的主要内容。它也是黎曼－爱因斯坦弯曲空间和引力理论的出发点。

不幸的是，正是这个定理破坏了毕达哥拉斯学派的信条。用毕达哥拉斯定理，很容易证明等腰直角三角形的斜边与它的任一直角边之比不能表示为整数。毕达哥拉斯学派的一名成员发现了这个可怕的秘密，之后就不明不白地溺水身亡了。今天，当我们说$\sqrt{2}$为无理数时，这一说法仍然反映了那种年代久远的忧虑。

尽管如此，毕达哥拉斯的想法仍得到了广泛的理解。即使没有完全摆脱神秘，但却剥掉了宗教外衣。它仍然是几个世纪以来数学科学先驱们的检验标准。那些继承这一传统的工作不再坚持整数，但依旧假定，物理世界最深层的结构可从纯观念性诠释中获取。对称性和抽象几何学的方法可作为简单数字学的补充。

在德国天文学家约翰尼斯·开普勒（Johannes Kepler，1571～1630）的工作中，这种观点达到了光辉顶峰——最终得以完全阐明。

今天，学生们仍在学习开普勒的行星运动三定律。但是在表述这些著名定律之前，这位伟大而深邃的思想家还发表了另外一个定律——我们可以称之为开普勒第零定律。对于它，我们很少听说过，因为有非常充分的理由证明它是完全错误的。而正是这个第零定律的发现，激发了开普勒对行星天文学，特别是哥白尼系统的热情，并开创了他非凡的事业。开普勒第零定律讲的是关于不同行星轨道的相对大小问题。为了表述这个定律，我们必须设想行星都保持在以太阳为中心的一些同心球面上。他的定律是说，依次排开的这些行星球面有着这样的比例关系，即它们可以内切于和外接于五个柏拉图几何体。这五个著名几何体——四面体、立方体、八面体、十二面体、二十面体都具有全等的等边多边形表面。毕达哥拉斯学派研究了它们，柏拉图在《蒂迈欧》（*Timaeus*）（*Timaeus* 是公元前360年柏拉图所写的一部经典名著，以和苏格拉底对话的形式讨论关于宇宙的一些猜想——译者注）一书的思辨宇宙学中应用了它们。欧几里得（Euclid）以他著名的只存在五种这样的规则多面体的首次证明，使他的《原理》（*Elements*）（*Elements* 即著名的“几何原理”——译者注）达到顶峰。

开普勒因他的这一发现而异常欣喜。他设想，当这些球面转动时会发出音乐，他甚至还推测出了曲调（这就是短语“天体音乐”的来源）。这是毕达哥拉斯理想的一个完美实现。尽管是纯观念的，但对感官上很具吸引力，第零定律似乎算得上是数学上无所不知的造物主的产物。

值得赞扬的是，作为一个诚实的人（尽管其观念是时代错误）和一名科学家，开普勒没有沉迷于神秘主义者的狂喜之中，而是积极努力地审视他的定律是否与现实精确相符。后来他发现不是这样。在仔细地考虑了第谷·布拉赫（Tycho Brahe）的精确观测之后，开普勒不得不放弃圆形轨道，转而赞同椭圆轨道。他没有能挽回最初激发他灵感的那些观点。

之后，毕达哥拉斯理论陷入了漫长的、深深的低谷。在牛顿的运动与引力的经典演绎推理中，没有任何结构由数字或概念的一些构思来控制的意思，有的只是动力学。已知某一时刻受到引力作用的物体的位置、速度和质量，牛顿定律告诉我们将来它们将如何运动。这些定律不能确定太阳系唯一的大小和结构。近来发现，围绕遥远恒星运动的行星系统显示出一些非常不同的模式。19世纪物理学的巨大进展，集中体现于电动力学的麦克斯韦方程组，它们在物理学范围之内带来了很多新现象，但没有在本质上改变这种情况，即在经典物理的方程中，没有什么东西能确定大小尺度，不管是行星系统、原子，还是其他任何东西。经典物理的世界系统被分成一些可以任意设定的初始条件和一些动力学方程。在那些方程中，整数和任何其他纯概念因素都不扮演突出角色。

量子力学改变了一切。

标志新物理的而且在历史上有决定性意义的，是尼尔斯·玻尔（Niels Bohr）1913 年的原子模型。尽管它应用于一个非常不同的领域，玻尔的氢原子模型与开普勒的行星球面系统有着不可思议的相似性。束缚力是静电力而不是引力，参与者是绕质子旋转的电子而不是绕太阳做轨道运动的行星，且尺寸小了一个 10^{-22} 因子（100 万亿亿分之一——译者注）。但玻尔模型的主旨清楚明白，即“万物皆数”。

通过玻尔模型，开普勒的观点，即自然界中出现的轨道就是那些恰好体现了一个观念性理想的轨道，经过 300 年的沉寂后，像长生鸟复活一样，出现于它的余烬上。如果说有什么区别的话，玻尔模型比开普勒模型更接近于毕达格拉斯的理想，因为它的那些首选轨道是由一些整数而不是由几何结构确定的。爱因斯坦以极大的认同感和热情给予回应，将玻尔的工作称为“思维领域最高形式的音乐性”。

后来海森伯和薛定谔的工作确立了现代量子力学，取代了玻尔模型。这种对亚原子物质的描写不如玻尔模型贴近实际，但根本上更为丰富。在海森伯－薛定谔理论中，电子不再是在空间中运动的一些粒子，一些在给定时间“只在那里，而不在任何别的地方的”的现实要素，与此相反，他们定义了振荡的、充满全空间的波动模式，它永远是“在这里、在那里以及在任何地方”。电子波被带正电的原子核吸引，形成围绕着原子核的定域化的驻波模式。描写量子力学中确定原子态振动模式的数学与描述乐器谐振的数学是完全相同的。原子的稳定状态对应于纯音调。说句公道话，我认为如果有什么区别的话，爱因斯坦所赞誉的玻尔模型的音乐性，在后继者那里更增强了（尽管众所周知，爱因斯坦本人并不赞同新量子力学）。

自然界的工具和人类制造的工具之间的一个很大区别是：前者不依赖于由经验提炼的技能，而是依赖于严格精确地运用一些简单规则。现在，如果你浏览一本关于原子的量子力学教科书，或使用现代可视化工具观看原子的振动图案，“简单”这两个字也许不会在你脑海里闪现。但在这种情况下，它却有着精确客观的含义。一个理论越简单，则构建它而必须从观测获得的非概念因素就越少。在这种意义上，开普勒第零定律提供了比牛顿理论更简单（如结果所表明的，又太简单了）的太阳系的理论。因为在牛顿的理论中，行星轨道的相对大小需从观测获得。而在开普勒理论中，它们是从概念上确定的。

从这个观点看，现代原子理论是异常简单的。支配原子中电子的薛定谔方程，只含有两个非概念性量。它们是电子的质量和所谓的精细结构常数，后者用 α 表示，它确定了电磁相互作用的总体强度。通过解这个方程，得出它所支持的振动，我们可以构建一个概念世界。由它重新生成极为丰富的现实世界的数据，特别是那些精确测量给出的原子光谱线，它们可以视为原子内部结构的一种密码。电子和它们与光相互作用的非凡理论称为量子电动力学（QED）。

最初建立原子模型时，焦点集中于原子比较容易触及的外层，即电子云。含有原子绝大部分质量和全部正电荷的原子核，被处理为埋于中心处的很多小（但很重的）黑匣子。关于原子核质量大小或它们的其他特性，没有任何相关的理论，它们只能完全从实验获取。这种实用主义的方法极富成果，至今它仍提供了物理学在化学、材料科学和生物学中实际应用的有指导意义的基础。但它不能提供一个在我们所理解意义上简单的理论，从而无法实现毕达哥拉斯物理学的根本雄心。

从 20 世纪 30 年代早期开始，在电子已经能够被控制的情况下，基础物理学的前沿向内延伸到了原子核。这里不是详细叙述史诗般的构建和绝妙推理的复杂历史的场合，经过 50 年艰苦的国际性努力，这个无法触及的领域的秘密最终被完全破解了。所幸的是答案并不难描写，它促进和完善了我们的主题。

适用于原子核的理论是量子色动力学（QCD）。正如其名称所暗示的，QCD 牢固地建立于量子力学的基础之上。它的数学基础是 QED 的直接推广，使之纳入了一个支持更高对称性的比较复杂的结构。打个比方，QCD 之于 QED 犹如二十面体之于三角形。QCD 中的基本角色是夸克和胶子。要建立一个普通物质的精确模型，只需考虑两种夸克，它们分别叫做上夸克和下夸克，或者简记为 u 和 d（还有另外四种夸克，但它们都极不稳定，因此对普通物质来说不重要）。质子、中子、π 介子和大量的称做共振态的短寿命粒子大家族，都是由这些基本成分构成。在现实世界中观测到的粒子和共振态，与 QCD 的概念世界中夸克和胶子的共振波模式相匹配，类似于原子的状态与电子的共振波模式相匹配。可以通过解方程直接预言它们的质量和特性。

QCD 的一个不同寻常的特点，是它很难被发现的主要原因。夸克和胶子从来没有在孤立状态下被发现过，它们永远处于复杂的结合状态。QCD 实际上预言了这种“禁闭”，但它的证明是不容易的。

客观地讲，考虑到它解释了如此多的内容，QCD 是一个惊人简单的理论。它的方程只含有三个非概念性成分：u 夸克和 d 夸克的质量，以及类似于 QED 精细结构常数的强耦合常数 α_s，它确定了夸克和胶子的耦合有多强。胶子都是天然地没有质量。

实际上，即使是三个也还多。夸克－胶子耦合随距离而变，所以我们可以把它当做距离的一种单位。换句话说，具有不同 α_S 值的变种 QCD 产生的概念世界，其行为精确相同，但使用不同大小的米尺。此外，u 夸克和 d 夸克的质量被证明其数值大小并不很重要。根据爱因斯坦方程的逆表达式 $m = E/c^2$，强相互作用粒子的绝大部分质量来自它们所含有的运动夸克与胶子的纯能量。u 夸克和 d 夸克的质量比质子及其他含有它们的粒子的质量要小得多。

考虑所有这一切，我们可以得到一个极不寻常的结论。当我们愿意将质子本身当做米尺，并且忽略因 u 夸克和 d 夸克的质量而产生的微小修正范围时，QCD 将变成一个没有任何非概念因素的理论。

我来总结一下。从正好四个必须由实验得到的数值成分出发，QED 和 QCD 构造了一个数学对象的概念世界，这些数学对象的行为以卓越的精确性与现实世界物质的行为相匹配。这些对象都是振动波的一些模式。那些现实的、稳定的基本组分——质子、原子核、原子——不只是在比喻的意义上，而且是以数学的精确性对应于一些纯音调。这一下开普勒该高兴了吧。

这个故事沿几个方向继续着。若再知道分别使引力和弱相互作用的强度参数化的牛顿常数 G_N 和费米常数 G_F 这两个成分，我们就可以把我们的概念世界扩展到普通物质之外，实际上是描写全部的天体物理学。有一系列关于统一场论和超对称的极聪明的观点，或许它们使我们只用五个成分就够了（一旦降低到这么少，则每个再进一步的减少都会标志一个时代）。这些观点会在即将到来的几年中得到决定性检验，特别是当位于日内瓦（Geneva）附近的欧洲核子研究中心（CERN）的大型强子对撞机（LHC）约在 2007 年（LHC 原定 2007 年投入运行，但由于某些原因，推迟到 2009 年底开始对撞，以后逐渐提高亮度，直到设计值——译者注）成功投入运行时。

如果我们试图妥当地处理在高能加速器上发现的许多奇特的、短寿命的粒子的性质，事情则变得更加复杂和不能令人满意。我们不得不在我们的处方中添加许多新成分，直到我们不是由事实的很小投入来获取丰富的理解，而是做相反的事情。这就是今天关于基础物理学知识的状态——成功、激动和混乱并存。

最后的几句话，我留给了爱因斯坦：

在这儿，我想阐述一条定理，它目前只能基于我们对自然界具有的简单性也就是它的可理解性的信仰：不存在任意常数。也就是说，自然界是这样构成的：可能逻辑地建立非常确定的物理规律，在这些规律中只有完全确定的常数出现（实际上不是常数，它们的数值可以改变，却不破坏整个理论）。

2 分析和综合之一：什么关系到物质

牛顿的《光学》问题31是他在科学方面最后的话。它开始写道：

> 物体的小粒子具有某种能力，效力或力。彼此之间靠它们相互作用就能产生出自然界中绝大部分的现象吗？

在冗长地概述这个观念如何会导致我们现在称之为化学和凝聚态物质物理学中的各种现象的解释之后，问题31以一个方法论的信条结束：

> 如在数学中一样，在自然哲学中也是如此，研究困难事物利用分析法总是优先于综合法。……靠这种方法……我们可以从复合物得到各组分，从运动找到产生它们的力。且一般地，从结果追寻到它们的原因……而综合是假定已经发现了原因，并确立为原理。然后，用它们解释那些产生于它们的现象，并且验证这些解释。

"约化论"是适用于牛顿在问题31所主张步骤的现代术语。但这是一种令人讨厌且容易使人误解的说法，它几乎成为时新的知识圈内一个滥用的词。所以在这个由4个专栏组成的系列中，我将避免"约化论"这个词，而坚持使用牛顿的"分析和综合"。这个短语有这样的优点，它强调分解和重建这两个过程一起形成科学理解的根本要素。因此，这样的理解不是简化，更恰当地说是丰富。

无论叫它什么，作为理解物理世界的工具，分析和综合的方法已经取得令人震惊的成功。在描述物质方面，它或多或少地沿着牛顿提出的思路并取得了满意的效果；在宇宙学中，思路与牛顿所设想的完全不同（正如在问题31中出现的，牛顿相信世界由上帝创造，它的正常运转需要上帝的主动干预）。在这两种情况下，分析都带给了我们近乎完美的基本模型。

物理学的历史强调，就自身价值而言，综合是一个富于挑战性和深刻创造力的行为。然而，它有太多的不确定性，因此概括起来也很不容易，所以作为说明我只能提几个代表性的例子。

我们也将看到，在其成功地取得进展的过程中，具讽刺意味的是，分析和综合方法本身发现了自身解释能力的深刻和严格确定的局限。

2.1 电子层次的描述

通过一些就其自身价值而言极为重要和有用的中间模型，逐步建立起我们对物质最完整的分析，是很有启发性的。

第一个模型建立了这样一个世界，在其中唯一活跃的角色是遵从量子力学规律的非相对论电子。为充实这个世界，我们也容许高度定域的、静止的电荷源，它集中为一个带正电的点，电荷的大小为 $|e|$ 的整数倍。其中，e 是电子电荷。这些点电荷源提供了原子核的一个示意性的、“黑匣子”式的描述。这就是薛定谔利用力的库仑定律建立的原始波动方程所展现的世界。后来，我们认识到，这个世界是对我们世界的一个近似，其中的原子核同电子相比被认为是无限重（而不是只重几千倍)，光被认为运动得无限快（而不是只快 100 倍）。

这个模型是一个极简洁的结构。衡量其简洁性的一个客观标准是它含有多么少的参数。表面上看，似乎有三个：电荷单位 e、普朗克常数 $\hbar$ 以及电子质量 m_e。但我们可以把这些参数转换为一个单位系统：长度（$\hbar^2/m_e e^2$）、时间（$\hbar^3/m_e e^4$）和质量（m_e）。当我们用这些单位表达物理结果时，原始参数完全不再出现。于是我们的模型不再含有任何真正的参数。它对任何无量纲的量的预言都由它的概念结构毫无疑义地确定。分析到此不可能继续下去了。

然而，这个简单的斯巴达（Spartan）式框架却支持了极为丰富而且复杂的世界结构。通过把能量的定域最小值作为源电荷位置的函数，我们可以用它来计算应该存在什么类型的分子，它们的形状是什么样子(严格地讲，我们还必须确定一些对称性规则，从而把电子的量子统计考虑进去)。这个框架给我们提供了对大量结构化学课题的一个无参数基础。

第二个模型改进了第一个模型，它纳入了狭义相对论，即得出了光速有限（$c<\infty$）情况下的结果。我们从薛定谔方程过渡到狄拉克方程，从库仑定律过渡到麦克斯韦方程，并因此而引入了实光子和虚光子。通过从薛定谔－库仑过渡到狄拉克－麦克斯韦，我们得到了有源量子电动力学（QED)。现在一个纯粹的数出场了，它就是精细结构常数 $\alpha=e^2/4\pi\hbar c$。改进后的这个模型在这方面不太完美，但作为补偿，它既更为精确，内容也更广泛得多。它现在包括了电子自旋的动力学效应、兰姆（Lamb）位移、辐射现象及其他更多的一些物理现象。

然而，这两个奇妙的模型都有一个很大的缺点：分子不能运动。反应、扩散和热现象完全不见了，振动光谱和转动光谱也没有了。要容许分子运动，我们对原子核的描写就应该别那么概略。然而，这样做，我们就要允许自己再引入许多输入参数。最少我们需要那些不同原子核和同位素的质量，并且为了在细节上更准确，我们需要它们的自旋、磁矩以及其他一些性质。差不多需要几百个核参数。

一个实用的方法是完全从实验中获取所有需要的量。当然，走这步棋意味着，我们承认有许多测量我们并不打算预言其结果。它是分析中的一个主要妥协——一个战略意义的退却。但退一步说，所有这一切并没有丢弃，因为综合可以用这些材料取得惊人的成就。确实，我们的第三个模型，具有这种战略性的退却，为量子化学和凝聚态物质物理学提供了广泛的基础。在这个范围内，可以考虑成千上万种（虽然不会是无限多种）有意义的测量，所以一个含有几百个参数的有效模型仍然可能极为有用和极具预言性。正是这个世界结构，众所周知，保罗·狄拉克将其描述为包含“所有的化学和绝大部分物理学”。

2.2 夸克－胶子层次的描述

多亏过去30年中取得的进展，我们现在可以把对物质的分析推进到有深远意义的层次，并重新占领绝大部分曾经失去的领地。现在我们可以将我们对原子核的描述建立于一个其简洁和优美均可与QED媲美的理论基础之上。当然，这里我说的是量子色动力学（QCD）。

第四个模型将狄拉克－麦克斯韦电子和光子的理论（作为第二个模型）同QCD的精简版（我称之为简化QCD）结合在一起。简化QCD构建原子核时，作为组分仅仅利用无质量粒子：色胶子和两种夸克，即上夸克u和下夸克d。有充分理由相信，简化QCD至少能粗略地，或许在10%~20%水平，重新产生出那些重要的核参数（我马上会解释，为什么我如此谨慎地谈这个断言）。这太奇怪了，因为简化QCD是无参数理论！确实，它的方程可只用$\hbar$、c和一个质量Λ_{QCD}来表达。这些参量可被转换为一个单位系统，与我们在第一个模型即薛定谔－库仑模型中所做的类似（关于简化QCD和质量的起源的更多内容，请看“没有质量的质量之一：大部分的物质”）。第五个也是最后一个模型，是第四个模型的简单改进。其中，对于夸克引入了非零的质量m_u和m_d。以牺牲一些简洁性为代价，这个修正给出了现实的、精确得多的描述。

用这第五个模型，地球上物质的现代分析实际上可以圆满完成。一个基础理论，给出极其完整和精确的一组方程，这组方程支配通常条件下通常物质的结构和行为，且“通常”的定义是又很宽松的，需要参

数 $\hbar$ 、e、m_e 、c、Λ_{QCD} 、m_u 和 m_d 。这些参数当中的三个可转换为单位1，两个（m_u 和 m_d）起着相对来讲较为次要的作用。因而，我们对物质做粗略分析时可减少到两个参数，而做精确分析时要用四个参数。正如我在下一部分要讨论的，对于天体物理学还需要两个参数。

我们在这里坦白地承认：对 QCD 的信任并非源自我们能够用它计算核参数的能力。事实上，没有人知道做这样的计算的实用方法。该理论的最佳定量检验出现于一个完全不同的领域，即超高能实验。在那里，那些基本的夸克和胶子以及它们的耦合都清晰地显示出来。由于经验主义的支持，我们的这种信任依赖于这些检验的成功结果，以及关于质子结构和强子谱的大量的数值计算所得到的，令人鼓舞但至今仍相当粗略的结果。这些成功具有高度的杠杆作用，因为描述它们的理论极为严格。它不会因迁就而不被破坏。如果我们想与量子力学和狭义相对论的要求保持一致，夸克和胶子之间耦合的可能性就会受到很强的限制。只有少数几个参数可能在 QCD 中出现——夸克质量和 Λ_{QCD} 。其他任何参数都不允许。

于是我们严格地定义了一些方程，它们在高能时得到了严格定量的检验。我们知道，求解这些方程会得出核参数的特定的值。这样将导致我们相信这些数值都是准确的，尽管目前我们只能在最简单的情形下做出那些必要的计算。我认为这种预期是合理的，与我们关于 QED 适用于复杂的化学的信念没有什么太大的区别。然而，不幸的是，我们提供给核物理学家们，或者就此而论，还有化学家们的“约化”，实际上对他们没有太大的用处。设计更好的算法仍然是我们面对的巨大的和长期的挑战。

2.3 工具箱和艺术品

为把我们所知的关于物质的一切都包括进来，第五个模型的简洁框架必须相当大地扩充。下一步会很自然地走到已发展完善的标准模型，在标准模型框架内，我们可以解释在宇宙线和加速器上发现的许多现象。遗憾的是，这一步我们又引进了许多参数，大约有 24 个之多，它们绝大部分用于描写各种难以捉摸或极不稳定的粒子的质量和弱耦合角。它使人联想起前面从第二个模型到第三个模型的那一步。尽管前面的这个步骤现在已经被吸收进一个优美且简洁的理论，如我刚讨论过的，但目前仍没有任何类似于“超出标准模型”的东西。在分析的前沿，总是存在完美与精确之间可观的对立。

易使用和完整性之间的关系难以处理，这一点也很显然。有一个意味深长的玩笑，说是人们可以通过不能解决的问题来衡量物理学的进步。在牛顿引力中，三体问题是困难的，但两体问题可被精确解决；在广义相对论中，两体问题是困难的，但单体问题可被精确解决；在量子引力中，真空是很难处理的。

面对这样的一些选择机会，智者选择了“上面提到的一切”。不同层次的描述有不同的优点，可用于不同目的。薛定谔－库仑理论，尽管有其局限性，但堪称是一件令人惊异的艺术品。如果你怀疑这一点，我劝你使用迪安·道格（Dean Dauger）的著名共享软件“箱子中的原子”[1]仔细地观察一下波动力学的氢原子——但是要记住，这个软件的动画直接反映了现实的深层次的各个方面。然后试着想象一个碳原子或一个水分子。还有第三个模型，尽管有其妥协性，却是一个出色的工具箱。在其许许多多的应用中，最常用到的是设计新一代激光和微电子装置。

与在最精细的可能分解下作分析相比，真正的理解是一件微妙和灵活的事。一个“说明一切的理论”，假如真的去构建的话，是不会成功的。

狄拉克有时被奉做纯洁和简约主义的守护神。现实的狄拉克是作为电机工程师被训练的，在他的科学自传[2]中，他对于这种训练的价值赞颂地写道：

> 工程课程非常强烈地影响了我……我认识到，在描写自然界时必须容忍近似。并且即使使用了近似，做出的工作也可以是有趣的，而且有时可以是优美的。

参考文献

[1] Atom in A Box. http://www.dauger research.com/orbitals/index.shtml. The program requires a Macintosh computer

[2] Dirac P A M. In：Weiner C，ed. History of Twentieth Century Physics. New York：Academic Press，1977

3 分析和综合之二：宇宙的特征

量子电动力学（QED）支配原子核的外部，量子色动力学（QCD）支配原子核的内部。这个 Q * D（泛指 QED 和 QCD——译者注）王朝统治普通物质。这些纯粹建立于抽象概念基础之上的 Q * D，当只要再补充两个数字参量时，就提供了一个给人深刻印象的很好的物质模型；而用四个参数就能进行非常有声有色的演绎。从这些要素出发，我们能综合出数学上可能的世界，我们有充分证据相信，它精确地反映了物质的物理世界和化学性质。

3.1 天体物理学的完美核心

在天体物理学中，我们研究数量非常巨大的物质是非常长的一段时期内的行为。对绝大部分地球上和实验室中的现象都可以忽略的那些微弱的但累积的效应（引力），或罕见的但具转换能力的效应（弱相互作用），当我们扩展了我们的视野时就必须把它们都考虑进来。然而，只要再加进另外两个参数，我们就可以把我们对物质的分析扩充到包括天体物理的绝大部分。

我们有一个卓越的引力理论，即爱因斯坦的广义相对论。它只含有一个新参数，牛顿常数 G_N。正如我在一个较早的专栏（“标定普朗克山之三”）中阐明的，将物质的成功理论与广义相对论相结合绝对没有任何实际问题。例如，复杂的全球定位系统（GPS）以精确性和多功能性的操作确定时空，它运作得很好。GPS 是如此之精确，以至于它对于地球引力的红移，即一个物质产生时间弯曲的直接反应非常敏感。尽管承认爱因斯坦的理论，但迄今为止，GPS 对那些正在发生的且有大量先兆的时空观念的危机和革命，似乎完全不在意。这种无知与我在“标定普朗克山”中简单描述的量子引力的有效理论（也是整个天体物理学界默认采用的理论）的预料是一致的。

弱相互作用提供恒星所释放的能量，使它们演化。对绝大部分的应用，将基本相互作用 $d \to u + e + \bar{\nu}$ 包括在内就足够了，它将一个 d 夸克变为一个 u 夸克、一个电子和一个反中微子。这个过程的总强度由另外一个新参数即费米常数 G_F 控制（严格地讲，出现的是 G_F 乘以卡比玻（Cabibbo）角余弦值的平方。这个数字因子约为 0.98，很接近于 1）。这个基本的夸克转变过程，是地球上 β 衰变和出现于正常恒星内的复杂形式的核反应两者的基础。将弱相互作用包括在内，也使我们能够消除基于 QED 和 QCD 而对物质所做描述的逻辑结构中的一个小缺陷。通过使一些本来会很稳定的原子核变得不稳定，弱相互作用扮演了一个重要的负面角色。它定义了实用化学周期表的边界线为 β 稳定性线，排除了伪同位素，否则它们将会出现。

3.2 还有那不太漂亮的边界

其他重要的弱作用包括奇异（在专用术语的意义上）粒子或中性流产生中微子－反中微子对。这样的过程在天体演化的后期，特别是在超新星大爆炸及其结束后的一段时间变得很重要。分析这个物理，引进了另外三个数值参数：卡比玻角、温伯格（Weinberg）角和奇异夸克质量。用它们，我们可以建立起控制方程。当然，和以前一样，求解这个方程会带来不同层次的问题。

在超新星爆炸结束之后的一段时间，或在其他一些极端的天体物理环境下，有些粒子被加速到极高能量——它们成为宇宙射线。当宇宙射线与星际物质碰撞，或撞击我们的大气时，碰撞的碎片中含有一些 μ 子、τ 子和重夸克。为描写所有这些粒子的性质，我们必须引进许多新参量，特别是它们的质量和弱混合角。最近，我们已经知道中微子是振荡的，主要也是通过研究宇宙射线（包括从太阳发出的），所以我们的研究也必须包括这些中微子的质量及其混合。

在高能物理前沿，参数个数的增加开始比重要新现象的增加更迅速。在能量较低时，我们利用了一些中间的、简化的模型，支撑着一个高昂的代价，来换取有利的参数个数与结果数之比。但在高能前沿，我认为我们已到达收益递减的转折点。我们对自然定律的最精确理解，包括所有已知细节——标准模型，补充了中微子的非零质量和混合，并与广义相对论相结合——显然是一份原材料的清单，而不是一个成品。

这样的一批原材料就是今天我们用分析和综合方法去理解物质的进程所在之处。尽管分析显然没有完结，但已经是惊人地成功。它支持一个异常简洁的概念系统的综合，用狄拉克的话说，包含“全部的化学和绝大部分物理”。而现在“绝大部分”还包括了狄拉克时代所没有的核物理和天体物理。

3.3 数字宇宙学

值得注意的是，对于宇宙学可以实现分析和综合的一个并行程序，我们可以构建一些概念模型，它们用很少的参数，描写作为一个整体的宇宙的各主要方面。

第一个模型把宇宙处理为同质的和各向同性的，或用通俗讲法，均匀的。当然，实际并非如此。确实，表面上看宇宙中物质的分布绝非均匀。物质集中于恒星，这些恒星被几乎是真空的无边无际的空间隔开，它们聚集成被更广阔的空间所分隔开的星系。然而，暂时忽略如此令人困窘的细节，我们会有很好的回报。

该模型的一些参量确定了物质在巨大空间体积上的几个平均性质。它们是普通物质（重子）、暗物质及暗能量的密度。正如我已经讨论过的，关于普通物质我们知道得相当多，并且可用几种方法在遥远的距离探测它们。它对总密度的贡献大约为3%。关于暗物质（实际上，也是透明的）我们知道得非常少，它们只能通过其引力对可见物质运动的影响而间接地被观察到，人们观测到暗物质只施加极小的压力。它对总密度的贡献大约为30%。暗能量（实际上，也是透明的）对总密度贡献为67%。它有很大的负压力。暗能量非常神秘而且令人不安，下一次我将详细阐述。

所幸的是，虽然关于宇宙绝大部分质量的特性我们几乎全无所知，但这一点并不妨碍我们模拟它的演化。这是因为大尺度下占主导地位的相互作用是引力，而引力并不关心细节。根据广义相对论，只有总能量－动量才重要；或等价地，对均匀物质、总密度和压力最有用。

采用观测到的物质、暗物质和暗能量的相对密度，我们可以用广义相对论方程将目前宇宙的膨胀外推回宇宙早期。我们把空间的几何视为平直，把物质的分布视为均匀。这个外推定义了标准的大爆炸方案。它成功地预言了几件事，否则它们都会很难理解。其中，包括遥远星系的红移、微波背景辐射的存在和轻核同位素的相对丰度。这个程序也是内部自洽的，甚至是自证实的，因为微波背景在很高的精度（即10万分之几的精度）上，被观测到是均匀的。

第二个模型改进了第一个，它允许早期宇宙的均匀性存在小的偏离，并遵循具有假定初始涨落谱的动力学演化。凝聚核心依靠引力的不稳定性不断长大，由于极度密集区吸引更多的物质，从而加快了它们的密度随时间增加。从一些很小的凝聚核心开始，这个生长过程似乎最终能触发星系、恒星和今天观测到的其他一些结构的形成。用演绎的方法人们可以考虑关于初始涨落的各种假设，且多年来已提出很多假设。但是近来的观测，特别是非常漂亮的微波背景各向异性的 WMAP（Wilkinson Microwave Anisotropy Probe，威尔金森微波各向异性探测器——译者注）测量，支持所谓的哈里森－捷里多维奇（Harrison-Zeldovich）谱，它从多方面讲都是最简单的可能猜测。在这个理论中，假定涨落具有很强的随机性。精确地讲，是互不关联的和高斯型的，具有空间标度不变性的谱，并且同等地影响普通物质和暗物质（绝热的）。有了这样强的假设，仅用涨落总振幅这一个参数，就完全确定了统计分布。在这个振幅取适当值的情况下，第二个宇宙模型非常好地符合 WMAP 数据及其他大尺度结构的测量。

3.4 渴望、机会、不满

正如我刚刚简单叙述的，宇宙学已被归纳为一些一般的假设和仅有的四个新的连续参数。这是一个令人惊异的进展。然而，我认为，绝大多数物理学家都不会也不应该对它完全满意。在该宇宙模型中出现的那些参数，与出现于可比较的物质模型的参数不同，它们并不描写简单实体的基本行为。相反，它们是作为宏观（极为宏观的）团块平均性质的概括性描述符而出现的。它们既不是千变万化的所有现象中的关键角色，又不是完美数学理论的基本组元。

由于这些缺点，我们觉得很奇怪，为什么有效地描写现有的观测时，只有这些参数显得必要。而且不能断定的是，当观测改进时我们是否需要包括更多的参数。我们很希望把分析深入进行到另一层次，在那里这四个工作参数被更接近基础的一些不同的参数所取代。

另外一个对我们洞察力的限制如此深刻并渗透到现代宇宙学中，以至于绝大多数物理学家和宇宙学家，由于长时间的熟悉而变得习惯，并不像应有的那样不满意。现代宇宙学把世界的一切，除了少量的统计规律性之外，都推给了随机性和偶然性。在但丁（Dante）的宇宙中，一切都有其自身原因而存在并有固定位置。开普勒渴望解释太阳系的特殊形式。现在，似乎太阳系行星的数目、质量和轨道的形状以及宇宙中更一般的每一特定物体或物体群的每一特定的事实都只是偶然的，不可能给出基本解释。有些事情天然如此，有些变得如此，而宇宙学家们也要求它们如此。

有一些名副其实的和激动人心的机会，适于对宇宙学参数作进一步分析。然而，最不可能的是，我们宇宙模型核心的无所不在的不确定性和随机性会消失。不确定性使我们面对另一类机会：扩展我们对于是什么组成基本解释的洞察力的机会。下次我将更多地谈这些机会。

4　分析和综合之三：宇宙学的根基

宇宙学的绝大部分可用少数几个参数得到，但正如我在前一专栏中所讨论的，这些参数本身都很神秘。现在，我将概述更好地理解它们的一些前景。

4.1　更深地探索

物理学家们的激动和乐观的一个很大原因是，暴胀模型暗示着基础物理和宇宙学之间新的联系。我们宇宙模型中的几个假设，特别是均匀性、空间平直性和哈里森－捷里多维奇谱，最初都是根据简单性、方便性或有审美感而提出的。它们可以用一个单独的动力学假设取而代之：在其历史的早期，宇宙经历了一段超光速膨胀，或暴胀时期。

这样的一段时期可能是由一个物质场所驱动的。这个物质场被相干地激发，并脱离了它那弥漫于宇宙的基态。这种可能性在基础物理模型中是很易想象的。例如，即使在标准模型中，也要用标量场来实现对称性破缺。理论上，可以很容易发现，这样的一些场自身在宇宙膨胀时不能足够快地放出能量从而保持接近于它们的基态。如果接近基态足够慢，暴胀将会出现。涨落将会产生，因为整个宇宙各处的弛豫过程不完全同步。

暴胀是一个极具吸引力、逻辑上很有说服力的思想，但仍存在非常基本的挑战。我们能够确定暴胀的原因并将其植根于基础物理学的那些明确的、基础牢固的模型之中吗？具体地讲，我们可以计算正确的涨落振幅吗？现存的那些实施手段在这里遇到一个问题：使这些振幅足够小需要一些精细的调节。

与从广泛灵活的暴胀思想中提取可靠的定量预言所遇到的困难相比，也许更有希望的是锲而不舍地探究它所建议的崭新且令人惊讶的各种可能性。伴随暴胀发生的时空猛烈重建，应该产生可以探测的引力波。而弛豫过程的非平庸动力学，应该产生一些可以探测的对严格标度不变的涨落谱的偏离。未来的对微波背景辐射的极化和物质的大尺度分布的精确测量，将会对这些效应很敏感。

关于物质和反物质之间的不对称性如何可能会在早期宇宙中产生，存在很多观点。在粒子和反粒子彼此大量湮灭之后，这种不对称性可能遗留下来，表现为现在的重子密度。这些观点中有几个似乎能容纳观测到的密度。不幸的是，答案一般依赖于近期都不可能在实验上达到的能量下粒子物理学的细节。所以，为在模型之间做出抉择，我们可能被迫去等待一个实用的（几乎）说明一切的理论。

4.2 暗物质

对暗物质问题我很乐观。在此，我们遇到了不寻常的情况，即存在两个好想法。按照奥卡姆的威廉（William of Occam）（提出剃刀理论者）的说法，太多了。

如果我们把标准模型扩展到更大的理论，则它的对称性可以提高，并且它的一些审美的缺点也可以克服。有两个建议的扩展特别明确，引起人们的关注，它们在逻辑上是彼此独立的。其中之一纳入罗伯托·佩切伊（Roberto Peccei）和海伦·奎因（Helen Quinn）在1977年提出的一种对称性。通过消除QCD中支持没有观测到的破坏强时间反演对称性的势，佩切伊-奎因对称性使量子色动力学的逻辑结构更完美。这个扩展预言了存在非常轻的、有微弱相互作用的一种极不寻常的新粒子：轴子。

另一个建议引进了超对称性，扩充了狭义相对论，包括进了量子时空变换。超对称性达到了关于大统一的现代观点的几个重要的定性和定量的目的：它克服了在理解为什么W玻色子如所观测到的那样轻以及标准模型的耦合常数为什么取它们现有的值时所遇到的一些困难。在许多超对称的实现中，最轻的超对称粒子（LSP）与普通物质之间的相互作用相当弱（尽管与轴子相比要强得多），因此在宇宙学的时间尺度上是稳定的。

轴子或LSP粒子的性质，恰好符合暗物质的要求。此外，你可以计算它们每一种在大爆炸中的产额有多么丰富。对这两种粒子所预言的丰度都是非常有希望的。为观测这两种形式的暗物质中任何一种，强有力的、宏伟的实验搜寻正在进行之中。一旦大型强子对撞机约在2007年开始运行，我们将获得超对称性的关键信息。从现在起10年之后，如果我们对暗物质还没有一个清楚得多的理解，我会很失望，当然也会很惊讶。

4.3 暗能量

现在谈一谈剩下的那个参数，即暗能量密度。为什么它是这样小？为什么它是这样大？

标准模型提供了一个极重要的教训：经由我们的感觉推断视为真空的东西，实际上是一种具有丰富结构的介质。它含有与电弱超导体和QCD中手征对称性自发破缺二者都有联系的对称性破缺凝聚物、大量虚粒子的涌现，或许还远不止这些。

因为引力对于一切形式的能量都敏感，真应当看一看这个家伙，尽管我们的肉眼和仪器都做不到。直接的估算表明，空的空间要比具有我们熟悉物质的空间重几个数量级（这儿不是印错了）。例如，它“应该”比中子星密度大得多。真空的期望能量起的作用像暗能量一样，具有自己怪异的负压力，但预期的远比发现的多得多。

对我来讲，有关真空密度的偏差是所有物理科学中最神秘的事实，也是一件具有最大潜力能动摇基础的事实。显然我们在这儿还有一些主要的东西没认识到。假如是这样，就很难知道什么构成了数量小得荒唐却在目前主导着宇宙的暗能量。

4.4 可能的世界

发现了支配物质行为的决定性的数学方程，而且甚至掌握了求解它们的技术，假如我们还求得了这个解，但绝不意味着完成了通过分析和综合理解自然的程序。我们仍将需要处理选择问题。在所有可能的解中，实际描写现实的那些解是如何挑选出来呢？

玻尔把一个深刻的真理定义为它的反面也是一个（深刻的）真理。照这种精神，我希望把一个深刻的问题定义为在你已经有了它的答案之前，它没有任何清楚的意义。上述的选择问题就是一个深刻的问题。在提出这个问题时，我们就已经理所当然地认为，我们可以区分什么是“可能的”和什么是“真实的”。表面上看，这种说法听起来很不科学：科学的目标是理解真实世界，而且只有真实的世界才是可能的！但实际上，一个清楚而且有用的区别确实出现了。

早期的科学史的一个著名的插曲可用来说明这个问题。在开普勒为理解太阳系所做的第一次尝试中，他假设行星轨道的相对大小被确定为一个由几个同心球面构成的系统。它们是以太阳为球心，内切和外接于五个规则的（柏拉图的）几何体的序列。对开普勒而言，存在六个行星这个“事实”为他的观点提供了一个印象深刻的数字证明。根据后来的发展，开普勒的模型让人茫然地一笑置之，但纯粹作为一个逻辑问题，它也许是正确的。假如这样一个模型提供了太阳系的最终解释，那么支配它的方程的可能解和实际实现的解之间就不会产生任何有用的区别。确实，将没有方程可解，照这样——只有问题的解，尽管其自身如此完美，但并不能做进一步的分析。

开普勒的几何模型，不久就被始于开普勒自己的发现并在艾萨克·牛顿的世界系统达到顶点的经典天体力学的发展所淘汰。这个框架把支配的定律和它们的具体实现清晰地分开。在给定任何初始位置和初始速度的情况下，经典力学的方程可以对任何数目的行星求解。所以，在1700年的物理学中——正如在我们今天使用的物理学中——想象一个大小和形状不同于太阳系且完全自洽的行星体系是很容易的。伽利略已经观测到一个绕木星的、结构非常不同的行星系统，而今天天文学家正在不断发现环绕遥远恒星的新行星系统。

牛顿认为上帝通过一次决断和创造的行为决定了初始条件。今天绝大多数物理学家认为，问为什么太阳系会精确成现在这个样子，是一个糟糕的问题，或至少是一个不能从基本原理处理的问题。因为似乎很清楚，答案在很大程度上取决于历史的随机性和偶然性。

4.5 大爆炸的独特基础

当然，选择的最终问题是，如何在可能的候选解中选出能将宇宙作为一个整体来描述的解。

传统的大爆炸宇宙学从如下假定开始：早期，整个宇宙的物质处于某一高温下的热力学平衡，而同时空间（几乎）是完全均匀的，且具有可忽略的空间曲率。这些假设与我们所知的一切是一致的，并且它们导致了几个成功的预言。它们确实含有大量的真理成分。

可是从一个基本的观点来看，这些假设非常独特。根据广义相对论（当然，它支持了整个讨论），时-空曲率是一个动力学实体，它的形状产生引力。因此，假设时-空通过引力相互作用也达到某种平衡似乎是自然的。但引力对物质的作用产生普遍的吸引，如果允许一直持续达到终结，这种引力会将使物质聚集为许多团块。长期平衡的结果与通常（并且很成功地）假定平坦的初始条件正好相反。

换一种方式来看，假如目前的宇宙最后开始收缩，并且向一个大坍缩（big crunch）演化。当物质被压缩在一起时，它将趋向聚集为越来越大的黑洞，而最后时刻的样子看上去绝不像我们对初始状态所做最佳重建的时间反演。这种初始状态，即物质最大无序和引力完全静止的一种对比鲜明的混合，表面上看，极难与引力最终与其他相互作用统一的观点调和。如果这样，在描述早期宇宙的极端条件时，它应该与它们同等对待。不存在任何个性的地方，也就不会存在任何差别！

在粒子物理学中，我们希望把引力与其他相互作用统一，但在宇宙学中，显然我们必须假定它们的行为非常不同。简单的暴胀模型开始处理这个问题。在暴胀阶段，时空中的皱褶被抹平了，同时能量被冻结为一个标量“暴胀子”（inflator）场。暴胀子场最后融化，且它的能量川流不息地涌出，转变成接近于传统形式的物质，它们相互作用并实现热平衡。只要融化不产生太高的温度，几乎没有什么引力子产生，也即是说，时-空被展平后仍然保持着这种状态。当然，这个图像的一些要素都是十足的推测。但它给了我们一个解决证明宇宙学基础之可靠性问题的实实在在和可以理解的途径。

尽管这个宇宙学的分析和综合的程序成功了，但问题仍然存在。特别是，关于为什么会出现暴胀相，我们仍然缺少根本性的解释。如何选择解的普遍问题似乎是分析和综合的最终限制之一。而最终限制将是我这个系列的结束题目。

5 分析和综合之四：局限和补充

这个系列的前面几个专论（分析和综合之一至三——译者注），详细阐述了物理学家使用分析和综合，或换一种说法——约化论（可怕的别名），来解释物质的行为和宇宙作为一个整体的结构所取得的非凡成功。但是在承认我们是通过把靶画在了射中的地方而射中靶心之后，我结束了那些叙述。有相当多的物理学家也许曾希望基于基本原理来推导或解释，但就此而论，这个希望现在似乎已经令人怀疑甚或被人遗弃。在本专论中，我探究这些局限性的一些来源和在填补这些空白时不同种类的解释所起的作用。

5.1 通过能量选择

一个重要的局限性是我上次开始研究的，它与缺少一个原理有关。这个原理可以导致从基本方程的那些不同的、似乎可能的解中做出唯一的选择，而且可以挑选出我们实际观测到的宇宙。

为得到方向性的指导，极具启发性的是考虑物质和原子的相应问题。就像支配行星系统的经典方程一样，在一个复杂原子中电子的量子力学方程允许有各种类型的解。事实上，量子方程比经典方程还允许更多的自由来选择初始条件。N 个粒子的波函数比那些粒子本身占有大得多的空间：它们占据一个完全的 $3N$ 维位形空间，而不是 $2N$ 个 3 维空间的复制品（例如，两个粒子状态的量子描述需要一个波函数 $\psi(\vec{x}_1, \vec{x}_2)$，它依赖于 6 个变量；而经典描述需要 12 个数，即它们的位置和速度）。

然而，我们所观测的原子永远由同样的一些解来描写——否则我们将不可能做天体光谱分析，甚至还有化学。为什么呢？一个正确的答案涉及把量子场论、数学和少量宇宙学的知识结合在一起。

量子场论告诉我们，所有电子——与行星不同——都是严格相同的。另外，薛定谔方程或它的精细改进，告诉我们低能谱是分立的。也就是说，如果我们的原子仅有少量能量，那么只有少数的几个解可以用做它的波函数。

但是因为能量是守恒的，这个解释避开了另一个问题：什么使能量本来就小？我们研究的原子不是封闭系统，它们可以发射或吸收辐射。于是问题变为：为什么它们发射比吸收更常发生，从而稳定地处于一个低能状态呢？这里正是宇宙学的切入点。膨胀的宇宙是一个很有效的、大量吸收热量的无底洞。在激发态的原子中，以光子形式辐射的能量最终漏进广袤的星际空间，并产生红移飞走。形成鲜明对比的是，一个行星系统没有类似的有效方式失去能量——引力辐射实在是太微弱,因而它不能弛豫。

所以，一个应用于许多重要情形的选择原理是，选择具有低能量的解。以同一精神，当剩余的能量不能忽略时，应该选择热平衡解。这个简化假设对弛豫后的系统和自由度是合适的，尽管并不是普遍适用的。

5.2 稳定性：答案抑或问题？

按照我们刚刚对原子所做讨论的方法，占高能物理和弦理论文献压倒多数的选择程序是以能量为基础的。认为最低能量解等同于物理真空，并用这个状态之上的低能激发作为这个世界所包容之物的模型，这是一种惯例。对于这种被认为是成功的解，可能的激发至少应该包括标准模型的那些粒子。

你不可能当真拒绝接受这个选择程序作为一个实用的必要判据。的确，缓慢地演化而且大部为真空的宇宙，看来是一个在稳定态附近的一个低能激发态。但为什么呢？

对于原子，选择低能解被它们倾向于消耗能量变为辐射所证明，这种辐射最终进入星际空间并且不会再回来。当然，这个机制对作为一个整体的宇宙不可能有效。但是，依赖于宇宙学的一个不同的方面，一种不同形式的耗散开始起作用。宇宙已经膨胀了一段很长的时间——一段非常非常长的时间，它与相关于基本相互作用的自然时间标度相比，要长很多数量级。对于目前的目的，时间标度的这种不相匹配有两个意义深远的后果。首先，当宇宙膨胀时，其中的物质冷却。我们可以把这种冷却看做是渗透到未来的一种辐射。无论如何，它使宇宙向着一个能量的定域最小值演化。其次，这个不匹配给许多不稳定性以时间从而进行到底（然而不全是，包含量子隧道效应的不稳定具有不可思议的长的时间标度，而且作为一种逻辑的可能性它们也许在我们的未来出现）。总而言之，宇宙学时间的巨大跨度可用以证明集中于稳定的“真空”结构附近的低能激发态的正确性，这种真空至少是能量密度的定域最小值。

不过，这个对为什么宇宙可以被描述为一个低能激发态问题的回答提出了一个新问题：什么使宇宙时间标度与基本相互作用时间标度如此不同？而这个问题浅浅地隐含着另一个我们没有任何适当答案的问题：为什么宇宙学项如此小？观测到的暗能量的幽灵就潜伏在这块同样的黑暗地带，它也许很好地暴露了我们的选择判据的暂时特性。确实，一个关于这个能量的首要假设是，它反映了作为实际存在的真空和理想的稳定真空之间的一种区别，以“精质”（quintessence）而著称。

在弦理论中，作为一种流行的理解，选择问题形成了一些严峻的根本性的挑战。因为在弦理论中，稳定性判据绝不足以挑选出唯一解。显然存在许多稳定解，包括10维平直时空、支持存在一个巨大的负宇宙学项的反德西特（anti-de Sitter）空间和成千上万种其他的可能性。它们之中绝大多数与我们所知的世界没有任何相似性。在文献中，压倒多数的实用主义的回答是把一些唯象的输入（有效时空维数、规范群、代的数目等）添加到选择判据中。然后可以尝试推导出其余参数之间的一些关系。沿着这样的思路所取得的成功可能很有意义，它使我们对于该理论是处在正确轨道上恢复信心。迄今为止，这并没有发生。即使它发生了，也几乎不会实现自然界的最终分析这个希望。

因此，怎样才能挑选出真实地描写世界的解呢？它仍然是一个深奥的问题。

5.3 从一些可疑的问题出发

分析和综合程序，在其实行过程中，暴露了其他的一些局限性。考虑以下三个问题，阐明它们曾被认为是科学的主要目标：

为什么太阳系会是现在这个样子？

一个已知的放射性原子核将于何时衰变？

从今天起一年，波士顿（Boston）的天气会是怎样？

这是些遭受不寻常命运的问题：它们非但没有得到回答，反而变得不为人们相信了。在每种情况下，科学界最初相信唯一的、明确的答案大概是可能的。可是对于每个问题又都发现，有非常基本的理由说明为什么一个明确的答案是不可能的，这是一个有广泛含义的重要进展。

我在“分析和综合之三”中根据开普勒的奋斗历程，讨论了太阳系问题。这个问题很有疑问，因为它遭遇到一个我称之为投射（projection）的问题。假如只有一个太阳系，或假如所有这样的系统都相同，探究这个系统的性质直到找到其唯一的原因就会是重要的。这些假设曾经似乎很合理，但现在我们已经明白，它们都是一些不合逻辑的推测，它们把普遍意义的东西归属于实际上只是世界的非常有限的一个小部分。它强烈预示着我们物理学家也许需要重新学习有关宇宙尺度这一课。关于我们居住在一个“多宇宙”或“膜世界”的一些流行的推测涉及这样的观点，即世界在大尺度上是极不均匀的——基本参数的数值、标准模型的结构甚或时空的有效维度都随地点而变。如果这样，试图从基本原理预言这样的一些事情就像开普勒的多面体一样被误导。

当然，量子力学使第二个问题变得令人怀疑。任何特殊的放射性原子核衰变的精确时间都被假定本质上是随机的——这是一个如今已经获得了大量经验支持的假定。薛定谔认为，用他那只宏观的猫，正在使量子力学陷入荒谬。但是，新兴起的宇宙学的标准解释，将宇宙中结构的起源一直回溯到暴胀场的量子涨落。如果这个解释能维持下去，它将意味着，试图从基本原理出发预言我们观测到的具体结构模式，就如同试图预言一个原子核什么时候衰变或薛定谔猫什么时候死亡一样被误导。

混沌的发现使第三个问题令人怀疑：混沌是这样一种现象，即完全确定论的、外表看上去平平常常的一些方程的解中，可能会有一些这样的解，它们的长期行为极敏感地依赖于初始条件的精致细节。混沌造成了另一个可以把理想的分析和成功的综合隔开的障碍。

5.4 ……到可以回答的答案

我认为，这些明显的局限性很有可能被证明是一种假像。而且，在巴鲁赫·斯宾诺莎（Baruch Spinoza）和爱因斯坦的支持下，唯一的、确定的宇宙完全可以理性分析的看法最终将会重新恢复。但对我来讲，看来聪明的做法是接受似乎无法抗拒的证据，即能够证明投射（projection）、量子不确定性和混沌都是物质性质中固有的，然后以这些认识为基础进行构建。在接受了这些以后，新的建设性原则出现了，对于源自精细分析（作为对所观察现象不可约简的解释）的纯逻辑推理，它们是很好的补充。

接受了投射（projection）的存在后，我们就允许了人择解释。我们如何理解地球离太阳的距离就是现在这个样，或者我们的太阳就是它这样的星球？确实，对这些问题的重要见解，源于我们作为聪明的观察者而存在。总有一天，我们也许能够通过检验它们对宇宙生物学的预言来检查这样的论点。

认可了量子不确定性，噢……我们接受量子力学。特别是，按本专论的精神，我们可以检验对原始涨落所假设的量子起源，这要借助于检查这些涨落是否满足真实随机性统计判据。

通过接受混沌（已被广泛定义）的含义，我们准许进化的解释。其中，一些突出例子包括：月亮总是面向我们的原因是由于潮汐摩擦的长期作用，而小行星带的间隙结构是由于与行星周期共振等。此外，从分析和综合程序内部的一些考虑，我们推动寻找菲利普·安德森（Philip Anderson）在“多了就不同”的标题下所提倡的复杂系统所具有的自然发生的性质。因为这些自然发生的性质可以成为强有力描述的基础——它们超越了别的方式均不能胜任的、对初始条件的敏感性。

为构建基于人择、随机性和动力学演化的解释，我们必须使用中间模型，这些中间模型纳入了许多不能计算的东西。这样一些对现实所做的必要让步，损害了通过分析和综合理解世界这个理想形式上的纯净。但作为补偿，它的精神涵盖更为宽广的范围。

二、关于力学的冥想

在为麻省理工大学（MIT）一年级新生讲授力学而备课时，我没有去做那些诸如熟悉教科书、决定内容取舍以及制定一个进度表等常规实事，而是读了许多力学书。其中，绝大部分都过于高深，引起了我对这个学科的基础担忧（我还做了极大数量的习题，这倒真是实实在在的准备）。由于整个学期我都不得不穷于应付和临时备课，为此花费了很大精力，但我确实对力学理解得更深刻了，或至少产生了一些关于它的非正统观点。

最后，我在《今日物理》上写了三篇参考系（reference frame）的系列文章，陈述了其中一些观点。这些专论（标定普朗克山之一至三——译者注）引发了大量很有创见的回应，既有正面的（绝大部分），也有反面的。大概比我所有其他 15 篇参考系文章放在一起还要多。对很多《今日物理》的读者所从事的工作，经典力学都起着重要的作用，许多人在讲授它，并且几乎所有人都学过这门课，珍藏在他们的知识宝库之中。因此，这些专论对他们触动很大。一些人因发现他们私下的不满被公开发表而感到宽慰，而另一些人却因在教条式的麻痹状态中受到打扰而感到恼火。

我自己觉得很惊讶，我发现我的评论文章把我带到了如此深远的地步。质量守恒在牛顿力学中作为一个基本假设，而对拉瓦锡（Lavoisier），它成为打开现代化学之门的一把钥匙。然而，现代物理的一个伟大胜利却是利用零质量的基本组分（“质量的来源”和“没有质量的质量之一”）构建普通物质。这种构建当然破坏了质量守恒，因为 $0+0+0=0$，而普通物质却有非零质量。在“$F=ma$ 中的力从何处来之二”中，我阐明了在现代物理中牛顿－拉瓦锡原理如何表现为 QCD 和 QED 中所特有之深刻事实的一种近似的、自然发生的结果。

三点非系统性的补充：

读了阿瑟（Usher）的《力学发明史》后，我认识到，我在“$F=ma$ 中的力从何处来之三”中在度量时间的历史方面所做的尝试，对于如此丰富和极具魅力的话题有失公允（实际上，是不公正）。机械钟曾是中世纪时期的高技术，它们的发展改变了人们的生活方式和认识世界的方式。

在总结这一段讨论时我用了“statuize（立塑像）”这个词，它的意思是建一个塑像。编辑质疑这个词，但是我从OED（《牛津英语大辞典》——译者注）中找到了出处：

> Statuize：
>
> 建立一个塑像，用一个塑像以纪念某某。
>
> 1719年，詹姆斯二世在白厅（Whitehall）的某大厅用青铜为他自己立塑像。

编辑不得不承认这确是正统英文。

这个问题我还没说完。这些章节的一个主题是，动量和能量显然是比力更基本的概念。简言之，力是能量的空间导数和动量的时间导数。你可以在这个阶梯上再进一步，能量和动量本身都是作用量的导数：能量是它的时间导数，动量是它的空间导数。下面马上就要讲到，作用量在哪里。

6 $F=ma$ 中的力从何处来之一：文化冲击

当我还是一个学生时，最头疼的学科是经典力学。它经常让我感到奇怪，因为我在学习那些更高等的学科时没遇到过什么麻烦，而这些学科却被人们认为是更难的。我想，现在我已经明白了。这是一种文化冲击的实例。我本来期望从数学中找到一种算法。然而，我却遇到了非常不同的东西——事实上，是一种文化。让我来解释。

6.1 有关 $F=ma$ 的一些问题

牛顿第二定律 $F=ma$，是经典力学的灵魂。像其他灵魂一样，它是十分脆弱的。一方面，右边是具有深刻含义的两项的乘积。加速度纯粹是一个运动学概念，用空间和时间来定义。质量很直接地反映物体的基本可测量性质（重量，反冲速度）。另一方面，左边没有独立的意义。然而，按最高标准——它证明自己在任何需要的地方都是很有用的，很显然牛顿第二定律含义丰富。一些壮丽的、看上去不太像真实的桥，例如，白桥（Erasmus）［被誉为鹿特丹（Rotterdam）的天鹅］的确承载了所有的重负，宇宙飞船确实到达了土星。

当我们从现代物理的观点考虑力的时候，这种佯谬更加严重。事实上，在我们对基本定律的最高级表述中，力的概念明显地丢弃了。在薛定谔方程中，或任何量子场论的合理表述中，以及广义相对论的基础中，都没有力出现。一些敏锐的观察者甚至在相对论和量子力学出现之前就谈论过这种趋势。

杰出的物理学家彼得·G. 泰特（Peter G. Tait）作为开尔文勋爵（Lord Kelvin）和詹姆斯·克勒克·麦克斯韦（James Clerk Maxwell）的亲密朋友和合作者，在他的1895年《动力学》一书中写道：

> 在所有包含力的观点的方法和系统中，都有一种人为的色彩……既没有必要引入“力”这个词，也没有必要引入它最初所依据的那种感觉相关的观念。[1]

伯特兰·罗素（Betrand Russell）在他于1925年为那些极感兴趣的知识分子普及相对论而写的《相对论ABC》中不得不说的话特别引人注目，因为它是那样有特色，又是如此之超群：

> 假如人们要学会以新的方式理解这个世界，而不用“力”的旧观念，则它将不仅改变他们的物理想象力，而且也许还要改变他们的道德观念和政治见解……。在牛顿的太阳系理论中，太阳似乎像一个君主，行星必须遵从它的命令。而在爱因斯坦世界中，比起牛顿世界有着更多的个性和更少的支配行为。[2]

罗素这部书的第十四章标题为“废除力”。

如果 $F = ma$ 形式上空洞、微观上模糊、甚至也许道德上可疑，那么它的无可置疑的力量源泉是什么呢？

6.2 力的文化

为找到这个源泉，让我们考虑这个公式是如何被应用的。

一类普通的问题是，给定一个力求运动情况，或反之亦可。这些问题看上去像物理，但它们只是一些微分方程和几何学的练习，不过被稍微地伪装了一下。为同物理实在打交道，我们不得不对这个世界中实际发生的力给出一些明确的说法。各种各样的假设被暗中引入进来，经常得到了默认。

质量守恒定律对经典力学是如此之基本，以至于牛顿没有明确地阐明它。物体的质量被假定不依赖于它的速度和任何施加在它上面的力。此外，总质量既不能被产生也不能被消灭，只能在物体相互作用时重新分布。当然，今天我们知道，它们之中没有任何一个是完全正确的。

牛顿第三定律是说，对每一个作用都存在一个大小相等和方向相反的反作用。此外，一般我们还假设力不依赖于速度。这两个假设也不是完全正确；例如，它们对于带电粒子之间的磁力就不适用。

很多教科书讨论角动量时，都引进了一个第四定律，是说物体之间力的方向沿着两个物体的连线。引进它是为了“证明”角动量守恒定律。但这个第四定律对分子力根本不对。

当我们引入约束力和摩擦力时，还引入了一些其他的假设。

我不想进一步在这个问题上花费更多笔墨。对任何认真地思考过的人来说，不久会很清楚，$F = ma$ 自身并不能为构建这个世界的力学提供一个算法。这个方程更像是一种共同的语言，使用它，关于这个世界之力学的各不相同的有用见解都能被表达出来。换言之，解释这些符号涉及一个完整的文化。当我们学习力学时，为了正确理解力的真正含义，我们必须看许多已经解出的例子。这不只是通过实践提高技能；在一定程度上，更是我们正在吸收所采用的假设中隐含的文化。正是没有意识到这一点，给我造成了麻烦。

力学的历史沿革反映了一个类似的学习过程。当发现一种形式相当简单的单一力支配着行星运动时，牛顿在行星天文学获得了他最伟大、最完全的成功。牛顿在《原理》[3]的第二卷中，试图描述有广延性的物体和流体的力学，这种尝试是开创性的但不是决定的，他几乎没有触及力学的更实用的方面。后来的一些物理学家和数学家，包括著名的吉恩·达朗贝尔（Jean d' Alembert）（约束力和接触力）、查尔斯·库仑（Charles Coulomb）（摩擦力）以及里昂哈德·欧拉（Leonhard Euler）（刚体、弹性和流体），对我们目前在力的文化中所领悟的知识都做出了基础性的贡献。

6.3 物理学和心理学起源

正如我们所看到的，植根于力的文化的许多见解，不是完全正确的。再者，从根本上说，我们现在认为是物理定律更正确版本的东西，也不容易符合它的语言。这种情况导致两个探索性问题：这种文化怎样才能继续繁荣？为什么它首先出现？

关于物质的行为，我们现在有一些极完整和精确的定律，它们原则上涵盖了经典力学所处理现象的范围，当然，还远不止于此。量子电动力学（QED）和量子色动力学（QCD）提供了构建物质实体和它们之间非引力相互作用的基本定律，同时广义相对论给了我们一个对引力的极好解释。从这个高高在上的有利位置往下看，对力的文化的范围和边界，我们会得到一个清晰的观点。

与早期的观点相比，只是在20世纪才真正出现的物质的现代理论，更加明确也更加规范。通俗地讲，在解释一些符号时你的自由要少得多。QED和QCD的方程形成一个封闭的逻辑系统：它们会告诉你，在它们规定其行为的同时会有一些什么样的物体产生出来；它们支配你的测量装置，也包括你！从而规定在物理上什么问题适于提出，并为这样的问题提供答案，或至少得到答案的算法（我完全清楚，QED + QCD不是自然界的一个完整理论，而且实际上我们也不可能非常充分地求解这些方程）。出乎意料的是，与早期那些很不完整的综合相比，现代物理学的基础包含更少的解释、更少的文化。不言而喻，这些方程实际上都是算法。

与现代基础物理学相比，这种力的文化定义含糊不清、范围受到限制，而且是近似的。尽管如此，它经历竞争而幸存，并且继续繁荣，都是因为一个压倒一切的很好理由：很容易用。其实我们并不愿意小心翼翼地穿过一个巨大的希尔伯特空间，正规化和重整化那些当我们穿过时产生的紫外发散，然后经过有限的步骤把定义在欧几里得空间的格林函数解析延拓，……费尽力气地发现原子核以电子包裹自己成为原子，原子又束缚在一起形成固体，……所有这些就为了描写两个台球的碰撞。这简直像精神错乱，其实质类似于在没有操作系统的帮助下，试图从头到尾用机器码做计算机绘图，甚至比这更糟。一个类比似乎很合适：力是高层次语言中的一种灵活结构，它通过使我们避开不相关的细节，允许我们相对舒服地做复杂的应用。

为什么不顾及物质复杂的深层结构是可行的？答案是物质通常要通过弛豫过程达到一个稳定的内部状态，使得除了很少几个自由度之外，所有其他自由度的激发都需要很高的能量或熵的壁垒。我们可以集中注意力于这些少量的有效自由度；其余的不过是为这些演员提供舞台而已。

尽管力本身并不出现于现代物理的基本方程中，但能量和动量当然会出现，而力与它们密切相关：粗略地说，它是前者的空间微商和后者的时间微商（而 $F = ma$ 只是表述了这些定义的自洽性!）。所以力的观念并不像泰特和罗素所暗示的那样远离现代基础：它也许不必要，但并不怪诞。在不改变经典力学内容的前提下，我们可以把它纳入拉格朗日（Lagrangian）的表述形式，其中力不再作为一个原始概念出现。但是，这实际上只是一种技术细节；更深刻的问题仍然存在：这种力的文化反映了基本原理的什么方面？什么近似导致了它？

物质动力学的某种近似的、做了一些删减的描述既是可取的又是可行的，因为它更容易使用而且它集中于那些相关的内容。然而，为了阐明组成力的文化的具体概念和所做理想化的大体有效性及其起源，我们必须考虑它们的详细内容。一个如同“力的文化”自身那样的合适的答案，必然很复杂，而且具有开放性。例如，从分子角度解释摩擦仍然是一个非常值得研究的课题。我将在我的下一专论（$F = ma$ 中的力从何处来之二——译者注）中讨论一些较简单的方面，处理上面提出的一些问题，然后给出一些比较广泛的结论。

在这部分的结尾，我来谈一谈有关的心理学问题，为什么在力学基本原理中要（通常仍然）引入力。其实从逻辑的观点看，能量至少能起同样的作用，而且有证据表明会更好些。动量的变化——根据定义，对应于力——是能够看得见的；而相反，能量的变化通常是看不见的，这个事实无疑是一个主要原因。另一个原因是，在静力学中作为一个主动的参与者（例如，当我们举起某一重物时），我们明确地感到我们在做着某件事情，尽管没有做任何机械功。力就是用力的时候感官体验的一种抽象。达朗贝尔的替代说法，即响应小位移所做的虚功，很难与之关联起来［尽管具讽刺意味，但正是这种虚功，不断被变成实功，解释了我们的用力过程。当我们拿着一个重物不动时，个体肌肉纤维会收缩，以对它们从肌梭（spindles）得到的反馈信号做出响应；肌梭感受小位移，它们在增大之前必须被补偿］[4]。相似的原因可以解释为什么牛顿会使用力的概念。对于这一概念的继续使用，很大部分的解释无疑是（智力）惯性。

参考文献

［1］Tait P G. Dynamics. London：Adam & Charles Black，1895

［2］Russell B. The ABC of Relativity. 5th rev ed. London：Routledge，1997

［3］Newton I. The Principia. Cohen I B，Whitman A（trans）. Berkeley：U of Calif Press，1999

［4］Vogel S. Prime Mover：A Natural History of Muscle. New York：W W Norton，2001. 79

7　$F = ma$ 中的力从何处来之二：合理的解释

在前面专论（$F = ma$ 中的力从何处来之一——译者注）里，我讨论了关于力和质量的那些假设是如何赋予 $F = ma$ 这个幽灵以实质的。我把这一组假设称为“力的文化”。我曾提到从现代物理学的观点来看，这一文化中的几个要素显得很奇怪，尽管它们经常被称为“定律”。在此，我将讨论其中一些假设如何，以及在什么样的情况下能作为现代基本原理的推论出现——或不能作为！

7.1　第零定律批判

具讽刺意味的是，正是力的文化中最原始的元素——第零定律（即质量守恒定律）——同现代基本原理之间有着最微妙的关系。

经典力学中，经常用到的质量守恒是狭义相对论中能量守恒的一个推论吗？表面上，这个问题或许显得很直白。从狭义相对论我们知道，物体的质量等于它的静止能量除以光速的平方（$m = E/c^2$）；对于缓慢运动的物体这是个近似。因为能量是一个守恒量，于是这个方程似乎提供了一个合适的候选者即 E/c^2，来担负质量在力的文化中的任务。

但是，这个推理经不住仔细推敲。当我们考虑如何常规地处理基本粒子的反应和衰变时，它的逻辑上的漏洞就变得明显了。

为了确定可能的运动，我们必须确定每个入射和出射粒子的质量。质量是基本粒子的内禀性质——这就是说，所有的质子都具有一个相同的质量，而所有的电子又具有另一相同的质量，如此等等（对专家们而言，“质量”标记彭加勒群的不可约表示）。不存在一个单独的质量守恒原理。反而是，这些粒子的能量和动量都要依据众所周知的公式用它们的质量和速度给出，并且我们通过能量守恒和动量守恒来约束运动。一般来说，简单地认为射入粒子的质量总和与射出粒子的质量总和相等是完全不正确的。

当然，当所有的物体都缓慢运动的时候，质量确实减少到大致等于

E/c^2。所以，似乎质量不守恒的问题能够被掩盖起来，因为只有不易觉察（物体小并缓慢运动）的迹象才泄露它。可问题是，当我们发展力学时，我们就要集中于这些迹象。即我们想再一次使用能量守恒，就要精确地减去与质量对应的能量项（实际上，忽略掉它）而只保留动能部分 $E - mc^2 \cong \frac{1}{2}mv^2$。但是你不可能真正从一条守恒定律（相对论能量守恒）得出两条守恒定律（质量守恒和非相对论能量守恒）。将质量守恒归因于它与 E/c^2 近似地相等，引发了一个根本问题：为什么在很多种不同情况下，与质量对应的能量被严严实实地禁闭起来，不能转换成其他形式的能量？

用一个重要例子来说明这个问题，考虑反应 $^2H + {}^3H \to {}^4He + n$，这个反应是试图实现可控核聚变的关键。氘核加上氚核的总质量比 α 粒子加上中子的总质量多出 17.6Mev。假设氘核和氚核初始时刻都处在静止状态，那么 α 粒子和中子分别具有 0.04*c* 和 0.17*c* 的速度（*c* 为光速——译者注）。

在（氘，氚）反应中，质量不是精确守恒的，从反应一开始（非相对论的）动能就产生了，尽管没有一个粒子以非常接近光速的速度运动。当然，相对论能量是守恒的，但却不存在有效的方法将它分成各自守恒的两个分支。在假想实验中，通过调节质量，我们可以使这个问题在任意缓慢运动的情况下出现。另外一种保持缓慢运动的方法是，让释放出的那些与质量对应的能量由许多物体共享。

7.2 挽回第零定律

这样一来，通过允许质量转化为能量，狭义相对论从原则上废弃了第零定律。为什么自然界对于利用这种自由是如此之慎重？拉瓦锡在帮助创建现代化学的那些历史性实验中，如何做到强化一个起决定性作用而实际上又不正确的原理（质量守恒）的呢？

要严格地证明第零定律的正确性，需要以物质的具体的、深刻的事实为依据。

为了解释为什么普通物质的大部分能量都以质量的形式被精确地锁住，我们必须以原子核的一些基本性质为依据，因为几乎所有的质量都集中在那里。原子核最关键的性质是稳定性以及动力学孤立性。单个原子核的稳定性乃是重子数守恒、电荷守恒以及核力的一些性质的结果，而核力的这些性质导致形成准稳态的同位素谱。原子核之间的物理间隔及它们之间相互的静电斥力——库仑势垒确保了它们之间近似的动力学孤立性。这种近似的动力学孤立性可以由原子核基态与激发态之间的巨大能隙完全有效地造成。因为原子核的内能不能做小的改变，因此，对于一些小的微扰，它根本不会发生变化。

普通物质对应于质量的能量绝大部分集中在原子核，原子核的孤立性和完整性——它们的稳定性以及有效缺乏内部结构都为第零定律的合理性提供了证据。但是要注意，要更深入一步，我们需要依靠量子理论和原子核唯象学的某些特殊方面的帮助！因为正是量子理论使能隙的概念可以应用，而且只有核力的某些特殊性才保证了基态之上的能隙如此之大。假如原子核非常大，并且结构比较简单，像液滴或者气泡那样，能隙就会很小，与质量对应的能量也就不会如此完全地被禁闭。

放射性是原子核完整性的一个例外。一般地讲，在极端情况（例如我们在核物理与粒子物理中所研究的那些）下，动力学孤立性的假设不再成立。在那些场合，质量守恒完全被破坏。例如，常见的衰变反应 $\pi^0 \to \gamma + \gamma$ 中，一个有质量的 π^0 粒子衰变成两个零质量的光子。

电子的质量和它的电荷一样，是一个普适的常量。没有任何证据支持电子具有内部激发而且电子数也守恒（如果我们忽略弱相互作用和电子对的产生的话）。这些事实最终都植根于量子场论。它们一起确保了电子质量所对应能量的完整性。

在原子核和电子组成通常物质的过程中，静电力起着支配作用。我们从量子理论知道，活跃的外层电子具有量级为 $\alpha c = \frac{e^2}{4\pi\hbar} \approx 0.007c$ 的速度。这表示，在化学中起作用的能量在量级上是电子静止质量所对应能量的 $\frac{m_e(\alpha c)^2}{m_e c^2} = \alpha^2 \approx 5 \times 10^{-5}$ 倍。换个角度看，这个能量只是原子核静止质量所对应能量的一小部分。所以化学反应只在十亿分之几的层次上改变静止质量所对应的能量，于是拉瓦锡质量守恒定律绝没问题！

重元素的内层电子速度为 $Z\alpha$ 量级，可能是相对论性的。但重原子的内核——原子核加上内电子层一般保持了它的整体性。因为它是空间孤立的，并且具有大的能隙。因此，这个内核对应于静止质量的那部分能量是守恒的，尽管这部分能量并不严格等于组成它的电子与原子核对应于静止质量的那部分能量的总和。

综合以上讨论，我们通过将原子核、电子和原子的重内核的完整性与这些基本成分运动的缓慢性相结合，证明了牛顿第零定律对于普通物质的正确性。量子理论的原理，是完整性的基础，它导致了大的能隙；而精细结构常数 α 数值很小则是缓慢运动的基础。

牛顿将质量定义为“物质的量”，并且假设它是守恒的。他的这种表述的内涵（构成了他这一假设基础）是，在物理过程中物质的基本成分既不会产生也不会消灭，只会被重新排布；而且一个物体的质量是它的各基本成分质量的总和。从现代基础理论的观点，我们现在已经明白，为什么把原子核、原子的重内核和电子作为基本成分，则这些假设通常构成一种绝佳的近似。

然而，故事只讲到这里就结束是不对的。因为，随着我们物质分析接下来的步骤，我们将离开这个熟悉的地面：首先，翻下悬崖，然后翱翔于光辉的飞行之中。如果我们试图使用更基本的组分（质子和中子）而不是原子核，我们会发现质量并不是精确可加的。如果我们再进一步，到夸克和胶子层次，则很大程度上我们能够从纯能量得到原子核的质量，就像我在先前的专论讨论过的那样。

7.3 质量和引力

表面上，这种对经典力学中所使用质量概念正确性的复杂而近似的证明，形成了一个悖论：这个不牢靠的结构如何能够支撑天体力学中惊人的、精确而又成功的预言呢？答案是它绕开了质量的概念。天体力学中的力都是引力，与质量成正比，因此 m 从方程 $F = ma$ 的两边消掉了。从描述引力所引起运动的方程两边消去质量，成为广义相对论的一个基本原理。在广义相对论中，路径被视为弯曲时空中的测地线，完全不涉及质量。

与粒子对引力的响应形成对照，粒子施加的引力影响只是近似地正比于其自身的质量；爱因斯坦场方程的严格版本不是将时空曲率与质量而是与能量－动量密度联系起来。单就引力而言，除能量之外，没有任何对物质量的独立测量；普通物质的能量由静止质量所对应的能量支配这一点并不重要。

7.4 第三定律和第四定律

第三定律和第四定律分别是动量守恒和角动量守恒的近似版本（回忆一下，第四定律表述的是所有的力都是二体中心力）。在物理学的现代基本原理中，这些重大的守恒定律反映了物理定律在平移和旋转变换下的对称性。由于这些守恒定律比通常用来“推导出”它们的那些关于力的假设更精确和更深刻，因而这些假设就真正成了不合时宜的。我相信它们应该带着应有的荣誉退出历史舞台了。

牛顿通过下列论据来论证他的第三定律：具有不平衡内力的系统会

自发地开始加速，可是“这一现象又从来没有被观察到”。这种论点确实直接促成了动量守恒定律。类似地，我们可以从物体不会自发旋转起来这一观测结果“推导”出角动量守恒。当然，纯粹从教学考虑，人们会指出作用－反作用系统以及二体中心力提供了满足这些守恒律的特别简单的途径。

7.5 默认的简单性

关于 F 的简单性的一些默认假设是如此之刻骨铭心，以至于我们很容易认为它们是理所当然的。然而，它们有着深刻的根源。

在计算力的时候，我们只考虑那些邻近的物体。为什么我们可以这样做呢？量子场论中的定域性，体现了狭义相对论和量子力学基本要求，它给出了能量和动量密度的表达式——因此也包括力——这仅仅只需要依靠附近物体的位置。甚至，所谓的长程静电力和引力（实际上都是 $\frac{1}{r^2}$，仍然随着距离增大而迅速减小）也都反映了定域耦合的规范场及其相关的协变导数的特殊性质。

类似地，之所以不存在有意义的多体力，是与这样的事实相联系，即合理的（可重整化的）量子场论不支持它们。

在本专论里，我强调了，并且或许曲解了，力的文化与现代基本原理之间的关系。在这个系列的最后一个专论（$F=ma$ 中的力从何处来之三——译者注）中，我将讨论它既作为一个持续的、扩展的努力，又作为一个哲学模型的双重重要性。

8　$F = ma$ 中的力从何处来之三：文化的多样性

如我们所见，力的概念定义了一种文化。在本系列前面的两个专论（$F = ma$ 中的力从何处来之一、二）中，我说明了通过对 F 的诠释（实际上是一些附加的假设），公式 $F = ma$ 如何被赋予了意义。这个诠释的主要部分有点像民间传说。它既包含我们可以在适当条件下从现代基本原理得到的近似，也包含从经验抽取出来的知识的粗略推广（如关于摩擦力和弹性行为的“定律”）。

在这个讨论过程中，有一点变得很清楚，那就是关于质量 m 也存在着一个较小但非平凡的文化。确实，普通物质的质量守恒为一个自然发生的定律提供了一个出色而又具启发性的例子。它用一句简单的表述就抓住了广泛规律性的一个重要结果，而该规律性在现代基本原理中的基础是坚实的然而也是复杂的。在现代物理学中，质量守恒的想法是极其错误的。现代量子色动力学（QCD）的一个伟大成就，是用质量严格为零的胶子和具有非常小质量的 u 夸克与 d 夸克，构建了对一般物质的质量贡献 99% 以上的质子和中子。为了从现代的观点来解释为什么质量守恒通常是一个正确的近似，我们需要用到 QCD 和量子电动力学（QED）的一些特殊的、深层次的性质。其中，包括 QCD 中大能隙的出现以及 QED 中精细结构常数是一个很小的数值。

当然，牛顿和拉瓦锡对所有的这一切都一无所知。他们将质量守恒视为一个基本的原理。并且他们这样做是对的，因为通过采用这一原理，他们得以在分析运动及化学变化中取得了辉煌的进步。尽管其根本上是错的，但是他们的这个原理曾经是而且仍然是许多定量应用的一个充分的基础。抛弃这一原理是不可想象的。质量守恒这一原理有着自然发生的特性，尽管如此——事实上，也部分上由于这一点，它本身是一件无价的文化产物和对世界运转方式的基本见解。

8.1 *a* 文化

a（加速度——译者注）又怎么样呢？同样也有一种文化适用于加速度。为了得到加速度，按照常规我们必须把物体空间位置的变化视为时间的函数，求其二阶导数。用现代的观点来看，这个规定存在着严重的问题。

量子力学中，物体没有确定的位置。量子场论中，粒子不停地产生和湮灭。而在量子引力中，空间存在着涨落，时间又难以定义。所以很显然，即使要弄清楚加速度的定义，也一定会涉及一些很重要的假设和近似。

尽管如此，我们却清楚地知道我们最终将处于什么位置。关于物体是什么，我们将有一个自然而然的、近似的概念。物理空间也将从数学上被建模为支持欧几里得几何的欧氏三维空间 $\mathbf{R}^3$。这一极为成功的空间模型，早在欧几里得的表述以前，在测量以及土木工程中就已经持续地使用了上千年。

时间将被建模为一维的连续实数 $\mathbf{R}^1$。在拓扑学层次上，时间的这一模型就是我们将世界分成过去和将来的那种原始的直觉。我相信，时间的度量结构——时间不仅可以被排序，也可以被分成具有确定数值的间隔——是一个很近代的创新。很显然这个观点只是随伽利略对摆钟（以及他的脉搏！）的使用才出现的。

相关的数学结构是如此为人所熟知且得到完善发展，以至于它们可以，事实上也是，在计算机程序中被常规地使用。但这并不是说它们没什么了不起。肯定不是。“连续”的观念就曾让古希腊人大伤脑筋。著名的芝诺悖论（Zeno paradox）就反映了这种艰辛努力。确实，古希腊数学家从来没得到对于实数满意的代数处理。连续量通常都用一些几何上的间隔来表示，尽管这种表示包含相当笨拙的结构，用来实施简单的代数运算。

总体来讲，现代数学分析的奠基人［瑞尼 · 笛卡儿（René Descartes）、牛顿、高特弗瑞德 · 威廉 · 莱布尼茨（Gottfried Wilhelm Leibniz）、欧拉等］大体上都很随心所欲，在处理缺乏任何严格定义的无穷小时相信他们的直觉。［在《自然哲学的数学原理》（简称《原理》）一书中，牛顿按照希腊人的风格，用几何做运算。正因为如此，今天我们觉得《原理》一书很难读。《原理》还包含导数作为极限的一个复杂的讨论。从这个讨论我推测，牛顿和可能还有其他一些早期的分析家，对于如何使他们工作中那些较简单的部分变得严格，有着很好的想法，只不过不愿意放慢脚步去实现罢了。] 在现今普通数学课程中，通常讲授水平的合理严密性（如人们最常抱怨的 ε 和 δ）是 19 世纪才进入该学科的。

20 世纪早期，当实数和几何学得以建立的那些基本概念被追溯到集合论以及最后到数理逻辑的层次上时，"过分的"严密性被引了进来。在他们的《数学原理》中，罗素和阿尔弗雷德·怀特黑德（Alfred Whitehead）用了长达 375 页的密密麻麻的数学讨论才证明了 $1+1=2$。说句公道话，假如得到那个特殊结果就是最终目的，那么他们的处理本来可以缩减很多。但是，不管怎么说，从符号逻辑出发对实数做出一个合适的定义涉及许多艰苦而复杂的工作。有了整数，然后就必须定义有理数和它们的排序。接下去必须通过填补它们之间的空隙完成它们，以使任何有界的递增数列都有一个极限。最后——最困难的部分：你必须证明得到的体系支持代数，并且是自洽的。

也许所有这种复杂性都暗示着时空的实数模型只是一种自然产生的概念，总有一天它可以由逻辑上更为简单的、受物理学启发的一些原始观念推导出来。除此之外，对实数构造的详细考察，提出实数的一些自然变种，著名的有约翰·康威（John Conway）的超实数，它把无穷小（比任何有理数都小！）作为合法量包括在内。[1] 这些量形式上的性质似乎与普通实数一样自然和优美，也许它们会帮助我们描写大自然？时间会给出答案。

即使是符号逻辑这种过分的严密性也没有达到理想的严格。库尔特·哥德尔（Kurt Gödel）证明了这个理想不可能达到：因为不存在适度复杂的、自洽的公理系统可以用来证明它自身的自洽性。

但是显然，在定义和论证 a 文化时遇到的一切难以理解的缺陷，与我们在论证 F 的文化时遇到的相对平庸和显而易见的困难，是产生于完全不同的层次。我们可以把 a 文化转换成 C 语言或者 FORTRAN 语言，而不会带来严重的失真。这种完整性和精确性给我们提供了一个鼓舞人心的测试程序。

8.2 计算指令

在尝试做这件事之前，大多数计算机科学家预料，教会一台计算机如同象棋大师一样下棋比教会一个人去做一些普通的事情，如安全驾驶汽车，更具挑战性。然而众所周知，经验证明恰恰相反。造成这一令人惊讶结果的一个很大原因是：下棋是个算法，而开车却不是。在象棋中，规则是完全清楚明白的。我们很具体而且毫无疑义地知道自由度是什么，以及它们如何表现出来。开车则完全不同：像“别的司机的预测”以及“行人”这样一些基本概念，当你开始分析它们时，很快就发展成一种文化。我不会信任波士顿大街上的计算机司机，因为它不懂如何理解人类司机通过打手势、巧妙的操纵和眼神交流所传达出来的威吓和自卫的那种混合。

当然，教会一台电脑经典力学不仅仅是纯粹学术问题：我们想让机器人能四处行走，巧妙地处理一些事务；计算机游戏玩家们想要更真实的图像；工程师和天文学家们会非常欢迎那些聪明的“硅合作者”。

除了许多其他成就之外，伟大的逻辑学家和哲学家鲁道夫・卡纳普（Rudolf Carnap）还勇敢地、开创性地尝试创建基础力学的公理体系。[2] 帕特里克・海斯（Patric Hayes）发表了一篇很有影响力的论文《朴素的物理学宣言》，向人工智能研究者们挑战，请他们以一种显性方式对物质和力的直觉编码。[3] 基于物理学的计算机作图是一种生机勃勃的、快速进步的尝试，几种计算机辅助设计也是如此。我在 MIT 的同事格兰德・苏斯曼（Gerald Sussman）和杰克・维斯多姆（Jack Wisdom）发展了一套很强的关于力学的计算方法[4]，它的每一步都用清晰的程序支持。也许，一个强有力的综合时机已经成熟，它把特定材料的经验性质、一些有用的机制的成功知名设计和力学行为的普遍定律，统统纳入到 $F = ma$ 的一个充分实现的计算文化中。活动的机器人或许不需要比大多数人类足球运动员清楚了解更多的力学；但是要设计一个活动的机器人足球运动员，可能是一项只能由一个很聪明并且知识渊博的人机团队来完成的工作。

8.3 模糊和聚焦

这个系列一个贯穿始终的主题是，定律 $F = ma$ 。尽管有时被表示成一个描写自然的一种算法的缩影，实际上它并不是一个可以被机械地（故意使用的双关语）使用的算法。它更像一门语言，使用它我们可以很容易地表达一些有关这个世界的重要事实。这并不意味着它没有什么内容。它的内容，首先，由这个语言中一些强有力的一般性陈述来提供，诸如第零定律、动量守恒定律、引力定律以及力与其附近源的必然联系等；其次，是通过很容易地用这种语言表达那些唯象观测的方式来提供，这些观测包括许多（虽然不是所有）关于材料科学的定律。

另一主题是，$F = ma$ 在任何意义上都不是一个最终真理。从现代基础物理学我们可以理解，它如何在许多情况下作为近似出现。再有，这一点并不妨碍它非常有用；确实，其主要优点之一是，使我们免于因无关紧要的精度而带来不必要的复杂性。

这样看来，物理定律 $F = ma$ 显得比通常所认为的要更柔和一点。它确实与其他种类的规律，如法学和道德上的律条，有着一种亲缘关系，在那里一些术语的意思都是在使用中逐渐成形的。在那些领域，宣称最终真理都会被以巨大的质疑来理性地看待。可是，虽然如此，我们仍然积极地渴望达到最高境界的一致性和明确无误。确切地理解，我们这种力的物理学文化，就具有这种意味深长的谨慎而实际上雄心勃勃的特性。并且一旦它不是作为塑像立起来，而是放在基座上，和其他东西分开来看，它就更一般地成为一个人们对智能追求有巨大鼓舞性的模型。

参考文献

[1] Knuth D. Surreal Numbers. Reading，Mass：Addison-Wesley，1974

[2] Carnap R. Introduction to Symbolic Logic and Its Application. New York：Dover. 1958

[3] Hayes P. In：Michie D ed. Expert Systems in the Microelectronic Age. Edinburgh，UK：Edinburgh U Press，1979

[4] Sussman G，Wisdom J. Structure and Interpretation of Classical Mechanics. Cambridge Mass：MIT Press，2001

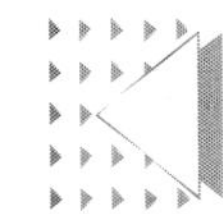

三、被低估的质量

麻省理工学院（MIT）物理系每年都会出版一本制作精美的光面纸杂志《麻省理工学院物理年报》。除系内新闻外，杂志中还刊载一些该系教员撰写的介绍他们研究工作的文章。此举意在帮助物理系赢得赞助，我感到这种方法确实非常有效。

近几年，卡罗尔·布林（Carol Breen）一直在推动这个年刊的发展。除了其他工作，她还主办我们的帕帕拉多（Papallardo）午餐会，这是一个我定期参加的绝妙活动。为了证明没有免费的午餐这一定理，卡罗尔请我为2003年年报写了一篇长文章。这篇文章就是《质量的来源》。

卡罗尔坚持要理解每一件事。她其实很聪明，凡其力所能及可以弄懂的那些事情，她会去努力实现，但是如果她无能为力，当然就不会为之耗费精力。无论是哪一种情况，她都会告诉我。这样我就知道什么地方已经可以了，什么地方还必须再改进一些。哪些材料可能更有用，且最终更令人满意。她还密切关注视觉设计，所以最终的出版物确实很好看。

为什么探寻质量的来源是有意义的，为什么它完全不是显而易见的，我以对这些问题的解释，作为《质量的来源》一文的开始。接下来是关于什么是QCD以及我们如何知道它是正确的初等描述，它们都是卡罗尔弄懂的。我认为它是这类文章中最好的。谢谢你，卡罗尔。（绝大部分）质量源于纯能量的解释就这样出台了。

“没有质量的质量之一：绝大部分的物质”是对同一个中心议题的较早、较短和较不完备的讨论，是作为一篇参考系文章为《今日物理》写的。为适应不同的读者，文章中对别的一些物理观点解释较少而给出的参考文献较多。特别是，我讨论了对于质量来源成功的现代认识和不久前开创性的但不成功的尝试［亨德里·A. 洛伦兹（Hendrik A. Lorentz）的电子模型及其衍生模型］之间的关系。

虽然QCD解释了常规物质质量的大部分来源，但有几种其他形式的质量它没有解释。“没有质量的质量之二：介质是质量同期物”着手处理这些问题。它们在“质量与糖浆”和“寻找失去的对称性”中被非常详细地阐述。

9　质量的来源

现代物理学前沿的日常研究工作，通常包括一些复杂的概念和极端的状况。我们谈论量子场、量子纠缠和超对称，并且分析小得荒谬的东西或构思大得出奇的东西。正如威利·萨顿（Willie Sutton）的名言所说的，劫罪抢劫银行是因为“那是有钱的地方”，而我们做这些事情是因为“那是未知的地方”。然而，这种复杂的工作偶尔会对关于那些耳熟能详的事物的一些天真问题给出答案，这是一个令人惊异和愉快的事实。这里我想描述自己关于亚核力（夸克和胶子的世界）方面的工作怎样使人们对一个如此天真的问题有了卓越的新认识，这个问题是：质量的来源是什么？

9.1　质量有来源吗？

一个语法上通顺的问题并不能保证一定可以回答，甚或不一定清晰易懂。

质量概念是在我给大学一年级学生讲的力学课中最先讨论的事情之一。没有它，经典力学简直是不可想象的。牛顿第二运动定律指出，物体的加速度等于作用在它上面的力除以它的质量。因此，一个没有质量的物体将不知该如何运动，因为将出现被零除的情形。同样，在牛顿的引力定律中，一个物体的质量支配着它所施力的强度。不会有一个物体受其他物体吸引，而反过来却没有在不摆脱引力的情况下摆脱质量。最后，经典力学中的质量最基本的特性就是它是守恒的。举例来说，当你把两个物体放在一起时，总质量正是这两个物体质量之和。这个假设是如此根深蒂固，以致它甚至没有被明显地表述为一条定律（尽管我把它作为牛顿第零定律来讲授）。总而言之，在牛顿的框架下，很难想象是什么东西构成了“质量的来源”，甚或这个短语可能意味着什么。在那个框架下，质量就是它本身——一个原始的概念。

后来，物理学的发展使得质量的概念似乎不那么不可约简了。在爱因斯坦的狭义相对论中，以 $E=mc^2$ 的形式写出的著名方程表露出一种偏见，即我们应该用质量来表示能量。但我们能将同一方程写成另外一种形式 $m = E/c^2$。以这种形式表达后，它暗示了用能量解释质量的可能性。爱因斯坦从一开始就意识到了这种可能性。事实上，1905 年他最初论文的标题就是："物体的惯性依赖于它的能量含量吗?" 并且推导出的公式是 $m = E/c^2$ 而不是 $E = mc^2$。那时爱因斯坦考虑的是基础物理，而不是"炸弹"。

在现代粒子加速器中，$m = E/c^2$ 得以复苏。例如，在位于日内瓦附近 CERN 实验室的大型正负电子对撞机（LEP）上，电子束和反电子（正电子）束被加速到极高能量。强大的、专门设计的磁铁控制着粒子的路径，并使它们沿着相反的方向绕着一个巨大储存环运转。这些粒子束的路径在几个相互作用区域发生交叉和碰撞（在 MIT 科学家起着领导作用的 10 多年硕果累累的运行之后，LEP 于 2000 年被拆除了。它让位于使用同一条隧道的 LHC。LHC 将使质子而不是电子对撞，并将运行较高的能量）。

当一个高能电子与一个高能正电子相撞时，我们常常观察到许多粒子从这个碰撞事例中发生。这些粒子的总质量可能是原先电子和正电子质量的几千倍。这样，质量就被物理地从能量中产生出来。

9.2 物质的问题

在确信质量的起源问题可能是有意义的之后，现在让我们在非常具体的、常规物质的情况下来面对它。

常规物质是由原子构成的。一个原子绝大部分质量集中于原子核。当然，环绕的那些电子对讨论原子间如何相互作用，从而也对化学、生物学和电子学，都是至关重要的。但是它们只提供不到千分之一的原子质量！原子核提供了原子质量的绝大部分，它是由质子和中子组成的。所有这些都是一个熟悉的、非常确定的故事，它可以回溯到 70 年或更久以前。

较新的、也许是不太熟悉的但至今同样非常确定的是下一步：质子和中子是由夸克和胶子组成的。因此，绝大部分的物质质量最终可以被追溯到夸克和胶子。

9.3 QCD 是什么？

夸克和胶子的理论被称为量子色动力学（QCD）。QCD 是量子电动力学（QED）的推广。有关量子电动力学的精确叙述，我强烈推荐一位优秀的 MIT 毕业生理查德·费恩曼（Richard Feynman）的著作：《QED：电子和光的奇异理论》。

QED 的基本概念是光子对电荷的响应。图 1(a) 画出了这一核心过程的时空图。图 1(b) 表示如何用它来描述一个电荷通过交换一个“虚”光子作用于另一个电荷的效应（虚光子就是一个被发射或吸收，而自身从来不具有真正寿命的光子。因此，它不是一个可以直接观测的粒子，但它可以在你实际观测的东西上产生效应）。换句话说，图 1(b) 描述了电磁力！

这种图被称为费恩曼图，它们看起来似乎是小孩的涂鸦，这是它们质朴的外观误导了人们。费恩曼图与确定的数学规则相联系，这种规则确定了它们所描述的过程出现的可能性。对可能包含许多实的和虚的带电粒子以及许多实的和虚的光子的复杂过程，其规则是以完全具体和确定的方式从一些核心过程中建立。这就像用装配式玩具（TinkerToys®）搭积木一样。粒子是一些你能够使用的不同种类的线段，而那些核心过程提供了连接它们的节点。有了这些元素，搭建的规则就完全确定了。这样，关于无线电波和光的麦克斯韦方程、原子和化学方面的薛定谔方程以及包括自旋在内的更精确的狄拉克方程的所有内容——所有这一切，甚至更多的，都被确切地编码于波浪线中［图 1（a)］。

在这个最初级的水平上，QCD 像 QED 一样包含很多的东西，但比 QED 更大。它们的费恩曼图看起来类似，计算它们的规则也很相似，但里面的线段和节点的类型更多。更精确地说，在 QED 中只有一种荷，即电荷；而 QCD 中有 3 种不同类型的荷。它们被称为色荷，这个命名其实没有什么特别的理由。我们可以把它们标记为红色、白色和蓝色，或者如果我们想画起来更容易些，并且避开法国国旗的颜色，也可以选择使用红色、绿色和蓝色。

每一个夸克具有这三种之一的一个单位色荷。此外，夸克还具有不同的“味道”。对常规物质起作用的只有两种味道的夸克，它们叫做 u 和 d，即上和下（当然，夸克的味道与随便什么东西尝起来如何毫无关系。并且，这些 u 和 d 的名字也并不意味着味道和方向有什么实际的联系。不要指责我，当我有机会的时候，我会给这些粒子起一些像轴子和任意子一样的高贵的、有科学味道的名字)。有带有一个单位红色荷的 u 夸克，带有一个单位绿色荷的 d 夸克等，总共有 6 种不同的可能性。

与只有一个光子作用于电荷不同，QCD 有 8 个带色的胶子。这些胶子或者可以作用于不同色荷，或者可以把一种色荷变成另外一种色荷。因此在 QCD 中有很多种线段，并且也有许多不同种类的连接它们的节点。看起来似乎事情变得复杂而凌乱。假如没有理论上功能强大的

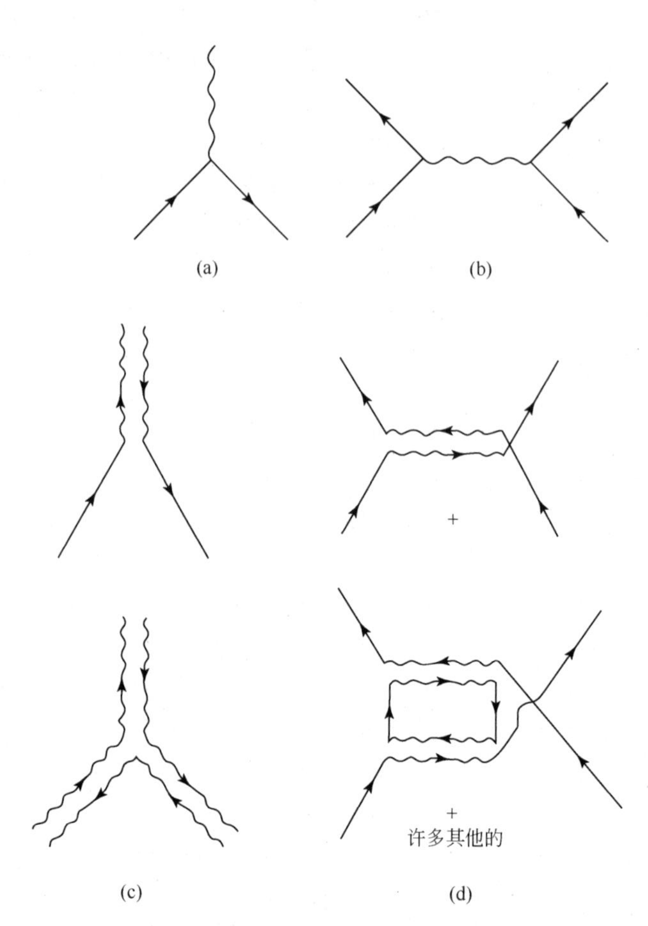

图1　QED和QCD的图示

量子电动力学的物理内容被总结为一种算法，它将一个概率幅与它的每一个费恩曼图联系起来，每一个费恩曼图描述时空中一个可能过程。费恩曼图是通过把一些节点（hub）或通常所谓的相互作用顶点连接起来构建的，如图1所示。实线描述一个带电粒子的世界线，波浪线跨于一个光子的世界线。通过将节点连接在一起，我们可以描述诸如电子之间的相互作用等物理过程，如（b）所示。对于量子色动力学，可以有相似的总结，但它有一组更精细的成分和节点。存在三种荷，称为色荷。在它们的力学性质上，夸克相似于电子（用专业术语，它们是自旋为1/2的费米子），但它们的相互作用非常不同，因为它们带有一个单位的色荷。夸克以几种味道诸如u、d、s、c、b和t出现。所以，我们有uuuddd，如此等等。只有u和d在普通物质中是重要的，它们有很小的质量。其他的重且不稳定。胶子在它们的力学性质上类似于光子（用专业术语，它们是无质量的自旋为1的玻色子），但它们的相互作用很不同。有八种不同的胶子，它们负责改变与它们相互作用的夸克的色荷。一个典型的夸克－胶子相互作用节点画在（c），它还包括一个胶子－胶子相互作用。后者在QED中没有类似物，因为光子不带电荷。渐进自由和所有带/不带色荷的粒子被观测的行为无论多么强烈的不同，最终都产生于这些新的胶子－胶子相互作用。原则上，我们可以试图使用费恩曼图计算夸克－夸克相互作用，如（d）所示。但不像QED，在QCD中，含有很多节点的图的贡献并不小，且这种方法不实用对称性的话，它们会是这样的。例如，如果你把每处的红色与蓝色互换，你仍然会得到相同的规则。更完全的对称性允许你不断地把各种颜色混合，形成混合体，并且所有的规则对于混合体和纯颜色一定是完全相同的。当然，在这里我不可能享受那些数学。但最终的结果是值得注意且容易表达的：有且只有一种方法对所有可能的节点指定规则，从而理论是完全对称的。它可能错综复杂，但绝不凌乱。

按照这种理解，QCD 被确切地编码于像图 1（c）一样的波浪线中，并且像图 1（d）一样，夸克间的作用力从波浪线中显现出来。我们有确定的规则去预言夸克和胶子的行为和相互作用。描述像用夸克和胶子组成质子那样的一些具体过程时所涉及的计算，会很难进行，但结果不会是模棱两可的。这个理论或者正确或者错误——清清楚楚地呈现出来。

9.4　我们怎样知道它是正确的？

实验是科学真理的最终仲裁者。有许多检验 QCD 基本原理的实验。它们中的大多数需要进行很复杂的分析，主要是因为我们不能直接看到作为基础的简单的东西，即单个的夸克和胶子。但是有一种实验非常接近要做的这件事，这就是现在我想向你们介绍的。

我将讨论在 LEP 上观察到了什么。但是在进入细节之前，我想回顾一下量子力学的一个基本观点，它是理解所发生事情的必要背景。根据量子力学原理，单一的一次碰撞的结果是不可预言的。我们能够，而且确实能够，精确地控制电子和正电子的能量以及自旋。因此，同一种碰撞可以精确地重复出现。尽管如此，不同结果还是出现了。通过大量重复，我们可以确定不同结果的几率。在这些几率中，编入了包括现象背后基本相互作用的基本信息。根据量子力学，它们包含了一切有意义的信息。

当我们研究 LEP 的碰撞结果时，我们发现结果分为两大类。每一类均约有一半的机会发生。

其中的一类，其末态由沿相反方向快速运动的粒子和它的反粒子组成。它们可以是一个电子和一个反电子（e^-，e^+），一个 μ 子和一个反 μ 子（μ^-，μ^+），或者是一个 τ 子和一个反 τ 子（τ^-，τ^+）。字母的上标表示它们所带电荷的符号，而电荷的绝对值都一样。这些粒子统称为轻子，它们的性质都非常相似。

轻子不携带色荷，因此它们主要与光子发生相互作用，它们的行为由 QED 的规则来支配。这可以从末态的简单性反映出来。一旦轻子产生了，这些粒子中的任意一个，以费恩曼图的语言来说，都可以通过一个 QED 的节点连接一个光子，或者用物理的术语来说，辐射出一个光子。然而，光子与单位电荷的基本耦合是相当微弱的。因此可以预言，每附加一个光子都将减小所描述过程的概率，以致最通常的情况是不含这种附加光子的。

事实上，包括了一个光子的末态 $e^-e^+\gamma$ 确实出现了，其几率大约是简单的 e^-e^+ 末态的 1%（对其他的轻子也相似）。通过研究这些3 - 粒子事例的细节。例如，光子以不同能量发射到不同方向（“天线角分布图”）的几率，我们可以检验对基本节点所作假设的各个方面。它提供了一个直接的和明晰的方法，来检验我们用来构建 QED 基本概念的构件的坚实性。然后，我们可以继续着手处理发射双光子的极稀有过程（0.01%）等。

为了便于以后参考，我们把这第一类结果称做“QED 事例”。

另一大类结果包含完全不同的一类粒子，并且在许多方面都复杂得多。在这些事例中，典型的末态包含 10 个或更多的粒子，它们可以由 π 介子、ρ 介子、质子和反质子等许多其他粒子所组成的粒子表中挑选。这些粒子全是在其他环境下彼此强相互作用的粒子，而且它们全都由夸克和胶子组成。就此而论，它们组成了一锅希腊和拉丁字母花片汤（alphabet soup，一种含有字母形小面条的汤——译者注）。的大杂烩。情况是如此混乱，以至于物理学家们几乎放弃了去尝试详细地描述所有的可能性及其几率。

然而幸运的是，如果我们把焦点从那些单个的粒子转移到能量和动量整体的流动，就会出现一些简单的模式。

在大多数（约 90%）时间，出现的那些粒子全都是沿两个相反的可能方向中的随意一个方向运动。我们称之为背靠背喷注（这一次，科学术语是生动而且确切的）。大约有 9% 的时间，我们发现粒子流出现在 3 个方向；大约有 0.9% 的时间，出现在 4 个方向。届时，我们只剩下很少的难以用这种方法进行分析的复杂事例。

我把第二大类结果称之为“QCD 事例”。典型的 2 喷注和 3 喷注 QCD 事例，如同它们实际上被观测到的那样，展示在图 2 中。

如果现在稍微瞟上一眼，你就会发现 QED 事例和 QCD 事例的样子初看很相似。确实，在这两种情况中，能量流的模式定性上是相同的，即非常集中地集聚在几个很窄的喷注中。但这里有两个主要的不同点。一个是多喷注在 QCD 中，这比在 QED 中更常见，因此比较平庸。另一个则意义深远得多。这就是在 QED 事例中喷注的都只是些单个粒子，而在 QCD 事例中喷注的都是几个粒子。

1973 年，我还是一名在普林斯顿跟着格罗斯一起工作的研究生，

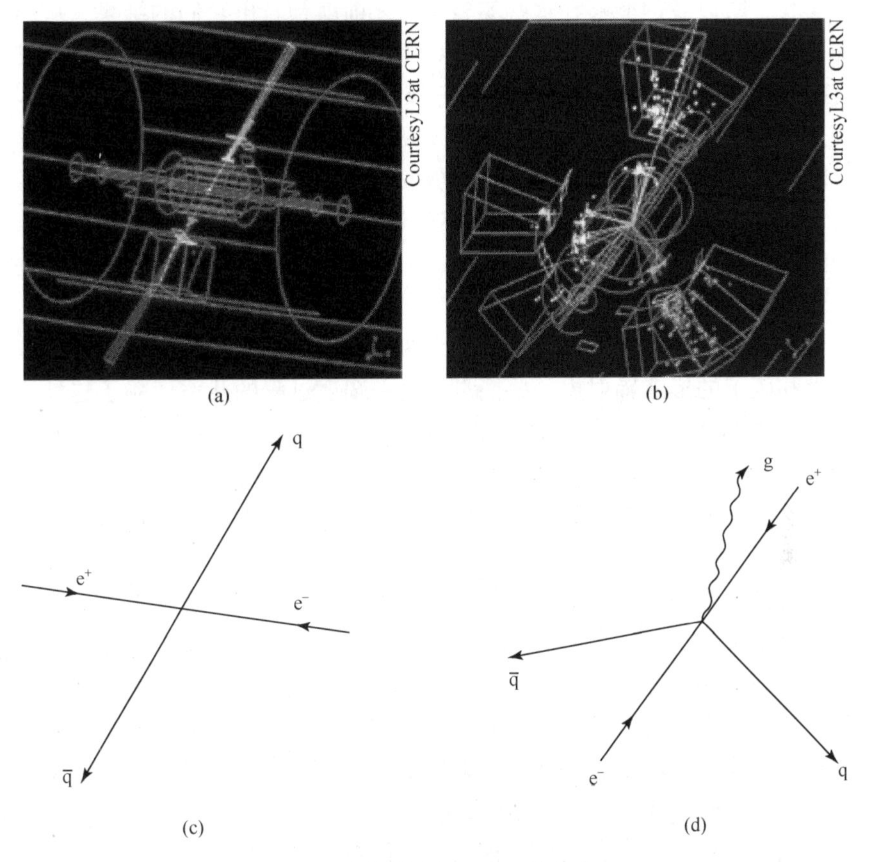

图 2　真实喷注和观念上的喷注

(a)(b)表示真实喷注，是 LEP 的正负电子对撞的结果，由丁肇中教授、贝克（Becher）教授、费希尔（Fisher）教授所领导的 L3 协作组拍摄。在喷注中，高能粒子的直线排列可用肉眼看到。(c)(d)表示观念上的喷注，代表我们关于观测的喷注所产生的隐含深刻结构的观念模型。电子和正电子湮灭为“纯能量”（实际上是一个虚光子），它物化为一个夸克－反夸克对。夸克和反夸克经常穿着软辐射的外衣，如本书描述的，并且我们观测到一个 2 喷注现象。然而，约 10% 的时间，会辐射出一个硬胶子。夸克、反夸克、胶子都穿有软辐射外衣，且我们看到了喷注。(c)(d)被画来与(a)(b)所示的观测做几何匹配（注意：为简单，我没有试图保持图 1 的完整色方案）

我发现了这些现象的解释。我们的看法是：观测到的轻子的基本行为（基于 QED）与强相互作用粒子间行为的相似性或许表明，强相作用粒子最终也可由一个简单的、基于规则理论的线段和节点描述。换句话说，我们只是瞟了一眼。

为了使简化了的 QCD 事件的图像与观测协调一致，我们要依赖于一个马上就要介绍的理论上的发现，它被命名为渐近自由（请注意，我们的术语并不“漂亮”）。事实上，我们对渐近自由的发现先于这些具

体实验，所以我们能够在这些实验进行之前就预言出它们的结果。从历史上看，我们通过试图与20世纪60年代后期在斯坦福直线对撞机上进行的MIT-SLAC“标度”实验保持一致，才发现了QCD和渐近自由。因为这个实验，杰罗姆·弗里德曼（Jerome Friedman）、亨利·肯德尔（Henry Kendall）和理查德·泰勒（Richard Taylor）在1990年获得了诺贝尔奖。由于我们用QCD对标度实验做的分析更（不可避免地）复杂和间接，这里我集中讨论后来的、但更易理解的、含有喷注的那些实验。

渐近自由的基本概念就是：一个快速运动的夸克或胶子以其他一些夸克和胶子的形式辐射出一些能量，这一辐射过程的几率依赖于这种辐射是“硬”的还是“软”的。硬辐射就是发生辐射的粒子有很大偏转的辐射，而软辐射则不产生这种偏转。这样，硬辐射会改变能量和动量流，而软辐射只是将它分布于另外一起运动的粒子中。渐近自由是说软辐射常见，而硬辐射稀少。

这种差别一方面解释了为什么存在喷注，另一方面解释了为什么喷注不是单个粒子。一个QCD事例开始于夸克和反夸克的物化，类似于一个QED事例如何开始于轻子-反轻子的物化。它们经常给我们两个喷注，沿夸克和反夸克的初始方向排列成直线。只有硬辐射才能明显改变总体的能量和动量流，并且渐近自由告诉我们硬辐射很少见。当硬辐射确实出现时，我们有一个额外的喷注！但是我们看不到了单个的初始夸克或反夸克，因为它们总是被软辐射伴随，这种软辐射是很常见的。

研究多喷注QCD事例的天线角分布图，能够检验我们对基本节点所做假设的方方面面。正如对QED一样，这种天线角分布图提供了一个直接的和明晰的方法，来检验我们用来构建QCD的基本概念的那些模块的坚实性。

通过分析这个及许多其他应用，物理学家们已经有了十足的信心相信QCD基本上是正确的。如今，实验物理学家已经例行公事地使用它来设计寻找新现象的实验，并且把他们进行的工作称为“计算背景”而不是“检验QCD”！

然而，要全面地使用这个理论仍然存在着许多挑战。困难总是和软辐射相关联。这种辐射很容易被释放，使得它很难被追踪。你得到大量的费恩曼图，每个图都有许多附加物，这使得它们越来越难以被数清楚，更不用说计算。这是非常不幸的，因为当我们试图用夸克和胶子来组成质子时，它们都不能长时间地快速运动（毕竟它们被认为是在质子内部），因此它们所有的相互作用都包含软辐射。

为了应对这个挑战，需要一种根本不同的策略。我们不再使用费恩曼图来计算夸克和胶子在时空中的路径，而是让每一时空段记录下它含有的夸克和胶子数，然后把这些时空段视为相互作用子系统的集合。

实际上就此而论，“我们”是指一群辛勤工作的计算机。通过灵巧的组织并以千亿次浮点运算的速度全时运行，它们能够十分成功地计算出质子以及其他强相互作用粒子的质量，其结果如图 3 所示。我们所发现并从极不相同的角度证明了的 QCD 方程，很好地经受住了这种极端使用的考验。在计算机技术和人类智能的前沿，世界性的巨大努力正在更精准地从事着类似的计算和其他更多。

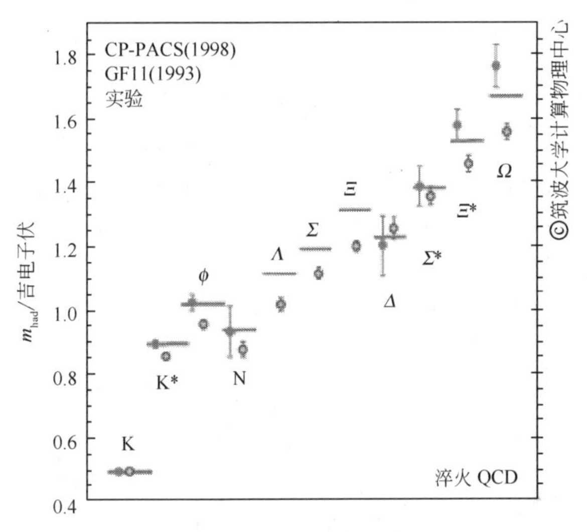

图 3　它源于比特

本图取自 CPPACS 协作组，表示 QCD 预言和粒子质量之间的一个对比。短的水平线表示粒子质量的观测值，而间隔内的圆圈表示计算结果和它们的统计误差。K 介子排在了最左边，而质子和中子都是 N。计算使用了具有大规模并行计算功能的最先进计算机技术。尽管如此，必须引进一些近似以使计算可行。这些结果是如下观点的卓越体现，即现实的基本原理可产生于纯观念的构建：“它源于比特。”因为基本理论基于深刻对称的方程，含有很少可调节的参数

9.5　QCD 的成分：简易的和完整的

利用已经掌握的答案，让我们看看已经得到了什么。为此，比较一下两个版本的 QCD 是有教益的。一个是我称之为简易 QCD 的理想化版本，一个是实际的完整版本。

简易 QCD 是用无质量的胶子、无质量的 u 夸克和 d 夸克构造而成，不再添加其他任何东西（现在你可以完全理解这个名字的妙趣）。如果我们以这个理想化版本作为计算的基础，所得到的质子质量约低于测量

值的 10%。

完整 QCD 在如下两方面与简易 QCD 不同。第一，它包含了另外 4 种味道的夸克。这些夸克并不直接出现在质子中，但它们作为虚粒子确实有一些效应。第二，它允许 u 夸克和 d 夸克具有非零质量。尽管结果证明这些质量的实际值很小，只有质子质量的百分之几。当我们由简易 QCD 过渡到完整 QCD 时，这些修正中的每一个都会使质子质量的预言值改变约 5%。因此，我们发现，90% 的质子（以及中子）质量，进而 90% 的常规物质质量，都产生于一个理想化的理论，而这个理论的成分都是完全无质量的。

9.6 （大部分）质量的来源

现在我已向你们讲述了描述夸克和胶子的理论，因此也就不得不解释物质大部分的质量。我已经描述了一些确证这个理论的实验。我也展示了使用这个理论对包括质子和中子质量在内的强子质量的成功计算。

从某种意义上说，这些计算澄清了问题。它们告诉了我们（大部分）质量的来源。但是，仅仅依靠计算机在海量且完全不透明的计算之后送出答案，并满足不了我们对理解问题的渴望。在目前这个例子中，它尤其不令人满意，因为它的答案显得不可思议。计算机使用自身无质量的夸克和胶子为基本构件，为我们构造了有质量的粒子。简易 QCD 方程以无质量产生出质量，这令人怀疑是不劳而获。它到底是怎么发生的呢？

关键还是渐近自由。前面，我用硬辐射和软辐射讨论了这个现象。硬辐射很少见，软辐射很普遍。数学上等价的考虑方法在这里是有用的。从 QCD 的经典方程，可预期在夸克间有一力场，它随着夸克间距离的平方减小，就如同在普通电磁学（库仑定律）中的一样。然而，它对于软辐射增强的耦合意味着，在考虑了量子力学之后，一个嵌入真空的"裸"色荷本身将会被一团虚色胶子云环绕。这些色胶子场本身带有色荷，因此它们是附加软辐射的源。其结果是一种自催化的增强，它导致了耦合强度的猛增。一个孤立的小色荷，形成了一大片色雷雨云。

所有这种构造都要花费能量，并且理论上把一个夸克隔离出来的能量是无穷大的。这就是为什么我们从来没有见过独立的夸克。在只有有限能量的情况下，自然界总能找到一个方法去短路最终的雷雨云。

一种方法是引入一个反夸克。如果这个反夸克可以正好置于夸克上，则它们的色荷就会精确地抵消，则雷雨云永远不会开始积聚。还有另外一种微妙方法去抵消色荷，即把各带一种不同色的三个夸克放在一起。

然而，实际上这种精确抵消不太可能发生，因为存在竞争效应。夸克遵从量子力学规则。简单地把它们作为很小的粒子是不对的，而把它们视为量子力学的波粒二象性更为合适。特别是，它们都要受海森伯测不准原理的制约，这意味着如果试图非常精确地固定它们的位置，则它们的动量就会极为不确定。要支持大动量的可能性，它们必须获取高能量。换句话说，固定夸克需要做功。波粒二象性总想展开。

这样，在两种效应间存在着竞争。为了完全抵消色荷，我们想要把夸克和反夸克精确地放在同一地方；但它们却抵制定域化，因此这样做代价很大。

这种竞争能够给出一些折中的解，在那里夸克和反夸克（或三个夸克）被放置得很近，但并不完全重合。它们的分布由量子力学的波函数来描述。可能有很多种不同的、稳定的波模式，每一种模式对应着一种不同种类的可观测粒子。有对应于质子、中子以及整个希腊字母和拉丁字母家族中每一个字母所代表的粒子的模式。每一模式都有某种特征能量，因为色场不是完全抵消了粒子，并且波粒二象性是多少有点定域化的。于是凭借 $m=E/c^2$，它就给出了质量的来源。

类似的机制在原子中也存在，然而简单得多。带负电荷的电子受到带正电荷的原子核的电吸引力，从这个角度来说，电子要紧贴在原子核上。但电子是波粒二象性的，这会阻止它们。结果又是一系列可能的折中解。这些就是我们所观测到的原子的能级。这篇文章基于我的一个演讲，当我作那个演讲时，在上面这个问题上我使用道格的奇妙的“箱中的原子”程序，展示了有趣的、几近优美的、起伏跌宕的一些波，它们描述了最简单的原子即氢原子的可能状态。我希望你们能够自己探索一下“箱中的原子”。你可以在 http://www.dauger.com 链接到它。在没有它的时候，我会用一个经典的比喻来代替。

描述质子、中子及其家族粒子的波的模式与乐器的振动模式很相似。事实上，虽然这些领域表面上非常不同，但支配它们的数学方程是非常相似的。

与音乐的类比可回到科学的史前时代。毕达哥拉斯部分地受到他所发现的一个事实的启发，即长度成简单比例的弦可以发出和谐的音调，提出了“万物皆数”。开普勒谈及天体的音乐，在他确定正确的行星运动模式之前，渴望找到天体所隐藏的和谐这个愿望支持他进行了多年乏味的计算和不成功的猜测。

当爱因斯坦获悉玻尔的原子模型时，把它称为“思维领域音感之巅”。但是，尽管玻尔模型很奇妙，现在对我们来讲它只不过是真实波动力学原子打了很大折扣的版本，且波动力学的质子显然更加错综复杂和对称！

我希望一些艺术家/书呆子能够迎接这个挑战，为我们构造一个“箱中的原子”以供演示和欣赏。

9.7 作为概念、算法和数字的世界

作为结束语，我将谈一下对我们的世界图像的这些发展所具有的更广泛意义。

理论物理的主要目标是用尽可能少的概念去描述世界。仅仅为这个目的，在很大程度上消除质量作为描述物质所必需的性质，就是一个很重要的结果。但更有甚者，当粒子的质量为零时，描述基本粒子行为的方程变得从根本上更简单更对称。这样，消除质量能使我们把更多的对称性引入对自然的数学描述。

这里我为你们简单描述的对质量起源的理解，是我们所拥有的对毕达哥拉斯令人鼓舞的思想（世界由概念、算法和数字组成）最完美的实现。质量，作为物质一个似乎不可约简的属性和一个抵制变化和惰性的代名词，证明反映了对称性、不确定性和能量间的一个和谐的相互影响。使用这些概念以及它们建议的算法，纯粹的计算就可以给出我们所观测到粒子的质量。

尽管如此，如我已经提到的，我们对质量起源的理解决不是完整的。我们已经对常规物质绝大部分质量的起源有了一个漂亮且深刻的理解，但并不是对全部质量。特别是，在我们关于统一理论及弦理论的最高级的构思中，电子质量的值仍然是极其神秘的。最近，我们获知，常规物质只提供整个宇宙中很小一部分的质量。更漂亮、更深刻的阐释等待去发现。我们将继续寻找概念和理论，它们将通过揭示更多的自然所隐含的对称性，使我们能理解各种形式质量的来源。

10 没有质量的质量之一：大部分的物质

约翰·惠勒（John Wheeler）以他在佯谬之深奥性方面无与伦比的天才，创造了“没有质量的质量”的短语，为在物理学基本方程中不提质量这个目标做广告[1]。我们真的希望这么做吗？我们已经走了多远？我们为什么要去尝试？在本篇，我将回答第一个问题及第二个问题的一部分；在下一专论（没有质量的质量之二——译者注），我将完成这个故事并作展望。

正如通常所使用的，“大量的”和“有分量的”这两个词使我们联想到太明显而且太重要以至不可忽略的一些事物，如大量的欺诈或有分量的意见。其结果是我们的极端用语使得我们把一个物理客体的质量看做是它的原始特征之一。我们的日常经验，甚至我们在物理学方面的早期教育也是如此。质量的概念的确是牛顿物理学的核心。它明显地出现在基本方程 $F = ma$ 和万有引力定律 $F = GMm/r^2$ 中。

后来物理学的发展似乎使质量的概念变得不那么不可约简，且不那么基本。认真地讲，这种削弱的过程始于相对论的预言中。以 $E = mc^2$ 方式书写的著名狭义相对论方程表明了我们用质量表示能量的成见。不必麻烦爱因斯坦，便可从那个方程推导出 $m = E/c^2$，该表达式提出了用能量来解释质量的可能性。广义相对论的观念性中心——等价原理——是这样一种观测事实，即物体对引力的响应与其质量无关。与这个观测事实一致，牛顿的两个定律可以组合成 $a = GM/r^2$。其中，质量 m 没有出现。广义相对论的核心方程，

$$R_{\mu\nu} - \frac{1}{2}g_{\mu\nu}R = T_{\mu\nu}$$

（采用适当的单位），使时空曲率等于物质的能-动量。爱因斯坦称这个方程的左边为金殿，右边为简陋的小木屋。这表达了他的雄心，要改进方程的右边，使其植根于能与黎曼几何学相媲美的深刻和优美。当然，只有方程的右边，即有粒子质量出现的木屋一边，是原始和未加装饰的。我们能否用更好的材料来代替它们呢？

量子场论通过极大地削减我们需要替换部分的详细清单，简化了我们的任务。在量子场论中，现实的原始要素不是单独的粒子，而是一些基本场。例如，所有的电子只不过是一个基本场的激发，这个基本场自然地被称为电子场，它们充满所有的时空。这种表述形式解释了为什么任何地方、任何时间的电子都具有精确相同的性质，当然，也包括相同的质量。如果人们由一些场的激发去构建所有物质，就如我们在现代标准模型中所做的那样，质量的挑战将表现为一种新的、非常简单的形式。一般说来，在最坏的情况下，我们将不得不规定一些数字参数——每个基本场一个，来解释质量。

实际上，我们做得更好。绝大多数常规物质的质量（超过99%）来源于质子和中子的质量。在量子色动力学（QCD）中，质子和中子作为夸克和胶子构成的次级复合结构出现。当我们采用节略版本的QCD时，即只含有色胶子和上、下夸克场，我们就能保持对现实的极好近似。较重的夸克在质子和中子的结构中扮演了一个极其次要的角色。

我们的色胶子理论源自一个强有力的对称性原理——非阿贝尔或杨－米尔斯规范对称性，它在很多方面类似于广义相对论的广义协变性。规范对称性不允许胶子场的质量项出现。因此，由于类似的原因，色胶子与引力子及光子一样，都没有质量。此外，有很多唯象证据表明，与上、下夸克相联系的质量项是非常小的。让我们把它们设置为零。现在，我们得到QCD节略的、近似的版本，它根本不含质量项（在真正意义上没有任何自由参数[2]）。然而，如果用它来计算质子和中子的质量，即常规物质的质量，我们发现结果能精确到10%之内![3]

怎么可能用严格无质量的夸克和胶子构成有质量的质子和中子呢?其关键是 $m=E/c^2$。运动的夸克储存着能量，连接夸克的色胶子场也储存着能量。这两种能量结合在一起，形成了质子的质量。

新出现的质子质量的图像，在一个不同的环境下实现了洛伦兹梦想[4]［被很多科学家所追求，如亨利·彭加勒（Henri Poincaré）、P. A. M. 狄拉克、惠勒及费恩曼等］的一种改进形式，即完全根据电子的电磁场去解释电子的质量。一个经典的点电子被一个按 $1/r^2$ 变化的电子场所环绕。由于这个场在 $r\to 0$ 附近发散，这个场中的能量是无穷大的。洛伦兹希望，在一个正确的电子模型中，电子将作为延展的物体出现，并且库仑场中的能量为有限值，它事实上解释了电子所有的或绝大部分的惯性。

后来，量子电子理论的进展，通过证明电子的电荷（进而当然是与它相联系的电场的奇异性）内在地被电子位置上的量子涨落抹平的现象，致使这个计划失去了实际意义。结果是，一个电子的电场只对其总质量有一个很小的修正。因此，原始形式的洛伦兹梦想并未实现。但美好的想法很少是完全错误的，一些非常接近洛伦兹想法的东西被纳入现代 QCD。夸克携带色荷，并产生类似于电子周围普通电场的色电场。如同电子周围的电场一样，夸克附近色电场的潜在发散能量被量子力学移除了。尽管普通电场在远离它的源时会急剧地减小，但色电场却不会。这个特性解释了为什么夸克从未被独立地观察到。

然而，三个夸克的组合能巧妙地产生在很远距离处抵消的场。为构造质子和中子，这是必需的。尽管这样，这些场在有限距离处并没有严格抵消，所以仍保持有限的场能。根据 QCD，正是这个色场能，才使我们有了重量。从而，很确切地，它提供了“没有质量的质量”。

所以，QCD 使我们向爱因斯坦 - 惠勒的“没有质量的质量”的理想迈进了一大步。对常规物质来说，从定量上它使我们惊人地接近。如果你的朋友体重增加了几磅却又抱怨“我从没多吃东西”，现代物理学同意你在没有相反的证据之前暂时相信她（他）的话。

参考文献

[1] Wheeler J A. Geometrodynamics. New York：Academic，1962. 25

[2] Wilczek F. Nature，1999，397：303

[3] Bernard C，et al. Nucl Phys Proc Suppl，1999 73：198（references therein）

[4] Lorentz H A. Proc Acad Sci Amsterdam，1904，6. reprinted in：Einstein A，et al. The Principle of Relativity，Dover，New York，1952. 24. See also，especially：Feynman R P. Lectures in Physics. vol. 2. Reading，Mass：Addison-Wesley，1964. chap 28

11 没有质量的质量之二：介质带来质量

在“没有质量的质量之一”中，我讨论了常规物质的绝大部分质量如何从与夸克的运动及色胶子场相联系的能量中产生。使用我称之为简易版 QCD 的理论——即量子色动力学（QCD）的一种简化形式，这种质量能被非常精确地计算出来。在这种简易版中，上、下夸克的质量被设置为零，而其他的夸克均被忽略。在简易版 QCD 中，质子和中子完全由无质量的基本成分组合而成。从而，对大部分的常规物质来说，我们实现了惠勒的目标，即将质量作为次级特性推导出，而不必将质量作为原始特性引入。用惠勒的话来说，我们获得了“没有质量的质量”。

取消作为物质原始特性的质量，是简易版 QCD 的一个令人高兴而又重要的结果。然而，在 QCD 中，这个特征是一种奢侈，并非必需。如果上、下夸克有较重的质量，简化版 QCD 将成为一个很糟糕的近似，那时质子和中子的质量将主要来源于组成它们的夸克的质量，但 QCD 本身仍将是一个完美自洽的理论。确实，它的很多中心结果（如对高能碰撞中产生喷注的概率的预言）将不会有明显不同。

相比之下，在粒子物理标准模型的另一个部分，即它的电弱分支，没有质量的质量是必不可少的。没有它，电弱相互作用的现代理论就不再有效。因为这一理论的核心原理是手征规范对称性，而手征规范对称性不容许质量。这句话非常难懂，他把一些深奥和广泛的思想纠缠在一起形成一个死结，现在我将尝试把它们解开。

首先是在这种语境下使用时，手征性是指左和右之间一种内在的区别。1956～1957 年，人们发现弱相互作用能产生这种区别，物理界深为震惊。先前所有原子物理及核物理的经验都与左和右之间的基本对称性相一致。理论家们已经把这种观测事实提升为一个原理：宇称。弱相互作用无视宇称。例如，β 衰变中放出的电子几乎总是左手的：如果你把左手拇指指向电子运动的方向，通常你会发现它们沿着你的其他手指弯曲的方向自旋。对于从其他弱衰变中放出的电子或 μ 子也是同样的，

反之正电子和反 μ 子却几乎总是右手的。细致的研究揭示：弱相互作用系统地、严重地破坏了左右之间的宇称。理论家们试图通过提出一个新的原理，即最大宇称不守恒性（仅适用于弱相互作用），来充分利用这种情况。

最大宇称不守恒理想的、直接的说法是单一的手性或手征性。这一说法可以理解为：只有左手粒子和只有右手反粒子参与弱相互作用。然而，这种表述与相对论原理不一致。的确，对于一个静止观察者显示为左手的电子，对沿电子方向以更快速度运动的观察者来说，将是右手的——运动方向反转了，但旋转方向保持不变。假如电子是无质量的，这种不自洽性就不会出现。因为那时它们将以光速运动，没有任何观察者能超过它们。电子及其他粒子的非零质量使得最大宇称不守恒性从一个粗略的拇指规则转换为精确原理的任务极大复杂化了。手征性的自然栖居地是一个无质量的世界。

其次是规范对称性。规范对称性最初是作为量子电动力学（QED）的一个特性被发现的。在大学一年级的物理课中我们就学过，电磁波是纯横向的：在这样的波中，场只在垂直于波传播的方向上被激发。当我们要量子化电磁场时，结果表明要确保这个行为非常困难。量子涨落会探测到所有可能的场的构型，包括纵波在内。为了重新产生大学一年级的物理学定律，需要确保这些纵波不会表现出任何物理效应。所以，加上或减去纵波必须使 QED 方程保持不变。这种特性意味着一个非常大的对称性，这就是我们所说的规范对称性。

微妙但强有力的理论论证告诉我们，规范对称性对含有矢量（自旋为 1）粒子的自洽量子场论，是一个必要性质。之所以有这样的要求是因为纵波有令人讨厌的性质（负概率!），它必须被清除。与这个观点一致，不仅 QED 而且 QCD（由矢量粒子即色胶子作为相互作用的媒介），也都基于具有规范对称性的方程。规范对称性要求矢量粒子是无质量的。用于手征性的同样论证也适用于此：假如一个观察者能赶上电磁波，以至它似乎是静止的，那么横向激发和纵向激发之间就不会有什么区别了。为防止出现这种模棱两可的局面，电磁波最好以极限速度——光速运动，这不是巧合!

弱相互作用是以矢量粒子即 W 和 Z 玻色子作为媒介的。不幸的是，它们质量很大。太遗憾了!

因此，从两个独立的观点我们看到，弱相互作用理论更偏爱一个由无质量粒子构建的世界。我们的世界不是这样的一个世界。然而，有一个非常幸运的解决办法。

颇为神奇的是，超导现象。一个似乎远离这些问题的领域，为我们指出了道路。磁场被限制在薄薄的一层中，即迈斯纳（Meissner）效应，是超导的实质。超导的微观理论将这种效应归因于超导材料中遍布的库珀对（Cooper Pair）凝聚。当电磁场试图进入超导体时，它们扰动了超导体内充斥的凝聚。这种扰动要花费能量，而凝聚会尽力驱逐入侵的场。因此，光子不再容易产生，且与它们联系的场是短程的。总而言之，在超导体内，光子已经变成有质量的。

弱相互作用的现代理论假设了一种凝聚，对真空中的 W 及 Z 玻色子，它起到了库珀对在超导体中所起的同样作用。这个凝聚可以担当双重责任，影响轻子和夸克的传播。按照这种概念，电弱理论的基本方程适用于一个（不存在的）无质量粒子的外部世界，在那个世界中，我们愉快地栖息在一个神秘的超导体中。

目前，对于所要求的凝聚还没有任何独立和直接的证据。它的存在仅仅是一种假设，它使那些已知事实很快就绪而又不造成矛盾。没有任何已知形式的物质具有合适的性质以产生所需的凝聚。某种新的东西——所谓的希格斯（Higgs）场，必须被添加进来。我们所说的空虚的空间或真空，充满了由那种场所产生的凝聚。

幸运的是，这种想象出来的场有许多可观测的后果。通过扰动这个希格斯场，我们应该能产生它的量子——希格斯粒子。希格斯粒子的自旋（即 0——它是从真空产生出的一个小东西）及它与物质的耦合都被明确地预言了。确实，如果希格斯场正在做我们需要它做的事，即产生夸克、轻子及 W 和 Z 玻色子的质量，则希格斯粒子与每一个其他粒子间的耦合强度应该与它们自身的质量成正比。这些性质是非常与众不同的。所以，假如当我们找到了希格斯粒子时，我们肯定能认出它来。

具有讽刺意味的是，希格斯粒子一个没有被精确预言的性质，是它的质量。然而，有一些极好的理由认为，这样的质量使得这个粒子有可能在不久将来的加速器上被观测到。如果不是在 LEP 或万亿电子伏加速器（tevatron）上看到，就是在 LHC 上看到。假如，实验物理学家找到了一个具有所预言性质的粒子，这将是非常令人满意的——将是理论物理学的巨大的成功。即使未能找到它，也仍然可能具有启发意义（但我不期望这样的情况出现）。

让我总结一下。我们已经在废黜质量作为物质原始的、不可约简的性质方面取得了很大的进展。可以肯定，常规物质的大部分质量是运动着的夸克和胶子的纯能量。在定量上很小但在定性上至关紧要的剩余部分（包括电子的质量）全部归结于一个弥散介质令人费解的影响，即希格斯场的凝聚。这种概念已有很多间接证据，一些决定性的直接检验也即将进行。

在标准模型中，已经讨论了这么多的质量问题。物理学作为一个整体，还提供了另外一些质量参数，它们仍然等待类似的理解。也许最深奥的是普朗克质量，它反映了量子引力的特征。另一个就是最近发现的非零的中微子质量。它们分别远远大于（约 10^{17} 倍）和远远小于（约 10^{-13} 倍）希格斯质量。基础物理统一理论的一个主要目标是必须能对这些非同寻常的比率给出令人信服的解释。目前，人们可以大胆地给出一些重要的关系，但它们过于宽松和令人不舒服，并且太脆弱，以致用处不大。

天文学也许会演奏出喧嚣的乐章。确实，众所周知，宇宙中绝大多数引力质量的来源仍有待识别。“没有物质的质量？”当做完了一场旧梦的同时，我们清醒地意识到了新的现实。

四、高处不胜寒

这个由三个称为参考系专论（译者注：标定普朗克山之一至三）组成的系列，考虑了，并且我认为很有可能回答了物理学中的一个重大经典问题：

为什么万有引力如此之弱？

在“标定普朗克山之一：从山脚观望”中，我论证了，从现代观点来看，这个问题这样提出可能更好：

为什么质子如此之轻？

的确，在广义相对论中，引力变成一个时空动力学行为的理论。它扮演的角色是如此之基本，或许别的东西都（如质子质量）应该用引力参量来表达，而不是采用其他什么方式。换句话说，我们就应该接受引力现在这种样子，并且设法解释为什么它对我们显得那么微弱。由于物质基本上由质子组成，引力又与质量成正比，问题就归结为为什么质子这么轻。

问题表述的这种改换带来了好运，正如在“质量的来源”一节中所阐明的，QCD 对为什么质子具有这样的重量给了我们一种深刻的解释。如果循此追踪索骥，我们会发现数值小得可怜的质子质量（如通过引力所看到的那样）起源于一个难以理解（获诺贝尔奖）的动力学现象：渐进自由。这种神奇的联系会在“标定普朗克山之一：从山脚观望”中详细说明。

为了更丰富多彩一些，我将概述从不同的方式来看这个问题。强相互作用和引力相互作用在极短距离（10^{-33}厘米，普朗克长度）时有相同强度，在那里引力不再微弱。当距离变得较大时，引力很快地变弱，而强相互作用根据渐进自由的公式只能按对数规律慢慢增大。当距离最终达到10^{-13}厘米时，强相互作用已获得必需的能量去束缚夸克并借以组成质子，而引力则确实变得十分微弱了。

当然，对引力微弱性的这种极为符合逻辑且条理分明的解释，依赖于将已知的物理规律外推到远小于已被实验探测到的距离。我们如何断定这种外推是否可靠呢？

也许我们永远不能百分之百地确定，但有两点评论是合乎情理的：

把量子场论大胆地外推到超短距离还会有其他后果。它预言，将强相互作用、电磁相互作用和弱相互作用极优美地统一在一起是可能的，但条件是仅当其他理论（超对称）提出的新一类粒子确实存在。大型强子对撞机原定于在 2007 年运行。不久，我们将揭示它们是否存在。如果它们确实存在，则我们的外推看样子是合理的。这条思路会在“标定普朗克山之二：大本营”中详细说明。

我们对引力的这种直截了当的外推也可能会被质疑。在关于量子引力之危机和革命的喧嚣大为升级之后，有一种常见的误解，即有关量子力学和万有引力的一切问题均悬而未决。如果看得更仔细一点，我们会发现事情实际上落入了岔路，或进入了新的维度……啊，也许吧，但我认为危机被极端地夸大了，且这种推测是非常没有道理的。直接的外推不仅可能，而且从数值上看是非常成功的，因为一切相互作用（包括引力）的强度在普朗克标度下变得相同。这条思路会在“标定普朗克山之三：这是所有的一切吗？”中详细叙述。

12 标定普朗克山之一：从山脚观望

万有引力主宰着宇宙的大尺度结构，但这样的说法只是一种默认。物质自身的安排使电磁性被消除，而强相互作用和弱相互作用均为固有的短程相互作用。在更基本的层次上，引力超乎一般弱。作用于质子之间的引力大约比电斥力弱 10^{36} 倍。这种奇异的不相称起源于什么地方？它意味着什么呢？

这些问题极大地困扰着费恩曼。在关于广义相对论量子化的著名论文[1]中，他首次描述了他发现的“鬼粒子”，这种粒子在理解现代规范场理论中起到了决定性的作用。该论文从讨论在亚原子标度下引力效应的微弱性开始，然后他断定：

> 任何关于（量子）引力的工作都存在一定的不合理性，所以很难解释为什么要做其中的任何一件事。……因此，很明显我们（正在）研究的问题不是正确的问题。正确问题是：什么决定了引力的大小？

同样的问题促使保尔·狄拉克（Paul Dirac）考虑一个极端的想法[2]，即自然界的基本“常数”依赖于时间，以致引力的微弱性可能与宇宙的漫长年龄有关。他的根据是如下的数字命理学：一方面，观测到的宇宙膨胀速度暗示宇宙起源于大约 10^{17} 秒以前的一次大爆炸；另一方面，光穿过质子直径所需时间约为 10^{-24} 秒。乐观地看，10^{-41} 的比率与我们神秘的 10^{-36} 相差不远。（不管怎么说，如果我们比较的不是质子，而是电子之间的万有引力与静电斥力，其数值会符合得更好。）然而，宇宙的年龄无疑是随时间变化的。所以，如果要保持与数字命理学的一致，其他东西——引力的相对强度或质子的大小都要按比例变化。对这样的效应有很强的实验约束，并且狄拉克的观点很难与极为成功的基本相互作用和宇宙学的现代理论相调和。

在本专论中，我要说明：如今用一种新方法（颠倒过来并通过一个失真的镜头，与其表观相比较）来看引力微弱性的问题是非常自然的。当这样观察时，引力的微弱性变得容易理解多了。在续篇中，我将给出一个实例，表明我们正在接近理解它。

首先，让我们把这个问题定量化。普通物质的质量由质子（和中子）主宰，且引力的大小正比于质量的平方。采用牛顿常数、质子质量和一些基本常数，可以构成一个纯的无量纲数：

$$N = G_N m_P^2 / \hbar c$$

其中，G_N 为牛顿常数，m_P 为质子质量，$\hbar$ 为普朗克常数，c 为光速。代入测量值，可得

$$N \approx 3 \times 10^{-39}$$

当我们说引力超乎一般弱时，这就是我们的定量含义。

我们也可以用物理术语直接解释 N。因为，质子的几何尺度大约与它的康普顿（Conpton）半径 $\hbar/m_P c$ 相同，质子的引力结合能大约是 $G_N m_P^2/R \approx N m_P c^2$。所以，$N$ 是引力结合能对质子静止质量的微不足道的贡献。

马克斯·普朗克（Max Planck）在唯象拟合黑体辐射谱时引入了他的常数 $\hbar$。不久，他指出有可能构建一个基于三个基本常数 $\hbar$、c 和 G_N 的单位系统。[3] 的确，利用这三个常数，我们可以定义质量单位 $(\hbar c/G_N)^{1/2}$、长度单位 $(\hbar G_N/c^3)^{1/2}$ 和时间单位 $(\hbar G_N/c^5)^{1/2}$（现在分别称为普朗克质量、普朗克长度和普朗克时间）。普朗克关于基于基本物理常数的单位系统的提议，在他提出的时候，形式上虽然是正确的，但其基本物理的根基还很浅。然而，经过了 20 世纪的历程，他的提议已经变成非接受不可了。现在，有了深层次的理由把 c 当做速度的基本单位和把 $\hbar$ 当做作用量的基本单位。在狭义相对论中，存在着一些显示出时间和空间关系的对称性，那时 c 充当了用来测量空间间隔和时间间隔的单位之间的转换因子。在量子理论中，一个态的能量正比于它的振荡频率，那时 $\hbar$ 作为转换因子。这样，在这两个伟大理论的基本定律中，c 和 $\hbar$ 都是直接作为测量的原始单位出现。最后，在广义相对论理论中，时空曲率正比于能量密度，而 G_N（实际上是 $1/G_N c^4$）作为转换因子。

如果我们接受 G_N 与 $\hbar$、c 一起是原始的量，则 N 的微小之谜就显得非常不同了。我们看到，提出的问题不再是“质子的质量为什么这么小?”而是“为什么引力这么弱?”因为，在自然（普朗克）单位制中，引力的强度就是它自身的大小，是一个原始量，而质子的质量是一个很小的数 $\sqrt{N}$。

这是一个引起争论，但又有成效的转化问题的方法。因为，正如我在“没有质量的质量之一”中讨论的，我们对质子质量的起源已经有了深刻的理解。质子质量的绝大部分可以在对量子色动力学（QCD）

所做的一个近似中得到解释。其中，一切相关的粒子——胶子、上夸克和下夸克——均被认为是无质量的。在前面那个专论（译者注：没有质量的质量之二）中，我是用一些概念上的专门用语进行讨论的。现在，让我们来看看真相。

关键的动力学现象是耦合系数的跑动（请见“QCD 带来简化”）（这部分没有包括到中译本中——译者注）。看一眼 QCD 的经典方程，人们会预期：夸克之间的引力按照 g^2/r^2 的规律随距离变化。其中，g 是耦合常数。但这个结果被量子涨落效应所修正。无所不在的、转瞬即逝的虚粒子使空虚的空间变成了动力学介质，它的响应改变了相互作用力的规律。

在 QCD 中，虚色胶子的反屏蔽效应（渐进自由）使夸克之间吸引力的强度依靠一个随距离增长的因子而增强。这种效应可通过定义一个随距离增长的有效耦合常数 $g(r)$ 获得。夸克之间的引力力图把它们束缚在一起，把夸克聚在一起得到的势能一定可以与夸克消耗的动能相比较。在一个更熟悉的应用中，正是因为这种库仑引力与定域化能量之间的竞争，才会有稳定的、具有固定大小的原子。[4]这里，量子力学的不确定性意味着定域于空间的夸克波函数必定含有巨大的大动量混合。对一个相对论性粒子来说，它将直接转化为能量。如果夸克之间引力服从库仑定律，有一个小耦合常数，那么为保持定域化所需的能量的代价将总会超过吸引力所能承受的程度，因而夸克就不会形成束缚态。但 QCD 的跑动耦合系数随距离增大而增大，它打破了这种平衡。最终夸克被束缚在 $g(r)$ 变大的地方。

导致这种束缚动力学的机制解释了前面提到的“巧合”，即质子的几何尺度接近于它的康普顿半径。这是因为按照夸克定域化的要求，绝大部分的形成质子的能量通过 $E=Pc$ 与数量级为 $P\approx\hbar/R$ 的动量相联系。而质子的质量正是按照公式 $m_{\mathrm{P}}=E/c^2$ 所示，来源于这部分能量。简单的代数运算给出 $R\approx\hbar/m_{\mathrm{P}}c$。得到这个结果确实不需要详细的计算。因为，动力学只包括狭义相对论和量子力学最普遍的原理，这个关系可由量纲分析得到。

所以，质子的质量由跑动 QCD 耦合系数变强时的距离决定，我们称其为 QCD 距离。于是我们的问题“为什么质子质量那么小？”已经被变成了“为什么 QCD 距离比普朗克长度大得多？”为使我们的思想完满实现，我们需要解释：如果只有普朗克长度是真正的基本物理量，这个大为不同的长度怎么能够自然产生。

这个最后的解释，深刻而漂亮，是一个有价值的问题。它与耦合如何跑动有关。当 QCD 耦合较为微弱时，“跑动”这个词有点儿名不符实。事实上，耦合像受伤蜗牛爬行一样慢慢增加。精确地讲（事实上利用量子场论的规则，我们可以精确计算它的行为，甚至可以用实验来检验[5]），耦合常数的倒数随距离按对数规律变化。换句话说，要使较弱的耦合演化到很强耦合，距离的数值需要改变很多个数量级。所以，要得到较大的 QCD 距离，我们从动力学上最终所需要的条件是：在普朗克长度附近，QCD 耦合较小（在 10^{-15} 厘米附近测量值的 $\frac{1}{3} \sim \frac{1}{2}$）。从这个适度且无碍的起点出发，沿着我们的逻辑思路溯流而上，就能得到初看起来非常荒谬的微小 N 值。

我已经解释了，万有引力超常微弱的外表如何与下面的观点一致，即这个力为自然的基本理论设置了标度。但真的这样吗？请看下文分解。

参 考 文 献

[1] Feynman R P. Acta Physica Polonica, 1963, 24: 697

[2] Dirac P A M. Proc Roy Soc London, 1939, A165: 199

[3] Planck M. Sitzungsber Dtsch Akad Wiss Berlin. Math-Phys Tech Kl, 1899. 440

[4] Feynman R P. Leighton R B, Sands M. The Feynman Lectures on Physics. vol. 1. Reading, Mass: Addison-Wesley, 1963. 38-4

[5] Summarized in: Groom D, et al. (Particle Data Group). The Review of Particle Physics. European Physical Journal, 2000, C15: 1 ("Quantum Chromo-dynamics" entry)

13　标定普朗克山之二：大本营

正如我在前一专论（译者注：标定普朗克山之一）所说的，如果我们相信万有引力在基本物理的统一理论中是一个基本的元素，则经典的问题“引力为什么这么弱?”就更好地被提问为“质子为什么这么轻?”而由于现代量子色动力学（QCD）对质子的质量给了我们一个详细且强有力的解释，使我能够对这个改换了提法的问题给一个详细且强有力的回答。我所没有做到的是，提出任何严格证据来证明我的回答与自然界的回答相同。

让我们扼要回忆一下前面讨论的中心要点。在夸克场和胶子场中，量子涨落把空虚空间转换成动力学介质。在不同的环境下，该效应或者可以屏蔽，或者可以增强色荷源的强度。因此，这一耦合的强度依赖于测量时的能量标度，这种效应我们称之为耦合常数的跑动。具体来说，它意味着，随着问题中能量的增加，带走大量能量和动量的色胶子辐射几率应该减少，或等价地说，随能量的降低而增加。这种行为已在很多实验中得到定量的精确证明。因为耦合强度只能随能量标度按对数规律变化，只有在这个标度上有一个很大的因子，才能使得有效耦合强度有明显的变化。因此，在引力为基本量的极高能标下（普朗克标度，约10^{19}倍质子质量），色耦合不是很大，只有在低得多的能标下，才会变大，并能够把夸克束缚在一起。在那里夸克束缚成质子，物质的基本组分开始成形。依照这个方案可以直接想象，从一个大得多的基本标度开始，QCD 耦合系数的跑动只产生了一个非常微小的质子质量，从而令人满意地解释了引力的微弱性。

就目前这种状况来讲，这是一幅精巧的图像。它有条有理，大量来自生活，我认为是非常漂亮的。但我很惭愧将它称为指导攀登普朗克山的一种科学足迹。它缺乏内容和细节。除了仅有一个大数的对数不一定很大的结果之外，它缺乏其他定量的关键点。为进一步讨论，我们还需要引入除了 QCD 和严格意义上的万有引力之外一些其他部分的物理。它们能填补我们的图像吗？特别是，它们能提供一个指向我们寻求的顶峰——遥远的普朗克能标——的具体方向标吗？或它们显示其余的空白吗？泛泛地说，回答是：是的，是的——还是是的。总体上，我们的图像会变得更强有力和更有条理。尽管漏洞会出现，我把它们留在以后讨论。这里，让我们品尝一下环绕在它们周围的精细的花式油炸圈饼。

作为开始，让我们体会耦合系数的跑动是量子场论的普遍现象，并不只限于QCD。的确，它们的身世可追溯到现代量子场论建立之前。当狄拉克对氢原子光谱的预言存在偏离的迹象悬而未决时，但在威利思·兰姆（Willis Lamb）的精确测量之前，埃德温·尤林（Edwin Uehling）于1935年就曾计算了由虚粒子的屏蔽效应引起的库仑势的一个修正，即所谓的真空极化。结果显示，真空极化仅能提供很小的一部分兰姆位移。然而，为了理论与实验一致，它必须被引进来。这种一致为当今我们所称的量子电动力学有效耦合系数的跑动，提供了早期直接的证据。近年来，这种效应，连同弱相互作用中的类似效应，已经在CERN的LEP精确实验中被大量地记录存档。在接近于零的小能量下，观测到精细结构常数近似为$\alpha(0)=1/137.03599976$（50），而主导Z玻色子产生和衰变过程中高能辐射的精细结构常数，被测得的值为$\alpha(M_Z)=1/127.934$（27）。精细结构常数的数值，是亚瑟·爱丁顿（Arthur Eddington）和沃尔夫冈·泡利（Wolfgang Pauli）所热衷追求的观念金块，它已经失去了光泽（尽管如此，仍然有一个闪光的金块，它的性质将出现在下一个专论（标定普朗克山之三——译者注）。

当强耦合和弱耦合两者都起作用时，提出是否存在一个能使它们相等的能标的问题是有意义的。答案将能标外推到超出实验已经达到的能量之外的若干个数量级。让我们按照“请求宽恕比请求允许更保险”的格言去试一下。在量子场论的内部逻辑中肯定没有任何东西禁止外推。事实上，依照基本动力学按对数标度演化的特征，量子场论支持我们考虑得更广一些。完成这个外推，我们发现了一个最引人注目和令人鼓舞的结果。大约在普朗克标度下，强耦合与弱耦合相等了！当然，普朗克既不知道强作用或弱作用，也不知道量子场论和跑动耦合系数。普朗克标度在这个全新的背景下重新出现，证实了普朗克对它基础意义的直觉。

当把剩下的基本相互作用，即电磁相互作用，加进这种混合体后，图像就变得更加复杂了。正如我已经提到的，它的耦合也跑动。将这种耦合与强耦合或弱耦合相比较，新的问题就出现了。强作用和弱作用的传递者本身都是些强相互作用和弱相互作用的粒子，它们具有非零的强荷或弱荷。这个性质反映出强相互作用和弱相互作用规范对称性的非阿贝尔特征。然而，光子是电中性的。所以，对强相互作用和弱相互作用来讲，存在一个唯一的荷的自然单位；而对电磁学来讲，这个自然单位是模糊不清的。我们应该使用上夸克电荷（$\frac{2}{3}$e）、下夸克电荷（$-\frac{1}{3}$e）、电子电荷（－e）或者诸如此类的别的什么东西呢？正如我已经强调过的，耦合的微小变化对应着能量标度的巨大变化，我们统一标度的答案对这种歧义非常敏感。

要解决这个问题，需要考虑另一层次。到现在为止，在普朗克标度上实际上发生了什么，我一直是相当茫然的。我们已经看到，在那里强耦合不再很强，与弱耦合相等，并且两种相互作用的强度都粗略的与万有引力的强度可比。然而，推测一个特定的统一理论的动力学一直没有必要。现在它却是不可避免的了。

将强相互作用、弱相互作用和电磁相互作用包括在一个单一结构内的统一规范对称性，它使精确的比较成为可能。当然，我们的答案依赖于假定了哪一种统一对称性。最原始的、最简单的和最自然的一些可能性，已被乔杰斯·帕蒂（Jogesh Pati）和阿达斯·萨拉姆（Abdus Salam）及霍华德·乔治（Howard Georgi）和谢尔登·格拉肖（Sheldon Glashow）所确认。采用其中任何一种可能性，都可以进行计算。我们发现，大约在普朗克标度上，强耦合和电磁耦合又相等了！弱耦合和电磁耦合也有同样的结果。

一个包括引力在内的、实用具体的统一理论仍然难以确定。缺乏这样一个理论，引力强度和其他力强度之间的比较就不可能精确。所以，到底这些形形色色的统一在哪里出现——是否精确地出现在普朗克标度而不是普朗克标度乘以 $1/8\pi^2$。其物理意义相当含糊。在下一个专论（标定普朗克山之三——译者注）中，我还要多说一些。

与之相反，强耦合、弱耦合和电磁耦合是否相互统一在一个共同标度的问题已经成熟。如果我们仅考虑那些标准模型中的粒子的虚效应，该问题的答案是："几乎是，但不是那么精确。"如果我们做一些由于其他一些原因很具吸引力的进一步假定，即已知的粒子具有较重的超对称伴粒子，其质量约为 10^3 倍的质子质量，则结果有惊人的定量一致。

跑动耦合计算的威力和局限都在于它们对细节的不敏感。因为跑动只微弱地（按对数）依赖于所涉及的虚粒子的质量，我们不能利用成功的计算来精细地甄别各种详细的模型，如统一的规范对称模型，或超对称模型，或这些对称性破缺方式的细节。

假若对这些想法有大量独立的证据，我们就会为这样粗略地考虑问题可能失去了一次机会而后悔。但是，目前独立的证据极为稀少，特别是在低能超对称方面。

因此，我们坚实且成功的计算，在迷雾之中提供了一个幸运、稳定的灯塔。它展现出一条攀登普朗克山的正确路径，引导我们到达一个高得令人目眩的大本营。按照经过反复考验的量子场论物理，这条路径攀升在平缓的对数斜坡上。通过已标定的步骤，直接指引我们从强、弱相互作用的亚原子现象到达解释引力微弱性的高度。考虑了统一规范对称性，计算结果会再加倍，并与低能超对称契合。

当我们接近如此耸入云天的高度时，空气变稀薄了，即便是平常清醒的人也会变得眩晕。幻觉将会产生。我们如何向怀疑论者展示我们所看到的那些地方的真实性呢？传统的、且最终唯一有说服力的方法是带回纪念品。统一的规范对称性强有力地建议，并几乎是要求，轻子和重子规律以及粒子数守恒的轻微破缺。这些破缺可分别作为微小的中微子质量和质子的不稳定性被观测到。现在，适当大小的中微子质量已通过中微子振荡观测到（尽管甚至在这里问题仍存在）。质子衰变仍然难以见到。低能超对称性预言了一个全新的粒子世界，其中的一些一定是在未来的加速器上能看到的。特别地，这些加速器包括计划在 2007 年运行的 CERN 的 LHC。

那么，从长远观点看，对于把这一完整的想法变成成果还是废墟，我们寄予由衷的、激动人心的期望。不幸的是，那些必需的实验很困难，很耗时间，很昂贵。主要思想已经存在了 20 年或更长，它们曾经是有希望的、根本不可动摇的，但绝大部分却无法实现。不幸的是，发展的速度与新闻周期或甚至与学术的进展的时间标度很不相称。令人动心的希望是：捷径会出现，即使漫长、艰辛的道路——尽管它很美丽——仿佛是虚无缥缈的，而顶峰实际上就在附近。就我个人而言，我更喜欢期待：美丽预示着真理，谦恭地接受斯宾诺莎所写的："所有伟大的事情都如它们很罕见一样困难。"

14 标定普朗克山之三：这是所有的一切吗？

让我们快速回顾一下这个系列中前两个专论（标定普朗克山之一、二——译者注）的要点。在原子和实验室的尺度上，万有引力显得过于微弱，其根本的原因是质子质量比普朗克质量 $M_{\text{Planck}}=(\hbar c/G_{\text{N}})^{1/2}$ 小得太多了。其中，$\hbar$ 是约化普朗克常数，c 是光速，G_{N} 是牛顿万有引力常数。在数值上，$m_{\text{p}}/M_{\text{Planck}}\approx 10^{-18}$。如果我们追求与普朗克的最初设想和统一物理的现代雄心一致，采用由 c、$\hbar$ 和 G_{N} 构成的自然（普朗克）单位制（请看标定普朗克山之一：从山脚观望），并且同意质子是一个自然客体，那么乍一看这个微小比率很令人难堪。它使量纲分析的核心原则失效，这个原则的内容是，以自然单位制表示的自然量应该是接近于1的值。

幸运的是，量子色动力学的出现使我们对质子质量的来源有了一个深刻的动力学认识。质子的质量由标度 Λ_{QCD} 决定，在这个标度上，夸克之间的相互作用通过依赖于能量的“跑动”QCD耦合常数 $[g_{\text{s}}(E)]$ 进行参数化，开始胜过它们对定域化的量子力学抵制（请看“标定普朗克山之二：大本营”）。更精确地说，束缚夸克的相互作用占压倒优势的判据是：精细结构常数的QCD类似量 $\alpha_{\text{s}}(E)\equiv g_{\text{s}}(E)^2/(4\pi\hbar c)$ 变成数量级为1的数，即 $\alpha_{\text{s}}(\Lambda_{\text{QCD}})\approx 1$。因为 $\alpha_{\text{s}}(E)$ 对能量的依赖是非常平缓的，要显著改变它的数值需要E有很大的改变。确实，按照这种方式我们发现：若使用 $\alpha_{\text{s}}(m_{\text{p}}c^2)\approx 1$，则我们基于QCD对质子质量的估计就对应着 $g_{\text{s}}(M_{\text{Planck}}c^2)\approx 1/2$。所以，过小的 $m_{\text{P}}/M_{\text{Planck}}$ 值与 M_{Planck} 是质量的“自然”基本单位的概念终究并不矛盾。鉴于朴素的分析因为 m_{P} 的数值而失败，更深刻的理解旨在代替它把 $g_{\text{s}}(M_{\text{Planck}}c^2)$——基本能标下的基本耦合作为初始物理量，$m_{\text{P}}$ 就是从它出发推导出来的。$g_{\text{s}}(M_{\text{Planck}}c^2)$ 就是一个数量级为1的数！

一条观念上独立的证据线索同样将 $M_{\text{Planck}}c^2$ 作为基本能标。通过假设在那个能标下存在一个更具包容性的对称性，从而把标准模型的分离规范对称性 SU(3)×SU(2)×U(1) 组合成一个大的整体，我们就可以阐明标准模型的几个基本特性，否则它们仍然是神秘的。散射的费米子多重态和它们奇特的超荷的指定，就好像一堆拆开的钟表零件凑到一起。使人印象最深刻的是，在低能时观测到的截然不同的耦合强度，可从基本能标下一个单一耦合定量地导出。该耦合正是我们的朋友$g_s(M_{Planck}c^2)$。

在所有先前的考虑中，引力自身只是被动地作为一个数字背景出现。它向我们提供了G_N的数值，仅此而已。现在，在这个最后的专论中，我将分析引力作为一个动力学理论，是怎么（及在什么程度上）在这个思想体系内适用。

关于引力的量子理论，人们已经杜撰了很多装腔作势的蠢话。所以，我想首先给出关于那些易于造成困惑的地方的基本评论。有一个完美定义的量子引力理论，它与现有的实验数据精确地符合（听说，两位理论物理大师费恩曼和比约肯（J. D. Bjorken）曾在公众场合下强调过这一点）。

在这里。采取目前实际状况下的经典广义相对论：具有与物质的标准模型的最小耦合的爱因斯坦—希尔伯特引力作用量。将度规场展开为平直空间附近的微小涨落，并按正则化程序从经典理论过渡到量子理论。这正是我们对任意一个其他场所做的。例如，它正是我们从经典规范理论导出量子色动力学用的方法。用于广义相对论，这种方法给你一个与物质相互作用的引力理论。

更具体地说，这个程序产生出一整套费恩曼图的规则，可用它们计算物理过程。在一个完全遵从量子力学原理的框架内，直接运用这些规则，就可得到所有经典广义相对论的结果。包括作为一级近似的牛顿定律的推导、水星近日点的进动以及由引力辐射引起的双脉冲星轨道的衰减等。

为从算法上定义这些规则，我们需要确定如何处理在高阶微扰论中出现的病态积分。同样的问题在标准模型中就已经存在，甚至出现在把引力包括进来之前。在那里，我们采用重整化理论处理这些病态积分。在这里，我们可以进行同样的处理。在重整化理论中，我们人为地取定了一些物理参数的数值，从而确定了那些病态的积分。重整化理论在标准模型中如何起作用，与如何将它推广到包含引力在内的两者之间的显著的不同是：在标准模型中，我们只需单独地固定有限个参数以确定所有的积分；而在包括引力之后，则需要无穷多个参数。但这也无妨。通过将极少数参数外的所有参数置零，就可得到一个适当的（事实上是惊人成功的）——理论。这正是目前正在从事宇宙学和天文学研究的物理学家们经常默认使用的理论（对专家来说：其做法是，在远低于普朗克

标度的某个称之为 ε 的参考能标下，将所有非最小耦合项的系数置零。选择一个 ε 的必要性导致了理论的不确定性，但这种不确定性的后果远在观测极限之下，和远超出我们从普通的非引力相互作用所期望的计算修正的实际能力）。

当然，除去实际应用上的成功，上面描述的理论仍有严重的不足。任何一个引力理论，如果它不能解释为什么充满了对称破缺凝聚和虚粒子的、具有丰富结构的真空并不比实际的重很多，那么这个理论就是一个极不完善的理论。这个责难同等地适用于弦理论和 M 理论中最博大精深的发展，及这里所用的从下至上的朴素方法。我们对自然认识的缺陷是众人皆知的宇宙项问题。也许不那么急迫、但仍使人为难的是，上述在超高能量－动量下引力理论的不确定性，使人们很难处理有关在超极端条件下会发生的那些问题，包括诸如大爆炸的最早时刻和引力塌陷的终点等有趣的情况。

尽管如此，在表面价值上接受现行的引力理论，并看它是否符合我们为强相互作用、弱相互作用和电磁相互作用已经构建起来的诱人的统一图像，是很有意义的。关键问题还是耦合强度间明显的不相等。对标准模型的相互作用来说，耦合随能量的对数跑动曾是一个难以捉摸的量子力学现象，它由虚粒子的屏蔽与反屏蔽效应引起。包含引力后，这种重要的效应变得简单得多——也大得多。在广义相对论中，引力直接对应着能量－动量。所以，当使用携带大能量－动量的探针进行测量时，引力相互作用的有效强度就变得更大了。这是一个经典效应，它随能量幂次变化，而不是对数变化。

现在，在实验室标度上，引力较其他相互作用弱得多——大约差一个 10^{-40} 的因子。但是我们已经看到：标准模型耦合的统一出现在一个很大的能标下，恰好是因为它们的跑动是对数性的。在这个能标下我们发现，跑得更快的引力几乎赶上了其他相互作用！因为相互作用的数学形式不是严格的相同，我们无法作完全严格的比较，但是力和散射振幅的简单比较可给出一个 10^{-2} 量级的数。显然引力仍然太弱，但不是不合理的弱。考虑到巨大的初始差异和大胆的外推，这个微小的差别即使不太能看做我们正在达到全面成功，也至少有资格作为进一步走向深信不疑的、统一理想的鼓励。

让我总结一下。普朗克在 1900 年注意到可以构建一个基于 c、$\hbar$ 和 G_N 的单位体系。随后的发展展示了那些在深奥物理理论中起着转换因子作用的量。现在我们发现，尽管普朗克单位制对日常实验室的工作是荒谬的，但正如在由三个专论（译者注：标定普朗克山之一至三）组成的系列中所概述的那样，它们非常适合表达我所认为的自然之最好有效模型的深刻结构。普朗克含蓄地提出，只用这些单位，理论物理之山就可以按纯观念规格建造起来。现在，我们已经从几个不同的有利位置测量了普朗克山：从 QCD，从统一的规范理论，从引力本身，发现了一个一致的高度。所以，似乎诞生于幻想和数字命理学的普朗克魔山，很可能对应着物理现实。如果是这样，约化论物理学开始面对这个可畏的问题。它混合了实现和向往，也就是本专论的标题。

五、在大海深处

在孩提时，我曾幻想成为一名魔术师。然而在学了那些手法以后，我才发现他们更多地依赖于欺骗而不是特异功能，所以我对成为一个魔术师似乎不再那么有兴趣。但是不久，令我惊讶的是：我最终也成了一个魔术师，因为我学了量子力学。

究竟什么是魔力？它是那种起作用但你又不知道为什么的东西。正如将在“什么是量子理论？”一节中所坦露的，我没有恰当地理解量子力学（《今日物理》的读者没有帮我摆脱困境）。我用它来施展魔法，迄今为止，大部分好的事情发生了。但是，像我这样一个有知识的理性主义者经常依赖于向一位神秘的、很少给出直接答案而只估计可能性的女巫咨询。这不是令人为难，而是令人惊惶。我真的理解了她所做出的判断吗？她可信吗？我真的想知道是什么使她这么做的。

我没有主修物理，而是以离奇的方式学习了它。在孩提时，我就听说了有一位伟大的魔术师——爱因斯坦，并想学习他的花招。在阅读了一些普及读物之后［我特别记得林肯·玻奈特（Lincoln Barnett）的《宇宙与爱因斯坦博士》和波特兰·罗素的《相对论ABC》］，我就想追根求源。

经过多次的尝试和改变主意之后，到读大学时，我已经能阅读爱因斯坦于1915年撰写的确立广义相对论的伟大论文。它的风格深深打动了我。正如在“完全相对论：马赫2004”一节中所描述的，这篇论文起始于一个相对运动（包括像“认识论上不满意”这种在许多物理文献中都见不到的短语）和马赫原理的扩展的哲学讨论。其中，包括一个令人难忘的思想实验。然后，爱因斯坦专注于他的工作，在极为简洁地展现新的时空与引力理论时，极少浪费言辞。

在那时，我没有准确理解文章的第一部分和其他部分的关系，而且很多东西我都没有弄得很懂，因而也没有深究这些问题。我曾有一个一般的印象：哲学讨论是如此地深奥和具有洞察力，以至于你一旦领会它，数学和物理就只作为技术上的琐事而出现。爱因斯坦啊！

我的观念间断了多年，直到从宇宙项问题得到灵感后，才开始考虑或许我应该自己来修改引力理论。我回到爱因斯坦和马赫那里去寻求灵感，并惊奇于我所发现的：实际上爱因斯坦的论文的第二部分和第一部分是相矛盾的。然而，依照沃尔特·维特曼（Walt Whitman）所愉快承认的：

我自相矛盾吗？

是的，我就是自相矛盾。

我具有多面性。

以马赫（Mach）原理为主要特征的第一部分仍然显得极为有趣和极具煽动性。而且，因为它确实没有被公正地对待，它有可能激励出新的基础物理。

我不能准确地肯定"生命的参数"来自什么地方。从学生时代起，我就对神经生物学有强烈的兴趣，在斯坦·莱布勒（Stan Leibler）的指导下，我得到了严格的现代细胞生物学方面的训练［并且阅读了艾伯特(albert）等的大部头教科书］。但这个专论的直接动力是为了想通并写出为什么在普朗克单位制中质子具有离谱地小的质量（第15～17篇文章)。很自然地要问：为什么物理的实用单位制具有它们所具有的数值？

什么使它们变得实用？这当然是因为它们很适合人类的生活。因此，问题转向生物学。

更隐秘的源源不断的灵感来自于费恩曼著名的宴后演说——底层有很多空间［在这里我也要提到冯·诺依曼（von Neumann）的书《电脑和人脑》，它有一些相同的精神，给了我很深的印象］。在那次演说中，费恩曼探讨了物理技术在处理时空信息上的局限性。既然我们对基础生物学了解这么多，并且正在开始懂得怎样用它巧妙地处理问题，那么我提议：做一些生物技术方面类似的应用将会是富有成效的。这种技术的产品计算速度能有多快？它们尺度能做到多小？或多大？它们能持续使用多久？所有这些将怎样随空间，或随其他星球的大气和引力，或随我们设计的环境而变化？我正在计划对这些问题思考得更多，也许会做一些宴后演说……

15 什么是量子理论?

在1885~1889年这段时间里，海恩里茨·赫兹（Heinrich Hertz）[1]发现了电磁波可以穿过真空，并且用实验证明了这些波是以光速运动且是横向极化的。他的工作证实了麦克斯韦在20年前（1864）的预言。赫兹的主要论文收集在一本名为《电波》的书中，他为这本书写了一篇详尽的引言。在那篇引言中，他给出了著名的惊人说法："关于麦克斯韦理论是什么这个问题，据我所知没有比下述说法更精简、更明确的回答：'麦克斯韦理论就是麦克斯韦的方程系统。'"

表面上看，这个说法可能显得直率，甚至天真；但它很深刻，并在当时引起了轰动。那个时候，有一类相敌对的传统电磁理论，它鼓吹超距作用的表述优于场，这类理论在德国尤强。这些理论的优势是延续了极为成功的牛顿的传统，并且使用了熟悉的、高度发展的数学方法。它们也具有很大的灵活性。利用依赖于速度的力的定律，绝大部分先前已知的电和磁的现象均能用超距作用描述。阿诺德·索末菲（Arnold Sommerfeld）[2]写到他在哥尼斯堡（Koenigsberg）的学生时代（1887~1889）时说："所以展现在我们面前的电动力学的总体图像是笨拙的、没有条理且决不自我包容。"

也许做一些修改也可以描写赫兹的新结果（确实，我们现在知道，利用推迟势可以从超距作用理论重新产生出麦克斯韦方程，事实上还相当优美）。所以，赫兹通过集中讨论关键内容，企图阻止两个对抗的、具有相同物理内容的理论之间毫无结果的争论。索末菲继续写道："当我读到赫兹的伟大论文时，我恍然大悟了。"

此外，赫兹想纯化麦克斯韦的工作。要点是，麦克斯韦通过一个复杂的过程，即构建和修改以太的力学模型，得到了他的方程。而根据赫兹所言，"……在麦克斯韦撰写他伟大的论文时，他早期观念模式所积累的假设不再适合他，否则他会发现其中的矛盾从而放弃它们。但他并没有完全消除它们……"

然而一名现代物理学家，尽管没有去反驳它，也绝不会对赫兹关于其问题的回答保持满意。麦克斯韦理论远不止是麦克斯韦方程。或者换个说法，只写下麦克斯韦方程和正确理解应用它们，是两个非常不同的事情。

的确，当问及什么是麦克斯韦理论时，一名现代物理学家可能更倾向于说：它是狭义相对论加上规范不变性。在不改变麦克斯韦方程的同时，这些概念在真正意义上告诉我们：为什么表面上复杂的偏微分方程系统会精确地具有它所现在的形式，它的基本特性是什么以及它如何能被推广。这最后一个特性在现代标准模型中产生了丰硕的成果。标准模型的核心是规范不变性的一个强有力的推广，它成功地描述了远超出麦克斯韦和赫兹所想象的物理现象。

以这段历史作背景，让我们回到本专论中类似的问题：什么是量子理论？在一个层次上，我们可以沿着赫兹的路线回答。量子理论是你发现的写在量子理论教科书上的理论。也许对其最权威的阐述是狄拉克的书。[3] 相反地，在狄拉克书的初始部分，你会发现一些很具有赫兹精神的论述：

> 当确定了所有支配数学量的公理和操作规则，并进一步拟定了在数学形式和物理事实之间建立联系的定律时，从而由任意给定的物理条件就可以推导出数学量间的方程。反之亦然，这时新方案就变成了一个精确的物理理论。

当然，众所周知，量子理论的方程比麦克斯韦方程更加难以解释。量子理论占主导的解释引进了方程以外的（“观测者”）或甚至与它们相矛盾的观念（“波函数的塌陷”）。相关的文献颇具争议和模糊不清。我相信，直到人们在量子力学的形式体系中构建了“观测者”。这个观测者是一个模型实体，它的物理态与一种对意识知觉的可辨识反映相对应，并且证实觉察到的这个实体与物理世界的相互作用遵从量子理论的方程且与我们的经验一致，这种状况才会改变。这是一个令人敬佩的计划，它远远扩展到超出传统所认为的物理之外。像大多数正在工作的物理学家一样，我期望（或许是天真地）这个计划可以实现，并且计划完成后这些方程能够存活下来而不会被破坏。不管怎么样，只有成功地完成了这个计划，才可能合理地宣布：量子理论是由量子理论的方程所定义的。

现在为迈向更坚实的基础，让我们考虑方程自身。与麦克斯韦方程在电动力学中扮演的角色起类似的重要作用的量子力学的核心，就在于动力学变量之间的对易关系。具体地说，正是在这些对易关系中——且最终只有在这里——普朗克常数出现了。人们最熟悉的对易关系 $[p, q] = -i\hbar$ 把线动量和位置坐标联系在一起，但自旋之间或费米子场之间也存在不同的对易关系。为表达这些对易关系，量子理论的奠基者靠类推、审美，并最终借助实验与自然的复杂对话指导。狄拉克是这样描述关键步骤的：

> 寻找量子条件的问题不具有这样的一般特征。……它反而是一个，随着每一个被要求研究的特定动力学系统一起出现的特殊问题。……获得量子条件的比较一般的方法……*是经典的类比法*（斜体是原文）。[4]

我认为可以公平地说：在这里没发现一个深刻的指导原则可以与不同观察者的等价性（激发了两个相对论理论）或不同势的等价性（激发了规范理论）相比。

这些深刻的物理学指导原则就是对称性的表述。有可能把量子力学方程表示为对称性的表述吗？赫曼·外尔（Herman Weyl）在他卓越的教科书中给出了一个有趣、简练且非结论性的讨论，在那里他提出："一个物理系统的运动学结构由希尔伯特空间中阿贝尔转动的一个不可约幺正投影表示来表述。"[5]

自然，在这里我不能揭示这种表述的意义，但有三个评论的确显得合适。第一，外尔说明：他的表述作为特殊情况包含了量子力学的海森伯代数和玻色子场与费米子场的量子化，但也允许另外的可能性。第二，他所提议的这种对称性（阿贝尔的）可能是最简单的一类。第三，他的量子运动学对称性完全是单独的和不依赖于物理学其他对称性。

当找到了一个支配性的对称性，把传统对称性和外尔量子运动学对称性（更为具体的，和可能做了一些修改的）溶为一个有机整体，下一层次的理解就可能到来了。也许当外尔用下面的话结束他的开创性的讨论的时候，他本人已经预见了这种可能性："好像更可能：量子运动学的这个方案将与量子力学的一般方案共命运：被淹没在唯一存在的物理结构——真实世界的具体物理定律之中。"

总之，我觉得，在75年无数成功应用之后，我们离正确理解量子理论仍有两大步的距离。

参 考 文 献

[1] Mulligan J, Hertz H R. An Excellent Recent Brief Biography of Hertz, Including An Extensive Selection of His Original Papers and Contemporary Commentary. New York: Garland, 1994

[2] Sommerfeld A. Electrodynamics. London: Academic, 1964. 2

[3] Dirac P A M. The Principles of Quantum Mechanics. 4th revised ed. Oxford (London), 1967. 15

[4] Dirac P A M. The Principles of Quantum Mechanics. 4th revised ed. Oxford (London), 1967. 84

[5] Weyl H. The Theory of Groups and Quantum Mechanics. New York: Dover, 1950. 272

16　完全相对论：马赫 2004

显然事后看来，像《皇帝的新装》中的少年英雄一样，恩斯特·马赫（Ernst Mach，1838～1916）通过简单的观测，动摇了传统的知识。马赫对物理概念的经验价值近乎批判的分析，以及他的坚决主张即必须证明它们的应用是合理的，帮助营造出了构思狭义相对论、广义相对论以及后来的量子理论的环境。

马赫的杰作是《力学科学》。[1] 甚至在今天，阅读这本书都会令人着迷，每一位物理学家都应该有这种乐趣。在一个做了注解的叙述中，马赫剖析了概念创新及其先决条件，它们标志着从现代科学之前的根基一直到19世纪后期的运动科学的历史。他特别批评了牛顿的绝对时空的概念：

> 绝对时间可通过与没有任何运动相比较而测量。所以它既无实用价值也无科学价值，没人敢声称知道关于它的任何事情。这是一个无根据的形而上学的观点。[1]

爱因斯坦在他自称的“讣告”中，是这样评述马赫的书的：

> 甚至连麦克斯韦和赫兹，回想起来他们仿佛都是推翻了力学作为一切物理思维最终基础的信念的人物，而在他们有意识的思维中，却都从始至终地坚持力学是物理学的牢固基础。是马赫，在他的《力学的历史》（*Geschichte der Mechanik*）一书中，动摇了这个武断的信条。在这点上，当我还是一名学生时，这本书就深深地影响了我。从他坚定不移的怀疑论和独立性中，我看到了马赫的伟大。[2]

狭义相对论把所有以恒定速度作相对运动的时空参考系置于相等地位。从而，它使得任意单个物体速度的一个唯一“偏爱”值的观念没有了实际意义。然而，马赫对运动的透彻分析走得更远。最后，终于出现了完全相对论的概念，即至今仍然具有鼓动性的马赫原理。

下面是伊萨克·牛顿绝对空间观念的原始陈述。

> 假定一只用一根长绳悬挂的水桶被再三地转动，一直到绳子最后被扭得很紧，然后将它装满水，水和桶一起保持静止状

态。随后第二个力产生的加速度使它突然沿相反方向旋转，并在绳子解除自身扭转的时候，继续保持沿着这个方向旋转一段时间。开始，水面是平的，就像水桶在开始运动前一样；但紧接着，水桶通过逐渐把运动传给水，使它开始明显地转动，水会一点一点从中间向后退，在水桶边缘上升，水面呈现凹形（这个实验我亲自做过）。……当水的相对运动减弱时，水桶边缘处水的上升显示了从中轴线后退的努力，这种努力揭示了水的真实运动。[3]

马赫坚持认为水桶和遥远星体的相对运动是观察到的凹面的原因。用马赫自己的话说：

> 牛顿关于旋转水桶的实验只是告诉我们，水相对于容器边缘的运动没有产生明显的离心力，那些力是通过相对于地球和其他天体的转动产生的。没有人能够说出，如果水桶边缘的厚度与质量都逐步增加，并最终达到几里格（league，长度单位，相当于3英里或5千米——译者注）厚时，试验结果又将会如何。[1]

16.1 一个未实现的理想

爱因斯坦关于广义相对论的伟大奠基性论文开篇不久，有一段出色的有关马赫原理的引文：

> 也许是第一次，马赫清楚地指出在经典力学中，也在狭义相对论中，有一个固有认识论的缺陷。我们将用下面的例子来说明：两块相同尺度和性质的流体，自由地悬浮在空中，它们彼此之间的距离以及到其他团块的距离都非常远，以至仅需考虑同一流体的不同部分的相互作用所引起的引力。
>
> 让其中的任一团块以恒定的角速度环绕连接两团块的直线转动，这是由相对于另一块团块静止的观察者判定的。这是一个可证实的两体相对运动。现在假设每一物体都已被相对于自身静止的测量仪器所观测，且假定 S_1 的表面经确证为一个球面，而 S_2 的表面为旋转椭球面。随即，我们提出问题——两团块之间这种差异的原因是什么？没有一种回答可以被认为是认识论上满意的，除非这个给出的原因是一个经验中的可观测事实……
>
> 对这个问题，牛顿力学没有给出一个令人满意的回答……

我们必须接受：运动的一般定律，特别是决定 S_1 和 S_2 形状的定律，必须是这样的：根本上，S_1 和 S_2 的力学行为部分地受所考虑的系统没有包括进来的、远处的那些团块所制约。[4]

前面的引文，是一个篇幅很长的方法论讨论的一部分，这个讨论占了这篇本来会很扼要的论文相当大的一部分。它清楚地表明，正如爱因斯坦在许多场合下承认的，当他着手构建广义相对论理论的时候，他的思维是被马赫原理所指引的。然而具讽刺意味的是，最后表述的爱因斯坦广义相对论并没有体现马赫的完全相对论原理。如果分析一下爱因斯坦用广义相对论概述的思想实验，其结果与牛顿力学的完全相同！爱因斯坦一定意识到了这一点，但他并未在论文中提及。

尽管马赫原理不是广义相对论方程自动给出的推论，爱因斯坦在其后来的工作中还是试图将它作为挑选可接受解（即“认识论上满意的解”）的判据。为了排除在他用两个分隔开的物体进行的思想实验中所认识到的麻烦行为，他假设现实中不存在像一个分隔开的物体这样的实体！宇宙必须是空间闭合的，没有边界的，在大尺度上均匀地充满了物质。尽管这些观点极大地促进了宇宙学，但（至少）还不清楚它们是否是真实的。例如，关于最终闭合问题，现代暴胀宇宙学是不可知论的，并且明确地提出在最大尺度上的不均匀性。这种意见可能不是这个学科的最后结论，但是认为马赫原理的爱因斯坦宇宙学实现决不是一个特别补丁，将会比以往更困难。

文献中出现了关于这个主题的一些机械论的变种，它们与马赫的原始观点——遥远的星体产生了惯性——更为符合。兰斯 - 特瑞恩（Lense-Thirring）效应展示了由旋转外壳引起的“坐标系 - 拖动”：壳里面的坐标系，与壳在相同意义上，相对于无穷远处的惯性系转动。丹尼斯·塞阿玛（Dennis Sciama）主张电磁感应的引力类比会反抗相对加速度，并且可以在如此大的距离上起作用，以至于提供惯性效应。

16.2 对称性的前景

但是，正如爱因斯坦所做的那样，这些马赫原理的准宇宙学实现（当仔细检查时，都存在一些严重的技术问题）提出了一些对称性的问题。如果惯性依赖于远处物质的分布，那么为什么在多团块组成的宇宙中，惯性应该是精确地各向同性？为什么在一个膨胀的宇宙里它是一个常数？为了从遥远的星体推导出这些特性，需要精确调节它们的影响。坦率地说，这使我们处于任由占星学摆布的状态。

如广义相对论体现的那样，爱因斯坦的等价性原理似乎象征着更深刻的领悟。它指出：在任何一个小的时空范围，都存在着坐标系统——惯性系——在其中的狭义相对论的定律是成立的（进一步指出，在一个小区域里，一个引力场等价于使用一个相对于局域惯性系作加速运动的参考系）。这个原理可以表述为一个对称性原理：定域洛伦兹不变性。

马赫原理或完全相对论，超出了等价性原理。完全相对论也可表述为一个对称性原理。它告诉我们：在原始方程中（换句话说，在它们的解显示出遥远物体的关键影响之前）应该把一切运动置于相等地位，而不只是那些对应着恒定相对速度的运动。它宣称，坐标系的选取完全是一个习惯问题，并且要求我们从时空中清除所有的固有结构。在那个基础上，任意一个坐标系的选取都应该处于相同的地位，因为标志坐标的标记可以做随意的运动。但在广义相对论中，时空不是没有结构的，而且不可能一切坐标系都同等地好（尽管充斥文献的相反论述——如我们看到的，以爱因斯坦的原始论文开始）。广义相对论包含一个度规场，它告诉我们如何赋予时空间隔以数值测度。选择这样的一个坐标系——在其中度规场取最简单的可能形式——是方便的，因为在这样的参考系中，物理定律采取最简单的形式。

把“爱因斯坦对马赫”的问题表述成一个对称性问题，将其纳入了对现代基础物理起中心作用的思想范畴。在标准的弱电模型中，我们有一个希格斯场，它使原始方程的定域规范对称性破缺；在量子色动力学中，我们有一个夸克－反夸克凝聚，它使上述及其他对称性都破缺；而在大统一方案中，对称性破缺观点的推广被随意使用。

对称性的观点进一步提出了一些可以证明对于未来的物理学富于成效的问题。它引发我们去仔细地考虑这样一些理论，它们具有的对称性比广义相对论等价原理所实现的还要大。从这个观点看，马赫原理是这样一种假设：一个更大的、原始的理论应该包括完全相对论——即所有不同坐标系间的物理等价性［在卡卢察－克莱因（Kaluza-Klein）的理论及它的现代后裔中有一种不同的推广：在使附加维度紧致的过程中，更高维的等价原理破缺为 3＋1 维的更小的对称性形式］。当然，这种方程的原始对称性在描述我们所观测的世界的特解中一定被严重地破缺了。尽管如此，它的观念性影响会通过强加在物理方程上的限制被感觉到。当我们为宇宙学“常数”问题奋争时，扩大等价原理的建设性提议被证明是最受欢迎的。

马赫苛刻的经验主义是一种消毒剂。使用过度，就会诱发颗粒无收。马赫本人从未接受过狭义相对论。他也谴责原子论，并在这个问题上袭扰过他同时代的伟大科学家路德维克·玻耳兹曼（Ludwig Boltzmann）。[5]

在私人通信中，爱因斯坦写道：马赫的科学方法“不能培育出任何活的东西，它只能杀灭害虫”[5]。但在这个尖锐的论述中，我相信爱因斯坦的用意是深思远虑的。杀灭害虫是一个必要、且有时是富于挑战性的任务，即使它并不像培育那么卓越。与物质的世界截然相反，在观念的世界里，我们可以选择保留什么。好事将永垂不朽，邪恶将被彻底埋葬。

参考文献

[1] Mach E. The Science of Mechanics：A Critical Historical Account of Its Development. La Salle Open Court，Ⅱ. 1893

[2] Einstein A. In：Schilpp P，ed. Albert Einstein：Philosopher-Scientist. New York：Harper and Row，1949. 1

[3] Newton I. Mathematical Principles of Natural Philosophy. Cohen I B，Whitman A.（trans）. Berkeley：U of Calif Press，1999

[4] Einstein A. Annalen der Physik. 1916，49：769. The Principle of Relativity（Eng trans）New York：Dover，1952. 111

[5] Lindley D. Boltzmann's Atom：The Great Debate That Launched A Revolution in Physics. New York：Free Press，2001

17　生命的参数

普朗克单位制——10^{-6}克、10^{-33}厘米、10^{-44}秒是从最基本物理理论的一些基本参数推导出来的。它们是通过光速 c、作用量量子 $\hbar$ 和牛顿引力常数 G 的适当组合构成的。这些量分别是洛伦兹对称性、波粒二象性和物质使时空弯曲的具体表现。

实用单位制的质量、长度和时间——1 克、1 厘米和 1 秒与普朗克单位制相应量之间的不匹配是如此之巨大，以至于达到怪诞的程度（使用这些单位而不使用“标准的”国际单位制（SI）会使我们的讨论更顺畅）。这种数量级上的定量差别如此悬殊对我们对于世界的理解提出了定性的挑战。为什么我们发现使用这些离开基础如此之远的单位是有益的呢？

我最近的参考系专论三部曲中“标定普朗克山之一至三”的中心任务是，解释只有不足10^{-18}普朗克单位的质子质量值是怎么可能从以普朗克单位为基本单位的理论中得到的。表面上看，出现那么小的数值违反了量纲分析的指导原则：自然单位制中的自然量应该被表示为数量级为 1 的数。但一个深刻和相当满意地确定的动力学效应，即耦合常数的对数跑动，加上量子色动力学提供的对质子的基本认识，就能使我们理解这个小数是从哪来的。

从传统的、约化论的观点看，这种质子质量的计算解决了使普朗克单位制与平凡的现实世界联系起来的主要问题。从这种观点来看，基础物理的任务是理解基本组成成分。粗略地说：理解了质子之后，你就有资格宣布胜利（严格地说，电子也有一定价值）。但若更广泛地看，这种理解，尽管很重要，也提出了一种新的挑战。我们想以更详尽、更全面的方式理解我们的日常世界——宏观世界的结构与基础有怎样的关系。

沿着这条路，一个重要步骤是要弄懂我们用于描述这个世界的实用而简略的表达方法的基础。我们需要分解用来构建宏观世界的宏指令。这把我们带回到我们原来的问题：为什么我们发现使用厘米、克、秒——CGS 单位制是有益的？

正如“我们”和“有益的”这些词汇所暗示的，这不是纯物理中的一个常规问题。它极为密切地涉及以下一些问题：作为物理存在的我们是什么，我们如何与这个物理世界相互作用。

17.1 普朗克质量和实用的质量

让我们从质量开始。我们已经从克和普朗克质量单位之间的10^6的不匹配开始。我们在前面“标定普朗克山”中的胜利，把我们从普朗克质量带到质子质量，一个10^{18}的因子进一步加剧了这种不匹配。留下一个10^{24}的因子需要我们解释。

当然，这个数本质上就是阿伏伽德罗（Avogadro）数，即1克质子的数目。为什么这个数目这么大呢？我们发现用克作单位是方便的，因为很粗略地讲我们的质量就是在克的量级上。数百万个质子和中子组成一个功能蛋白质分子或一个宏观分子，10多亿个这样的构件（连带它们的含水环境）组成一个功能细胞，10多亿个这样的细胞组成一块简单的组织。将这些因子乘起来就是你的这个10^{24}。因为生物已在地球上进化，它需要这种等级的结构，以便构筑成其复杂程度足以支持能够做物理工作的人。

这种快速的阐述，既不能证明为什么等级结构的每一级都需要极大数量的前一级的基本单元这样一个有趣的问题；也不能确定这个巨大数字。当然，在第一阶段，确保其功能对量子涨落和热力学涨落的稳定性是至关紧要的。而需要很多不同催化剂和细胞器官的复杂新陈代谢则是第二阶段的关键问题。

第三阶段，从细胞过渡到智能生物，显得更为偶然。的确，多细胞生命的出现是一个较近的进化事件，至今单细胞形式的生物仍很常见。在多细胞形式的生物中，我们发现极广范围的群体，包括完全不具智能的巨型生物，如恐龙和树。总之，智能似乎是一个生物学的附带现象。并不是所有物种都能以时间为函数演化成智能生物，甚至连最重的生物也从来没有要这么着过。

不管好坏，我们只有一个（半）有说服力的进化智能的例子可供审视：人类大脑。尽管我们对这个结构的认识进展神速，但仍很粗糙。在我们还不知道大脑如何工作的时候，我们不知道大脑为什么会有现在这样大小。然而，两组观察资料表明，人类的智能活动不能被一个比一般的小得多的大脑所支持。第一个是极具启发性的历史事实，即富含文化因素的原始工具和人类大脑的大幅度增大同时出现，二者都发生在按进化标准衡量很短的时间尺度上。第二个事实是：人类分娩由于新生儿大脑的尺寸而变得困难（新生婴儿远不是最后产物）。这些观察共同表明，整个大脑的质量对智能的出现是至关紧要的。并且，也是与其功能性相一致，为保持大脑的质量尽量小而一直存在着巨大的进化压力。

17.2 普朗克长度和实用的长度

无论如何，给出了质量单位相差悬殊的解释后，长度单位的悬殊差别就成了直接的结果。1 厘米大约是 10^8 个玻尔半径或原子的尺度，所以，1 厘米^3 正是 10^{24}个 1 克重相同原子的体积。

我得赶紧承认，在这里无疑是关键事物的玻尔半径，当用普朗克单位制表示时，其数值是有问题的。玻尔半径可以很自然地表示为 $r_B = h^2/m_e e^2$。其中，h 是普朗克量子作用量；m_e 是电子质量，这里 e 是电子电荷。另一种选择是，我们可以将它写为 $r_B = h/c \times 1/\alpha \times 1/m_e$。其中，$c$ 是光速，α 为精细结构常数。当然，这里 h 和 c 在普朗克单位制中都是1，并且 α 不会产生主要困难（在统一规范理论的框架内，它的观测值对应于在普朗克标度下统一耦合常数的一个接近单位 1 的值）。但是，大约是普朗克质量 10^{-22}倍的 m_e 是如此之小，以至成为一个很大的困惑。可能给出的最佳说法是，这种困惑不是新的一个。

17.3 普朗克时间和实用的时间

在得出那些实际的质量标度和长度标度时，我用了一些简单的论据和粗略的估计。然而我坚信，通过一些工作它们可以变得更稳妥和大为丰富。相比之下，当谈及时间单位时，我稍有困惑。

的确，生物学时标具有高度可变通性的种种迹象在我们周围似乎随处可见。在观察大树如何适应它们的环境时，我们会失去耐性而必须采用慢速摄影；而在苍蝇逃脱我们的拍打时，为了追踪它们翅膀的煽动，我们需要观看慢动作电影。

那么为什么产生一个想法要用大约一秒钟的时间？在机械论的层次上，这个时间标度和下列因素有密切联系：信号分子穿越神经触突的传播速率；打开和关闭神经末梢；协助神经脉冲的链烃类膜的电容和电导率；次级信息携带者的反应速率以及其他可能的因素。从物理学的观点来看，这些现象是复杂的现象，并且似乎极难把它们与基本原理联系在一起——或者极难察觉到对它们数值的基本限制。进化会优化思维速率这一说法远非明确。我们甚至可以预期这个速率可以用生理－化学（“速度”是适合的名字！）的方法大大地调整，或者通过遗传工程加以更改。这些观察也表明，在寻求秒的深刻来源时，来自微观物理的颠倒方法注定要失效，我们必须考虑环境和可能的历史（进化）因素。

一个可能的线索是：由近地引力产生的加速度 g 的数值在实用 CGS 单位制中具有数量级为 1 的值。因为 g 对近地表面有目的的运动规定了节奏，按此节奏工作的生物将会采用一个含有克和厘米的、接近于 $(克 \cdot 厘米^2/克)^{1/2}$ 的量作为时间的自然单位。

通过对比，引人注目的是温度的实用单位，即度（被视为能量的单位）。它对应于奇异的数值 $℃ \sim 10^{-16} 克 \cdot 厘米^2/秒^2$。这个温度给出了一些现有能源和热库的粗略测量，所以它与计算物理密切相关。但如果我们试图在 $(克 \cdot 厘米^2/℃)^{1/2}$ 中寻找时间单位的深刻来源，其结果将是 10^8 秒！很明显它与思维速度不符。但话说回来，我们的思维并不是在宏观单位层次上（像 Tinkertoy™ 计算机那样），而是在分子层次上。如果使用普朗克常数直接把度转换成原子时间标度，我们发现其单位是 $h/℃ \sim 10^{-11}$ 秒。这比适于我们思维过程的实用单位小得如此之多，以致它再次强烈地暗示，我们工作在远离物理极限的地方。

上述结论有直接的证明。具有极小尺度——并且仍在缩小——和时间标度的人工思维的后裔，即电子计算机，更加接近于基础物理。它们就是那样设计的！仔细地使用物理定律可能产生比生物学进化更高密度的、更快的思维。即将出现的聪明的第二代硅物理学家在定义他们自己的实用单位的时候，将使用不同的单位，他们将更轻松地了解这些单位的来源。

六、让我们疯狂的方法

为什么我们应当关心？它对什么有好处？是什么真正值得我们投入这么多财力和人力？这些问题，对高能物理大科学来说，并不是无足轻重——不值得回答。爱德蒙德·希拉里（Edmund Hilary）所谓的“因为它在那儿”不能解决问题。许多的“它”都在“那儿”，竞相吸引着关注和获取资源。由于类似的理由，仅靠狂热地吹捧将要发现的东西多么的优美和深邃，也不能解决问题。那种标准的大话不值得认真对待。尤其是今天，随着曼哈顿计划的声望和对冷战的恐惧的消退，它不灵了。但我认为真正圆满的答案还是有的。当我被邀请就“高能物理的社会效益”为《麦克米伦百科全书》写一篇文章时，我马上就接受了。因为我渴望清理一下关于这些问题的想法，并把它们连贯地表达出来。当然，我深知让我们的首脑们倾听这些奇妙而艰深的观点并有所回应是另一层次的挑战。我正努力这样做。

根据贝特希所说，“当语言不能表达时”，是我写过的最好作品。我将说服谁？但其中最精彩的一句话来自赫尔曼·外尔：客观世界原本如此，并非偶然发生。帕莫尼德（Parmenides ）喜欢这个，我也是（不幸的是，它在《自然》上出现的是：“客观世界只不过是：它没有偶然发生。”这是个排版错误）。

“为什么凝聚态物理和粒子物理之间存在许多类似？”正是我为《今日物理》写的第一篇参考系专论文章（标定普朗克山之一——译者注）。格洛里亚·鲁伯肯（Gloria Lubkin）几年来一直缠着我，非让我写一篇文章，最后我投降了。事实证明，格洛里亚是少有的容易与之合作并实际上又能把事情做得更好的编辑。我很高兴有这样的机会，它重新唤起我对（相当大部分）哲学和历史的长期的兴趣并把它们付诸实现；而且我得到了许多非常积极的反馈。不久，我就入迷了。算起来，现在已经是第 18 篇了，还有另外 4 篇正在准备中。

“为什么凝聚态物理和粒子物理之间存在许多类似？”一文首先处理尤金·维格纳（Eugene Wigner）所确立的“数学在自然科学中不合理的成功”这一似乎正确的命题。我认为这个真理是不证自明的：如果某种东西是正确的，那么它就是合理的。如果一个实际的现象，比如数学方法在物理中的成功，似乎不合理，那么它就是一个信号，表明我们还没有从根本上理解它。为了回答维格纳，我主张物理定律特定的、逻辑上非必然的特征，是它的定域性和对称性。它们正是物理学与数学（在它们所及的一切范围内）如此融洽的原因。

“保留以太”是与一种庸俗的误解相较量，这种误解认为爱因斯坦用狭义相对论消除了以太。这个观点在很多方面都具讽刺意味。首先是因为，就其历史背景而言，爱因斯坦的狭义相对论［被洛伦兹和亨利·庞加莱（Henri Poincaré）错过的］形式，最主要的创新是将关于法拉第以太的麦克斯韦方程之洛伦兹对称性，置于没有以太的牛顿力学的传统伽利略对称性之上。以太主导了我们关于世界的最佳模型，现在更是如此。

“到达根本，奠定基础”介绍了《自然》杂志为庆贺过去一个世纪而收集的经典文章再版文集。如果人类（或他们的解析延拓）从现在回溯 10 000 年，他们会认为 20 世纪是令人惊讶的时期，那时人类才第一次正确地理解了物质是什么。多么好的素材啊！为了重现这一切我们该做什么呢？写些东西是最有意思的。

18　高能物理的社会效益

尽管不能与空间探测和一些涉及国防的技术研究相比，比起很多其他的科学追求，高能物理是一项昂贵的事业。能扩展高能前沿的现代加速器设备，如费米实验室和 CERN 的 LHC 计划，都是大科学。它涉及成千上万人的协同努力，要花费几十亿美元。高能物理几乎全部由政府部门来支持，所以最终由纳税人来支持。促成这些花费的科学家们无疑有责任来解释它为整个社会带来的效益，从而论证这项全社会投资项目的正确性。

为了以公正而有意义的方式来应对这个挑战，我们首先应该用一些清楚明白的措辞评述现代高能物理的性质和目的。

阐明高能物理研究的首要目标是很容易的。它只不过是要遵循简约主义者的思路，对基本物理定律求得一种更好的理解，即我们试图通过深刻理解物质基本组分的性质和相互作用而获得对物质行为的一般理解。

事实证明，这一战略，特别是在 20 世纪的整个进程中，硕果累累，获得了巨大成功。我们已经发现，概括为所谓标准模型的一些奇妙、精确而又优美的数学定律，支配着亚原子尺度的物理定律。有种种理由认为，这些定律，如目前所表述的形式，足以作为材料科学、化学（包括生物化学）和天体物理学的绝大部分的基础。

对于这一说法，做解释时必须小心，因为这种说法表面上看显得十分傲慢。从事他们自己专业研究的化学家们极少（如果有的话）关心 QCD 方程。他们把原子核的存在及其基本性质都看做是已知的。对绝大多数化学的用途，将原子核近似地视为质量和电荷集聚成类似一个点就足够了。在几种化学应用中，核自旋也起一定的作用，但核结构的其他任何方面极少被涉及。所以，当人们说 QCD 为化学提供了部分“基础”时，只不过是指它提供了一些方程。原则上允许人们从作为原子核组分的夸克和胶子的一些已被证明的性质，导出原子核的存在，并计算它们的一些性质，仅此而已。因此，它并不直接求解或甚至处理任何实际的化学问题。按同样的精神，我们也可以说声学提供了音乐的基础，词汇学提供了文学的基础。

简约主义方案的最前沿，已经从用原子解释物质转移到以电子和原子核解释原子，再到以质子和中子解释原子核。而质子和中子转而用夸克和胶子来解释，它所产生的模型已经变得越来越精确，应用越来越广泛。但是，随着这一进展，新模型能为之提供定性新的理解而并非更好的基础的那些现象所涉及的领域，离日常生活却越来越远。亚原子物理学能使我们理解和改进化学的基本原理并设计出具有所期望的电磁性质的一些材料；核物理学能让我们理解恒星的能量来源和元素的相对丰度；夸克－胶子物理学能让我们理解甚早期宇宙中物质的行为。未来的发展可以帮助我们更深地了解大爆炸的早期时刻，或认识和理解仍没发现的极端天文环境。但除此以外，很难预期它们对自然世界的直接应用。对基于高能物理未来发现的、有重大经济价值的新技术的任何承诺都是不可信的。

然而，如果我们采取一种更宽泛的观点，则情况看上去就会很不一样。在整个近代历史中，一个又一个好奇心驱使的基础研究导致了许多出乎意料的发展以及派生的副产品，它们的经济价值远远超过了大量生产它们所需投资的总量。有时这种回报会延迟好几十年，并且来自无人能很早预见的方向。整个无线电和无线通信世界源于法拉第提出的真空作为动力学介质的观点和它所激发的实验。激光和数码相机源于普朗克和爱因斯坦为理解光/光子的波粒二象性所做的艰苦努力。现代微电子学与其所有的分支，源于 J. J. 汤姆孙发现电子和玻尔、海森伯以及薛定谔在量子理论中的革命性创见。

我们也不乏更接近目前可以看出属于现代高能物理学的例子。

这个领域的核心工具——加速器，已成为无处不在的医学设备。或许其中最简单和最熟悉的典型是 X 射线机，但其他一些粒子束也被用于癌症的治疗和诊断上。谁会想得到，使量子力学和狭义相对论在理论上相协调会导致一些重要的临床医学技术呢？正是狄拉克的理论预言了反物质，而正电子辐射断层摄像技术（PET）已成为观察大脑内部的强大工具。加速器的另一重大应用是质谱分析。这种测定年龄和分析材料成分的方法，已对地质学、考古学和艺术史学做出了重大贡献。

现在，同步光源正为结构生物学和化学动力学提供新的、最尖端的工具。在高能物理中，同步辐射作为带电粒子加速过程中的不可避免的伴随物，其产生起初被认为是讨厌的东西，因为它会消耗我们所要加速粒子的能量。但是结果却证明这个“废品”能使科学家以前所未有的时空分辨率观察分子。所以现在设计了一些特别的加速器专门用做同步辐射源。它们用于医疗诊断、药品设计和许多其他实用目的。

高能加速器的发展，除了它的直接影响之外，还刺激了很多支撑性技术的进步。为建造加速器，物理学家必须设计大功率磁铁来引导粒子的轨道。这种磁铁已成为另一种重要医学技术即磁共振照相（MRI）设备的核心。

高能物理一个完全出乎意料的、很新近的副产品正在成为所有副产品中最重要的一个。高能物理实验的典型特征是涉及几十人甚至几百人的合作，他们必须分享他们的资料和分析结果。正是为了方便这种协作过程，一位在CERN工作的软件工程师蒂姆·伯纳斯－李（Tim Berners-Lee），发展了万维网（world wide web）概念，并开发了第一个浏览－编辑器，由此便开始了互联网的一场革命。还有许多其他高速电子学的创新，不太为人所知但对商业计算和通信技术非常关键，它们是为了应对如下的挑战而发展起来，即引导以非常接近光速的速度运动的巨大数量的粒子，并解释由它们的碰撞所产生的复杂结果。

更难具体确定但却非常重要的，是一些源于高能物理观念发展的副产品。量子场论被发展为一种描写基本过程的严格语言，但结果证明也是理解超导的合适工具。重正化群，首先作为量子场论的技术工具发展起来的，结果证明是理解相变的关键。它在模式形成、混沌和湍流等新兴理论中起着主导作用。

为什么这样一些意想不到的事会如此有规律地发生呢？我想，有一个简单而深刻的解释。实质上，它由威廉·詹姆斯（William James）所提出，他曾谈过“战争的道德等价物”。它指的是这样一件事实，即人类可被困难问题和挑战所激发，从而非常努力地、忘我地工作，并发现比他们已知现存的事物更多的东西。特别是一些青年人，他们甚至仿佛是在拼命地寻找——或者说制造！——这样一些问题。也许进化挑选出应对挑战的能力，部分地是对于人类冲突带来的压力的一种反应。无论如何，我们应该不失时机地将这种珍贵能力引向建设性渠道。

高能物理不乏强大的挑战。关于基本作用力的统一及宇宙起源等根本性问题开始变得似乎可理解。在实验方面，挑战更为实际，但却着实令人畏惧。下一代的加速器，无论其大小还是精度，都堪称伟大的工程。它们将是现代文明对埃及金字塔的回应，但更为崇高。建造它们是为了改进我们的理解，而不是为满足迷信和残暴的神权。

我们必须学会如何处理这些加速器所产生的巨大数据流。ATLAS实验已经为CERN的大型强子对撞机做好了安排，预期收集10^{15}比特/年——相当于100万个人类基因组。在这些数据洪流中，我们必须鉴别出不符合标准模型的那一小部分，它可能只是一小滴。我们将需要发展新的通信和计算的超快方法。如果应对这些挑战的努力还产生不了引人注目的副产品，那将会太令人惊奇了。

简言之，基础研究的经济成果，尽管在细节上还不能预言，但已经达到了出色的可信度，而且实在是太惊人了。这个领域的投资最终是对人的投资，特别是对那些激发巨大努力的艰巨问题处理能力的投资。

大科学项目对人类的影响远远超出对它们的直接研究群体。建造现代高能加速器、探测器以及其信息基础设施，将使工程师们密切接触许多异乎寻常的技术前沿和与他们通常所遇到的性质非常不同的问题。另外，大多数加入这些计划的年轻人将找不到永久的学术职位。他们很清醒地投入这种生涯，确信这是参与某种伟大事件的机会。当这些工程师和研究人员返回外部世界时，他们都带有独特的技能和经验。

最后，社会对形象高大的科学事业令人瞩目的投入，给正在考虑从事什么事业的年轻人传递了一个重要信息，鼓励他们进入科学和技术方向。这很重要，因为我们的社会需要能干的科学家和工程师，并且经常大量需要他们。

关于副产品和间接利益就谈这么多。现在让我们讨论一下未来的知识的内在价值。似乎有几个科学问题进步的时机已成熟。

❖**普遍的以太和质量的起源**。我们的弱和电磁相互作用理论假设，我们一般所认为的真空事实上充满了弥漫性介质，或以太。只有通过与这种以太相互作用，许多粒子，特别是包括传递弱相互作用的 W 和 Z 玻色子，才能获得质量。尽管这一理论极为成功，但这个关键方面却还没有被直接检验。我们希望激发以太，它或者会产生所谓的希格斯粒子，或者揭示某些更复杂的结构。

❖**物质理论的统一**。包含弱、电磁、强相互作用理论的标准模型，提供了关于物质行为的非凡完整理论。标准模型的各不同部分具有各自相关的数学结构，体现了各种对称性。人们很自然地推测，存在着一种单一的、起支配作用的对称性，它包括了所有这些对称性甚至超出它们。关于这种情况会怎样发生，我们有一些很有前景的观点。而且有一些很有趣的迹象显示这种基本的观点是在正确的轨道上，但决定性的工作还没有做。

❖**超对称性**。统一的逻辑导致了另一非凡思想，即超对称性。超对称性假设加进了一些额外的量子力学维度。进入这些维度的那些粒子的运动，会使它们看起来很像一些其他种类的粒子，具有非常不同但可预言的性质。迄今为止，还没有任何这类新粒子被发现。但根据理论，它们将开始在更高能量的对撞中出现，从而将打开一个奇异的新世界。

❖**时间之箭**。我们已经观察到几个例外的微观过程，它们展示了一个优先选择的时间方向（当向相反的方向运动时显得不同）。这个现象对于我们理解物质和反物质之间的宇宙不对称性如何产生非常关键。为适当地理解它，我们需要观察更多的例子，特别是在高能时，它是如何起作用的。

❖**与引力的统一。**引力理论（爱因斯坦广义相对论）没有能被物质理论（所谓的标准模型）深入地包容进去。但关于怎样构建一个完整的统一理论，对物质和引力二者同时描述，有一些大胆的想法。这些想法中有一些导致了对新粒子的预言，还有它们质量之间的具体模式。相关的一些发现会打开一些窗口，了解量子引力的性质和额外弯曲空间维度。

对物理行为根本基础的不断追求，表达了我们的社会对科学文化之最深刻理想的追求：追求真理，无论它通向哪里；把我们关于自然的图像建立于经验事实的牢固基础之上并挑战它们。

19 当言辞不能描述时

语言是一种社会产物。它把许多人过去和现在的共同经验编成密码，并且不断被精雕细刻，主要是为了沟通我们的各种日常需要。普通语言肯定并非是对概念作严格研究的产物。但科学家在他们生命的大部分时间里都要用它来学习、思维和交流。所以普通语言是科学家不可避免的工具——丰富且有力，但也很不完美。

语言的一个科学性缺陷，也许是最明显的缺陷，是它的不完整性。例如，关于量子理论的几个中心概念，如态空间的线性和用张量积描写复合系统都找不到任何常见的词汇。不可否认，我们创造了一些可用的专业术语——“叠加”和“纠缠”，分别是我们使用的词汇，但它们通常都极少用到，似乎不能给外行传递很多信息，而且它们的字面含义会令人误解。

语言的如此扩充和稍微的滥用，尽管产生了一些文化壁垒并导致知识割据，但它并不是一个严重问题。更加有害但却具诱惑性并十分有趣的是与此相反的情况：即当普通语言过于完整的时候。当某物有一个名字并且这个名字在交谈中用得很普遍时，采用它表示一个清晰的概念和现实的一个要素，是很有诱惑力的。但没必要。词汇越常见，回避它的魅力就越困难。

很少有词汇比“现在”这个词更常见。根据爱因斯坦自己的记述，他在创立狭义相对论理论时遭遇的最大困难是，必须同这样的观念决裂，即存在一个客观的、普适的“现在”：“只要不认可时间的绝对性公理——同时性深埋在潜意识中，则一切清除这个佯谬的尝试都将以失败告终。清楚地认识这个公理以及它的随意性特点，实际上就意味着这个问题已经得到解决。”[1]

爱因斯坦 1905 年的原始论文一开始，对相隔一定距离的钟同步的物理操作进行了冗长的讨论，实际上没用任何方程。然后他证明，若同样的这些操作由一个运动系统的观察者来执行，则对于哪些事件是“同时”发生的，会给出不同的结论。

正如相对论颠覆了“现在”一词一样，量子理论动摇了“这里”

一词的基础。对于爱因斯坦的分析海森伯记得特别清楚，当他于1925年首次发表关于新量子理论的开创性论文时，主张只用可观测量表述物理定律。经典理论关于粒子的位置有一个朴素的概念，用一个坐标（三维空间是三个数）来描写，与之相比，量子理论却要用一个更加抽象的量来代替它。这种情况是说，如果你不测量位置，你就不必假定它有一个确定的值。使用量子理论对物理过程的许多成功的计算，都是基于对“可能发现”粒子的很多的不同位置求了一种精确形式的平均。倘若你假定粒子总是有确定位置的话，那么这些计算将会完全做不成。你可以选择测量它的位置，但做这样的一次测量就会扰动粒子。它既改变了问题，也改变了答案。

爱因斯坦本人从来没有认同“这里”一词的这种丢失。在他的伟大成就即广义相对论理论中，爱因斯坦极大地依赖于时空中的事件以及邻近事件之间（固有）距离的原始观念。这些观念依赖于明确地将时间和空间（即“现在”和“这里”）与那些现实的各个对象无疑义地结合起来（不过，当然并不依赖于普适的“现在”的存在）。可以理解，这一理论的成功给爱因斯坦留下深刻的印象，他不愿牺牲它的前提。他抵制量子理论，对量子力学在解释一个又一个重要问题时取得的势不可挡的成功处之漠然。

具有讽刺意味的是，他所担心的那种牺牲（迄今）并没有被证明是必要的。相反，在现代的物质理论中，我们对现实的基本客体均保留了“现在”和“这里”。这些原始词汇在表达量子理论的亚原子定律时与在广义相对论中相比，其重要性一点也不差。新的特点是那些现实的基本客体不再能直接观测：它们都是些量子场，而不是物理事件。

回避那些日常用语和它们产生的陷阱是可能的。在数学的一些具体领域中，这可以通过构建精确的定义和公理来完成。当我们交互式使用现代数字计算机时，我们不得不纯化我们的语言，因为计算机不能容忍模棱两可。

但人工语言的纯化是以应用范围、适用性以及可变通性等方面的巨大代价而实现的。如果计算机学会容忍那些随随便便的日常用语，然后它们自己也使用它，或许它们会真变成智能化。无论如何，对我们人类而言，实际的和明智的行动方针是继续使用平常语言，甚至对抽象的科学研究也如此，但要非常审慎。沿这些路线，海森伯1930年在《量子理论的物理原理》中提出了一种深受人们重视的表述：“人们发现，明智的做法是：将大量的概念引入物理理论中，并不试图严格证明它们，而后由实验来决定在哪里作修改是必要的。”

着眼于未来，继“现在”和“这里”两个词之后，下一个会是什么样的基本直觉得到革新呢？因为大脑的性质已成为科学焦点，它会是“我”这个词吗？也许出于对这里所讨论的和在他的《数学和自然科学的哲学》中提到的现代物理各个方面的深刻反思，外尔下述的一段话，指明了这个方向：“客观世界原本如此，并非偶然发生。只有通过我知觉的感知，沿生命的轨迹向上攀爬，这个世界的一部分才作为不断随时间变化着的，空间中转瞬即逝的图像，变得真实起来。”

参考文献

[1] Einstein A. Autobiographical notes. In：Schilpp P，ed. Albert Einstein. Philosopher-Scientist. Library of Living Philosophers，1949

20　为什么凝聚态理论与粒子理论存在类似？

微观世界以某种方式反映或体现了宏观世界，这个观点深深地吸引了人类的想象力，在前科学和神秘主义的思想中占突出的地位。事实上，对这样一种联系似乎曾有过一个经常被介绍炼金术的书引用的压倒一切的论点：除了依靠微型样本的栽培，人们想象不出像植物和动物那样有着复杂结构的物体怎么会从微小的种子长成；而侏儒必然会包含下一代的种子，甚至更矮小……这个论点也许给我们的印象有点天真，但是请记住，遗传的编码、破译及其进化的真正分子解释的原理只不过现在刚出现，它们同样令人惊异和鼓舞！无论如何，我们都会同情威廉·布莱克（William Blake）的渴望“一粒沙中窥得见世界/一朵野花显现着天空/你的手心包容着无穷/一小时内凝聚着永恒”。

在经典物理中，一个值得注意的事实是大物体和小物体遵从的定律实质上相同。牛顿费了很大劲来证明一个球对称的物体所施加的引力与置于球心的具有相等质量的一个理想的点产生的引力相同这个定理。据说牛顿把它推迟了好多年才发表，后来成为《原理》一书的核心结果。对于宏观物体如何被微观物体代替而不改变发生的行为，这个定理提供了一个严格而精确的例子。更一般地，我们发现，在经典力学的方程中没有什么地方存在着任何一个量，可以用来固定距离的明确的标度。这同样适用于经典麦克斯韦电动动力学。在这种意义上，经典物理体现了微观和宏观之间一种完美的谐调。

然而，正是因为这个原因，经典物理学不能解释现实世界的显著特征，特别是具有一定大小和性质的原子的存在。

如我们所知，量子革命改变了所有这一切。有趣的是，这个变化的原因经常被误传或至少是含混不清地说成是始于普朗克本人。普朗克着迷于这样的观点，即把他的新常数 h 和光速 c 以及万有引力常数 G 结合起来，就可以形成一个确定的长度标度（Gh/c^3）$^{1/2}$。这确实是一个引起人们注意的长度：普朗克长度。它的大小约 10^{-35} 米，并被认为是这样的一个标度，在它之下量子引力效应变得重要。然而，由于它与原子大小没有一点直接关系，所以它在物理学中的作用更具启示性而非建设性。对于实用目的，关键的长度不是这个普朗克长度，而是康普顿波长$\frac{h}{mc}$，它可用电子质量的已知的（量子化）值 m 来构建。量子化的单位电荷 e 也很关键，它被用来构建无量纲的精细结构常数。

随着一个影响遍及物理行为每一方面的基本长度标度的出现，人们也许会认为较大尺度下的物质理论（固态或凝聚态物理）和较小尺度下的物质理论（基本粒子或高能物理）——宏观理论和微观理论——会不可挽回地分道扬镳。而一个深刻且乍看之下令人惊异的事实是，这种情况并没有发生。反之，外表看起来很不相同的一些系统，如电磁以太和金刚石晶体以及真空和金属内部或质子的深层内部和接近居里温度的磁铁等，在非常不同的时间和长度的标度下发生的一些现象之间，人们都发现了令人吃惊的、大范围的相似。

首先，考虑量子力学本身最早时期的历史。通过分析一个基本的宏观现象——在一定温度下电磁场的行为（黑体辐射）——导致普朗克发现了他的常数，它在微观世界变得至关重要。但是，普朗克早期对他的常数的应用很有限。他最初引入他的常数是作为一个参量，用于解释由拟合海瑞奇·鲁宾斯（Heirich Rubens）和弗地纳德·克包姆（Ferdinand Kurlbaum）的实验结果而得到的一个公式。不久他建立了一个模型，用来说明怎样可以获得他们的辐射谱。在这个模型中，原子和辐射之间的能量交换只以正比于 h 的分立单元出现。爱因斯坦在他那近乎超自然的天才工作中，在普朗克公式和粒子气体相应的公式之间做了一个类比，并坚持辐射能量不仅以分立的单元交换，而且以分立的单元传播。以这种方式，构成普朗克公式基础的物理现象，被表述为一种不依赖于详细原子模型的普遍的形式：它意味着存在一种新的基本粒子，光量子或光子（尽管这是第一步，普朗克公式完全令人满意的推导需要另外一些概念，特别是受激辐射和玻色统计，并且直到20年后这个推导才被得到）。所以，爱因斯坦是预言存在一个新基本粒子的第一人。

其次，他的下一步几乎同样非凡，绝妙地启发了我的论文。爱因斯坦把普朗克公式（描写在一定温度下电磁以太的振动）应用到了类似的晶体振动问题。他发现其结果与金刚石在低温时比热的数据符合得非常好。当然，作为根本的物理现象是，振动以分立的单元即声子产生和传播。它就是后来在大部分凝聚态物理学中起主导作用的准粒子概念的起源。对晶体而言，直接结果是不能有振幅很小的高频振动。它们的缺少压低了低温时金刚石的振动比热，恰如它消除了黑体辐射的光子比热中危险的紫外灾难一样。

再次，基本粒子与凝聚态物质现象之间的另一个类似横跨了新量子理论的产生过程。1923年，泡利通过分析光谱数据，提出了他的不相容原理：两个电子不可能占有同一量子态。他马上用这个观点解释了金属的顺磁性。后来，几位物理学家，特别是通过发展能带概念，出色应对了把这些观点纳入现代固体理论的挑战。

至今，这个进步读起来像一个标准的简约主义者的胜利——宏观行为被“约化”为微观定律。然而，就在这一进展发生的同时，这些观点反过来对微观物理学产生了一种非凡的、出乎意料的回馈。当狄拉克发展他的电子相对论波动方程时，他发现了许多非物理的负能解。受不相容原理和它的一些成功应用的启发，他提出，在明显的真空中，负能态实际上被占满了。这些状态之上的激发可以在狄拉克海中产生“空穴”，类似于作为化学价理论的重要部分并成为能带理论中空穴的电子缺失。当然，今天正电子和其他反粒子都是基本粒子物理学的必不可少的基本成分，而空穴是固态电子学的中心角色。

最后，介绍一个更近的例子：从20世纪60年代开始，肯尼斯·威尔逊（Kenneth Wilson）发展了描述在接近二级相变时出现的自相似行为的概念和数学工具。

表面上看，似乎不可能再有任何东西从粒子物理学问题发展出来。然而将这套工具用于夸克后，直接导致了强相互作用的现代理论QCD的发现。

我希望你们能发现这些横跨标度和基础边界的一连串想法的实例给人以深刻印象，其他的会出现在接下来的一些参考系专论中。显然，我描述了尤金·维格纳（Eugene Wigner）称之为“数学的不合理的成功”的一些例子。为什么会出现这样的事？

如果要寻找一个合理的解释，就必须首先承认，宏观世界定律和产生它的微观世界的定律之间任何深刻的相似性肯定不是逻辑上必然的。例如，支配“超级马里奥（Mario）世界”或任何涉及魔幻变换和非牛顿跳跃能力的计算机游戏世界的法则，与支配产生它们的半导体电子学（或根本上讲是基本粒子）微观世界的规则，极少有共同之处。

为使这样一连串的想法成为可能，这些定律必须具有一些特别性质。这些性质是什么呢？一个重要线索是，它们必须是可以向上继承的（对这个重要的观念似乎没有标准词汇；应该有一个）。那就是说，我们需要微观定律在自洽地应用于大物体时保持它们自己的特征。确实，主导物理学的最基本的概念性原理，如我们所知——定域性原理和对称原理——都是可向上继承的。如果基本单元的影响仅限于时间和空间，则对这样一些单元的集合，也将是正确的：即如果这些基本单元的行为中存在着对称性，则集合的行为也将有对称性（当然，只要集合自身是对称地汇集在一起的）。

这些向上继承原理如此之有效的事实，非常有助于解释和推纳（a posteriori，拉丁文，推纳、后验——译者注）。为什么从微观世界到宏观世界的这一系列的想法是可能的。另外的一个特征有助于解释反向一些想法。在基本粒子的现代理论中，我们知道空空荡荡的空间——真空实际上是具有丰富结构且高度对称的介质。狄拉克海是这一特征的早期标示，它深深地内含于量子场论和标准模型之中。因为真空是由定域性和对称性所支配的复杂的物质，可以通过研究其他这类物质——凝聚态物质来了解如何分析它。我相信，可向上继承的定域性与对称性原理，与明显真空的准物质特性一起，成为我们微观理论和宏观理论之间绝大部分或许是全部的非凡的现代类似的基础。

21 以太的存留

以太的名声很坏，真是太冤枉了。有一个虚构的故事，在许多通俗演讲和教科书中不断重复，说是爱因斯坦把以太扫入了历史的垃圾箱。真实故事更复杂而且更有趣。这里我要证明，真相几乎完全相反：爱因斯坦先是纯化、而后又推崇了以太概念。随着20世纪的不断进步，以太在基础物理中的作用反而扩大了。现在，通过重命名和稍加掩饰，它又主导了人们已接受的物理定律。然而，仍然有重要的理由怀疑这也许不是最后的结论。

像大多数思想一样，以太哲学的萌芽和它的主要竞争者都曾出现于古希腊人的辩论。亚里士多德（Aristotle）主张“自然憎恶真空”，而德谟克利特（Democritus）假设“原子和虚空”。现代历史始于笛卡儿的世界体系和牛顿的严格理论之间的竞争。笛卡儿将行星运动解释为：由一些席卷着这些行星穿过宇宙介质的旋涡引起。牛顿确定了力和运动的精确数学方程，而“没有受制于任何假设”。牛顿本人相信，一个连续的介质充满整个空间。牛顿在《光学》问21中推测它如何是各种各样物理现象的原因。但他的方程不需要任何这种介质，而他的追随者们很快变得比牛顿还牛顿。到19世纪早期，基础物理学理论普遍公认的理想，是发现穿过真空运动的不可破坏的原子之间力的数学方程。特别是，这导致一些数学物理学家，包括安德烈·玛丽·安培（André Marie Ampére）、卡尔·弗莱德瑞治·高斯（Karl Friedrich Gauss）和伯恩哈德·黎曼（Bernhard Riemann）等伟大人物，正是试图以这种形式表述正在形成之中的电动力学定律的。

法拉第，一个没有经过正规数学训练而自学成才的实验家，复活了这样的观点，即空间充满了有自身物理效应的介质。他的直觉引导他设计实验去寻找在“空”的空间中磁通线的物理效应，当然，以他的电磁感应定律的形式，他发现了它们。为了总结法拉第的结果，麦克斯韦修改并发展了用于描写流体和弹性固体的数学。为了使自己适应并借助于一些更熟悉的东西理解法拉第的概念，麦克斯韦假设了电场和磁场的一个精心设计的力学模型。但最终他的那些方程是自足的。

爱因斯坦狭义相对论原始论文的第一句话是："电动力学公式中的一个不对称性，似乎不是这个现象所固有的。"他的文章的成就是突出并解释了麦克斯韦方程隐藏的对称性，而不是改变了它们。法拉第－麦克斯韦关于电场和磁场作为充满全空间的介质或以太的概念被保留了下来，而不得不牺牲的只是关于以恒定速度运动必然会修改以太方程的错误直觉。

的确，这个论点可以反转过来。狭义相对论最基本的结果之一，即光速是任何物理影响传播的极限速度，使场的概念的产生几乎是不可避免的。因为它意味着，粒子 A 对粒子 B 的影响不依赖于 A 目前的位置，而是依赖于一定时间之前它在哪里。这使得借助粒子的位置构建动力学方程非常棘手。

将力学方程——粒子回应于给定的力而产生的运动——表达为与狭义相对论相容的形式所需的数学并不难，尽管它需要重大概念的调整。爱因斯坦迅速而轻松地发展了它。经典物理剩余的基础部分即引力理论，提出了一个更大的挑战。尽管极为简洁而又经过广泛成功检验的牛顿方程，所使用的力依赖于粒子之间当前的距离，但是狭义相对论却告诉我们彼此相对运动的观察者会有不同的距离概念，并且光速限制了一切可能影响的传播。对这些欠缺，庞加莱曾提出一个现在看来是最直截了当的回应，他将引力构建成我们现在称之为无质量标量场的一个模型（当然，依照同时代发展的状况看，它还远称不上直截了当！）。但爱因斯坦受罗兰（Roland）和冯·厄缶男爵（Baron von Eötvös）实验结果的影响和他自己著名的电梯假想实验的启发，找到了一种表达形式。其中，惯性质量和引力质量的相等以及引力响应的普适性，都具有系统的特征。正如我们所知，他通过将引力相互作用视为时空被物质弯曲而达到了这个目的。

于是在 1917 年，按照爱因斯坦的新发现，电磁场实质上保留了麦克斯韦遗留下来的形式，满足他的"以太"方程式。此外，时空本身已成为动力介质——一种以太，如果曾经存在过的话。例如，广义相对论的一个主要结论是，时空弯曲本身可产生进一步的弯曲，导致引力波的发生。

很明显，为了理解物理现象，人们不只需要引力场和电磁场。例如，还有电子。到 1917 年，J. J. 汤姆孙发现了电子，洛伦兹从以它们为主要角色的理论推出了物质的许多性质，并且尼尔斯·玻尔用它们构建了他的辉煌成功的原子模型。在所有这些应用中，电子被建模为点粒子。从这一点上讲，它们构建了完全独立且不同于任何连续以太的现实要素。

爱因斯坦对这种二元性并不满意。他想把场或以太作为第一性的。在他的后期工作中，他力图找到一种统一的场论，在其中电子（当然还有质子和所有其他的粒子）会表现为一些能量特别集聚的解，或许是些奇点解。但他沿这个方向的努力从未成功。

量子理论的发展改变了讨论的术语。狄拉克证明了光子——爱因斯坦的光粒子作为将量子力学规则应用于麦克斯韦电磁以太的逻辑结果而出现。这种联系不久被推广：任何种类的粒子都可表示为量子场的小振幅激发。例如，电子可被看做电子场的激发。

这个乍看起来有点过分的表述，从一开始就含有很多肯定没错的地方。首先，它回答了物理世界最基本而又最深奥的一个谜，不然的话它实在太神秘了：为什么无论在宇宙的任何地方电子都具有精确相同的性质——相同的质量、相同的电荷和相同的磁矩？回答是：因为它们都是一个单一的更基本实体，即电子场——一种均匀充满所有空间和时间的以太——的表观表现。

经典原子论，力图以不可约化的组元来解释世界，这些组元可以重新排列，但既不能产生也不能消灭。这种概念与把光子和其他粒子平等对待是不相容的，因为光的发射和吸收太常见了。在β衰变中，一个中子消灭了，一个质子与具有非常不同性质的两个粒子——一个电子和一个反中微子一起产生了。显然，既不是质子，亦不是中子、电子和光子可视为永久的组分物质。而恩里克·费米借助于相应场的激发和退激发建立了一个成功的β衰变理论。粒子忽来忽去，但以太仍待在那里。

如上面所暗示的，当处理场时，非常容易纳入定域性及作用以有限速度传播的原理。当前极为成功的强、电磁和弱力理论，被表述为具有定域相互作用的相对论量子场论。事实上，我已经告诉过你们，我只需再添加一些另外的说明，就可以概括几乎所有我们已知的非引力基本相互作用的一切。所有理论中最优美的一个，即爱因斯坦的广义相对论，对引力做了同样的事情。

有一次，我有幸见到了费恩曼，当时他独自一人，并且经过一天的精彩表演后显得有点疲倦。当我轻轻地唤醒他时，他显示出我从来没有见过或再也没见过的压抑、忧郁的一面。他告诉我，当他知道他的光子和电子的理论，即用费恩曼图来计算振幅的方法，与普通量子电动力学数学上等价时，他非常失望。他原希望，通过直接借助于时空中粒子的路径来表述他的理论，会避免场的概念，并构建某种根本上新的、不同的东西。

在具有高声望的物理学家中，费恩曼是唯一的一位（据我所知）希望通过丢弃场而消除场－粒子二元性的。对于纯量子电动力学来说，他很接近这点了。然而回想起来，他是逆着理解其他相互作用的潮流而动的。甚至在电动力学中，他处理虚光子的那些规则，除了它们从标准量子场论推导出来之外，都显得相当特殊。在现代电弱理论和量子色动力学中，情况更糟。对于前者，只有我们允许充满时空的所谓的希格斯场均匀激发，才能顺利地应用。而对于后者，我们是用夸克场和胶子场进行操作的，但严格来说，它们对应的粒子根本就不存在。

我是怎么刺激费恩曼的？我问他："引力忽略了所有我们已经了解到的真空复杂性，这不烦扰您吗？"对此，他立即回答道："我曾经认为我已经解决了这个问题。我有一个口号：'真空是空的。它不值得认真考虑，因为里面什么东西也没有。'"正是从那时起，他变得忧郁了。

给了我深刻印象的是，我认识到早在20世纪40年代费恩曼就一直在仔细考虑宇宙项问题，这要比这一问题变成普遍困扰甚至挫折的时间早得多。你得承认他的口号是很吸引人的。所以，到现在为止不管我所讲的一切如何，也许最终我们真的不得不放弃以太。

22 到达最深层次：奠定基础

20世纪将作为一个这样的世纪被人们纪念，在这个世纪中我们到达了对物理世界理解的最深层次，我们不仅理解了事物有怎样的行为，而且理解了它们为什么存在，并且用这个理解武装后，我们在塑造物质世界时能够扮演更具创造性的角色，开创新的工具、新的感觉系统以及最终的创新精神。

历史早期，物理学的目标——很少明确过但在实践中默认的——是导出动力学方程，以便在给定一个物质系统在某一时刻的组态时，能够预言它的未来的组态。这个目标原始和理想的实现，是基于牛顿天体力学对太阳系的描述。尽管这个描述出色地解释了开普勒定律、潮汐、二分点的进动以及很多其他现象，但对行星的数目、相对大小或各自卫星的数目和大小等都给不出任何先验的预言。类似地，18～19世纪在电学、磁学和光学等方面的伟大发现，以麦克斯韦的电磁场动力学方程组而达到顶点，它们提供了给定的电荷、电流、电场和磁场分布行为的丰富描述，但对于为什么应该存在物质的特殊可再生形式，给不出任何解释。所以，在20世纪到来的时候，物理学没有提供任何线索说明，为什么会有化学这样一门学科，更不用说为什么它会是这种样子。

量子力学永远地改变了这种情况。它早期的发展以两个完全独立的方面为特征，只是在后来它们才统一成了一体。一方面是，有重要的实验发现，物质世界是由数目相对很少的以固定不变的个体形式出现的基本组分——电子、光子、质子和中子的巨大数量的全同拷贝构成的。无论它们何时何地被观测，都具有相同性质。另一方面是，在关于支配这些组元的奇异但普遍的动力学方面，有重要的理论发现。它们用波来描写，这些波满足简单而确定的方程。但方程中的这些波却有着奇怪的解释，即波的绝对值平方控制着发现这些粒子的概率。

这两种概念一起构成了现代原子图像的基础。一个原子是一个特定形式的模式，它通过电子波由电的引力束缚于一个小的、带正电的原子核（质子和中子集聚而成）的能量取极小值来确定。一个量子力学的原子，与牛顿的太阳系还不一样，它的大小、形状和结构都由物理定律唯一确定。

更精确地说，这个原子模型体现它的数学——为化学、材料科学和生理学的发展奠定了基础。但它回避了是什么把原子核维系在一起的问题。对这个问题的追寻，始于冒险的气球飞行和宇宙线研究，但不久之后便一直使用更强大、更尖端的加速器，揭示了亚核现象的几个新的世界。这包括两种新的相互作用，补充了引力、电磁力和一些完全出乎意料的丰富的其他基本组元。

真正满意的理解，只有经过一个漫长的、系列的创造性实验和理论探索才能获得，从而在所谓的标准模型达到顶点。这里我只能简略地提一下关键的几点。

人们很早就清楚地了解到，质子和中子受到另外一些力的作用，它们不属于引力和电磁力，但比二者更强，且只在短距离起作用。对这种新命名的强相互作用的系统研究，表明它们的巨大复杂性：质子和中子之间的强作用力依赖于它们之间的距离、它们的相对速度甚至它们自旋的相对取向。尽管如此，它们可以被测量，并且可以被用来创建原子核的一种有效的量子模型，它在应用能力方面（虽然不是在优美方面）可与原子的成功量子模型相比。复杂的细节也没能混淆那些最基本点，即量子动力学的规则仍适用于原子核内部，并且当应用于受强作用支配的质子和中子时，它们产生了具有唯一结构明确定义的原子核。

现在我们理解了强相互作用的明显复杂性之所以产生，是因为质子和中子都是复合体。它们由夸克和胶子组成，它们之间的相互作用由一些优美简洁（但极难求解）的方程控制。

第二种新相互作用最早是在使中子变为质子（及其他一些粒子一起）或相反的过程中显现出来的。当这样的过程在原子核内发生时，会改变有关原子的化学性质。对这些相当弱的（即缓慢的）过程（靠了它，在其他方面都稳定的一些粒子彼此转换）的进一步研究揭示了许多系统的模式，成功地发展为第四种基本相互作用的观念，即弱相互作用。

弱相互作用理论的发展开始了一个这样的过程，通过它涉及一些稳定单独客体的经典原子论被更完善和更精确的图像所取代。在这个新方案中，这些个别的粒子都不是永久不变的。确切地说，它们作为普遍量子场的激发而出现。在当代物理学中，这些场提供了现实存在的原始的、永恒的元素。

只有随着量子场论的发展，量子力学的第一方面才完全融入物理学理论之中。宇宙中任何地方的两个电子，无论其来源如何，都具有精确相同的性质。我们把这理解为它们都是同一要素即电子场激发的结果。当然，同样的逻辑也适用于光子、夸克或胶子。

22.1 对称性的巨大成功

也许有人会认为，为获得自然界详细和精确的图像，把不断增加的风马牛不相及的现象都考虑进来，我们的理论必然会变得极为复杂。我们发现，情况恰恰相反。20 世纪的理论物理学已经产生了对基础的大胆综合和彻底简化的现象。

朝这个方向的第一个伟大进步是两个相对论理论。本质上，狭义相对论理论是麦克斯韦方程组对称性的理论。通过把这个对称性提升为普遍的物理定律，狭义相对论允许这一组四个独立的偏微分方程（两个标量方程和两个矢量方程）仅作为一个单一的、不可分割的对称性整体的四个不同方面出现。将其应用于力学，则新的对称性把原先形式上各自独立的质量、能量和动量守恒定律结合在一起。广义相对论是一个对称性的假设（在这种情况下是广义协变性），如何可以作为表述新物理定律的有力指导的典范。

现代量子理论问世之后不久，理论家们注意到他们可以从假设的对称性——对量子电动力学而言，是规范不变性和狭义相对论——导出量子电动力学方程。

支配强相互作用和弱相互作用的方程也都具有高对称性，它们涉及规范不变性的非阿贝尔推广，标志了我们对自然界理解的重大进步。由于不同的原因，了解这两种相互作用的对称性比引力或电磁作用情况要难得多。在强作用情况下，支配理论（量子色动力学）方程的基本对称性仅直接应用于夸克和胶子，它们是一些从来没有被直接以独立形式观测到过的粒子。所以它的发现和确认需要理解力的几个飞跃。在弱相互作用情况下，方程的基本对称性被其所有的稳定解所破缺。于是，特别是在我们通常所认为的真空中，对称性是“自发破缺”的，因而真空必须被认为是有结构的介质。为得到这个概念，从物质的一些相关的现象，特别是超流性和超导性的分析所获得的理解，提供了关键的（并且考虑到具体情形，是惊人的）启发和指导。

强、电磁和弱相互作理论一起，构成了标准模型。尽管它是正确的而且成果累累，但标准模型并不是完全令人满意的，因为这三个理论并不是紧密结合的，并且完全没有考虑引力。超越这些局限的一些理论尝试中，占主导地位的是寻找更高级、更隐蔽的对称性，其中既包括规范对称的扩大，又包括雄心勃勃但仍未被很好理解的弦理论构造。

几个理想地简洁、对称的方程足以（原则上）解释如此众多的现象，这个事实还应该用另一种方式理解。我们已经了解到，即使很简单的方程也可以给出极为丰富而复杂的解。一个著名例子是一维逻辑方程的迭代，如何通过一些周期性加倍的级联导致了混沌。这对于运用我们关于基本方程“原则上足够充分”的知识去非常详细地理解它们的解，是一个巨大的、持续的挑战。

22.2 新产品

对这个挑战尝试性的部分回应，已将我们对物质的控制提高到了新的层次。不幸的是，体现这一控制的一个个别形象是核爆炸的蘑菇云。但也有一些别的形象，一样的不平凡而问题少得多：一个纯直的激光束、DNA 的双螺旋以及编制成计算机语言的 X 射线衍射条纹等。也许在所有这些形象中，人类好奇心完美的纪念碑是在阿雷西沃（Arecibo）[地名，波多黎各（Puerto Rico）港口城市——译者注] 占满山谷的无线电碟形天线，它的焦点上有一个微波激射放大器，用来从遥远的宇宙所投射的难以置信地微弱和混乱的信号中，提取每一个有意义的细微之处。

阿雷西沃象征着我们对宇宙了解的扩展，这种了解是要靠我们对每一部分电磁谱细致地处理才可能得到的。我们的观察已经延伸到了中子星（脉冲星）、具有 10 亿太阳质量的黑洞（类星体）、大爆炸遗留的无所不在的余辉（微波背景辐射）、能量耗尽的星体爆炸后的残骸（超新星遗迹）、新太阳系等。随着对宇宙射线监测、中微子观测的发展和引力波探测器的发展，电磁谱之外的扩展将使天文学进一步丰富起来。

毋庸置疑，发源于现代物理学最重要的产品系列是数字微电子学。计算机的速度、能力和小型化已使技术革命制度化，如摩尔（Moor）经验定律所阐明的：集成电路的密度（每单位面积的晶体管数）每 18 个月翻一番。尽管数字微电子学已经完全改变了通信和信号处理，但它的根本潜力几乎没有被开发出来。

22.3 可预见的未来

接下来是什么？当然是惊讶。但是我想我们可以有一定的信心预期，今后 20 年左右，还会有几个具有里程碑意义的进展。

在基础物理学领域，标准模型的胜利将以它最后的剩余成分，即所谓的希格斯粒子的直接观测而圆满完成。最近超级神冈探测器（Super Kamiokande）一个非零中微子质量的发现，将充实这些难以捉摸的粒子性质的完整图像。通过把标准模型嵌入一个更大的统一场论中而使它的对称性更完美的理论观点将盛行。这些观点受到了中微子质量发现的极大促进，它们也将以其另一最引人注目的结果，即质子不稳定性的观测而圆满完成。超对称性，其必要性早已被统一的定量方面所显示，也将由它所要求的新粒子平行世界的发现而清楚地证明。

宇宙学参数，包括宇宙的寿命、它的平均密度、由星系及其他大尺度结构形成时引力不稳定性而产生的密度微小涨落的性质以及“暗物质”的性质等，都将被确定下来。我们将了解真空是否有重量——即是否存在一个非零的宇宙学项。今天，考虑宇宙学中的重要问题时，起主导作用的是那些由高能物理、统一场论和超弦理论所启发的象征和推测。随着我们知识的增加，这些可能性会在更窄的范围内定义而且更为确切，我们将从象征前进到有根有据的世界模型。

当小型化到分子尺度，量子力学在它的两个方面——粒子的分立性和它们的动力学波动性都将变得越来越关键。它们被证明为是特别受人欢迎的表演，还是（如我所期待的）机会，将依赖于下一代物理学家-工程师的创造性。在最近几期《自然》杂志中，人们可以发现围绕一些迷人新观点如单电子半导体、量子点排列、光学开关、纳米管电子学和量子计算等的相当大的骚动。许多聪明的结构将出现，并且一些也会是有用的。

22.4 再往后

对于再往后的事，我的水晶球（占卜用——译者注）被很多云雾笼罩。为了应对在分子水平上塑造物质的挑战，我们需要设计一些分子尺度的工具。为了有效地安排这些工具，我们需要一些在分子尺度上局部可用的指令，它们将使我们接近那些分子磁带，后者储存着可被分子信使读出的程序和数据。在那里，我们将到达物理学、化学和生物学不再清晰可分的领域。

因为分辨率的限制减小了，总的尺度和作为整体的限制就会增大。目前，紧密集成单元（即芯片）的实用尺寸，受到完美性能的需要和修复缺陷的困难所限制。分子监控将支持新的修复机制。便宜的冗余和软件的创新将允许克服任何剩余缺陷。尺寸的约束将有效地去除。非平版印刷装配将开辟第三维。

或在目前，或肯定在今后几年之内，世界上最好的国际象棋大师将不是人类。鉴于上述的观点，很难回避这样的想法，即从现在起百年之后，对物理学家来说，这也同样会是真的。我们将来的同行会在一个我们现在无法想象的层次和规模上工作。但是它们将以不止一种方式，被构建于我们所奠定的基础之上。

七、受启发，烦躁，再受启发

带着很大的疑虑，我开始评论几本书。我所关心的是曾经默许要去密切注意它们，读完它们，并对某本也许不值得费力去读的书公开表示质疑。当然，我经常被邀请评论在我们这个小小的物理世界中一些大人物写的书。我知道我会经常遇到这些书的作者或他们的朋友。忠实与礼貌之间的对立常使我不安。

简言之，这有点像完全不知情地玩俄罗斯轮盘赌。然而，我很有选择性地做了，并且总体说来，还是一种很有意思、很有收获的经历。在这儿，我收集了五篇在某种程度上有纪念意义的这样的评论。由于这些评论本身就很短，我在这儿只讲其中一些有意思的部分，它们反映了伴随这项工作一系列的启示和感到的烦躁。

《尼尔斯·玻尔的一生》是由亚伯拉罕·派斯（Abraham Pais）著的玻尔的传记。玻尔是一个有令人感兴趣话题的人物，这不只由于他所做的那些事，还有他是怎样的一个人。然而他关于量子力学的解释却令人恼火。我曾经认为，他最中意的想法——互补性实在乏味，现在我却认为它令人极感兴趣，但我也不能肯定，也许这两个方面都有可能，就看你怎么衡量它了。

一个很有意思的笑话：玻尔曾经被追问，为什么他把马蹄铁挂在他的门上。

“你一定不信这玩意吧？”

“当然不信。但我听说即使你不信，它也挺灵的。”

斯蒂芬·温伯格著的《终极理论之梦》是关于基本物理学——它目前的状态及其终极目标——思考的一本书。他有很多有趣的故事要讲。他的文章很有启发性（当然，它显示了大脑的一种感人品质）。让人不舒服的（但也许是对的）观点一：它的目标是不再问“为什么”。让人讨厌的（而且有点蠢的）观点二：付出的代价是怀疑宗教。该书启发了我思考关于约化主义，从而催化了我有关“分析与综合”的一系列文章。

《暴胀宇宙》阐述了这个重要的宇宙学理论及其历史，是由该理论的主要发现人之一，阿兰·古斯（Alan Guth）所著。它探讨的内容在一个很大的尺度上是无中生有，这很有启发性，令人敬畏的启发性。令我不快的是我怎么就没想到它。认识到宇宙真可能暴胀过，这是令人鼓舞的，最近的观测很支持这个观点。

《只有六个数》和《宇宙的九个数》分别由马丁·瑞斯（Martin Rees）和麦克·罗万－鲁宾逊（Michael Rowan-Robinson）著，讨论了现代宇宙学中大部分内容如何被几个数所包容。这是真的，这一点令人深受启发。但不幸的是，他们选择了错误的数字（见“分析和综合之一”），这是让人不舒服的。瑞斯早期关于多宇宙及人择原理的想法是很有启发性的。最初，在我的身上，它激起了恐慌和厌恶，而现在它却激发了我微妙的听之任之。

罗杰·潘洛斯（Roger Penrose）著的《大脑的阴影》实际上是两部书合成了一本：阐述和论文。关于各种伟大理论的阐述，特别是围绕哥德尔（Gödel）原理的来龙去脉，往往是很有启发性的。但那篇原始论文是极烦人的，它通过微管、波函数塌陷和计算理论（怎么做？——最好别问），将意识起源与量子引力连接起来。它激发了我向它所严重依赖的卢卡斯哲学的陈词滥调开战，并且令我满意的是彻底打碎了它。

23 玻尔做了些什么事?

关于亚伯拉罕·派斯著《尼尔斯·玻尔的一生》的评论. 牛津大学出版社，1991

亚伯拉罕·派斯著的《尼尔斯·玻尔的一生》是现代科学历史精彩系列丛书中的第三本。前两本分别是《上帝真奇妙》（爱因斯坦的传记）、《探秘之旅》（关于粒子物理发展史的）。派斯本人是一个不同凡响的物理学家。他的作品很有权威性，写作风格总是那么优雅和充满魅力。

派斯很了解玻尔和玻尔的一家，他和玻尔的科学交往超过16年，而且常常是每天都在交流。在这本书的最开头，派斯写道："我爱玻尔，我试图约束我的这些感情，这些感情也许可能或也许没有表露出来……"我相信，它们确实表露出来了。派斯以前著作的一些赞美者也许会失望，因为在这本书中涉及的科学内容不够深入和详细。然而作为补偿，从本书我们看到了一幅关于一位真正超群的、极具感染力的人物特写。即使玻尔没有他那些真正不朽的科学成就，他仍会是卓越的、魅力超群的人物。但是对于玻尔来说，做人与做学问是密不可分的。

在本书的开头部分，派斯引用了三位在他之后的诺贝尔奖获得者关于玻尔的评价：

> 玻恩（1923）："他对我们当代理论和实验研究的影响比其他任何一位物理学家都伟大。"
>
> 海森伯（1963）："玻尔对我们这个世纪的物理和物理学家的影响比任何一位都强，甚至包括爱因斯坦。"
>
> 匿名现代物理学家："玻尔到底做了些什么？"（这是指维尔切克本人，一种俏皮玩笑的方式——译者注）

我还可以加上几句，以我自己的经验，最后一个问题在那些对思想史有较大兴趣的现代物理学家中间已经讨论得很多了。

对改变观点的解释，尽管肯定不是一种确证，但是可从玻尔主要贡献的特性中得出。

在任何一个关于这些贡献的清单中都是排在第一位的，同时按年代顺序也是第一项的，就是1913年他把普朗克的作用量子成功地引入到卢瑟福关于原子新模型（1912）的动力学描述中。它们数学上的简单性和从根本上讲暂时性的特点，掩盖了他大胆和深刻的想法。电子绕很小的带电原子核轨道运行并被静电引力维持在轨道上，卢瑟福的这个模型立即由他实验室的那些实验结果佐证。然而这个模型和经典电动力学的基本原理相矛盾。因为按照经典电动力学，轨道电子作为处于加速运动的带电粒子，将会不断地辐射电磁波，从而导致它损失能量，最后旋转进到原子核中。玻尔简单地假定这个经典图像是不对的，电子是在他所称的定态中安全地做着轨道运动的。这些定态之间的跃迁被假定只能不连续地发生，所有释放的能量都变成光，光的频率遵从普朗克定律（频率等于能量除以普朗克常数）。最后，凝视着氢原子谱线（巴尔莫公式）那些古老的数字占卜术似地成功描述，玻尔假定那些定态上电子的能量一定与它们经典运动的频率相关，而且这种关系几乎和光子相应的关系一样，但是要附加一个数值因子，即$\frac{1}{2}$乘以一个整数（$\frac{1}{2}$是天才的象征）。

从这些假定出发，巴尔莫公式就可能“推导”出来，它带来的一个重要的额外好处是，在公式中出现的数值因子可以与电子电荷、质量及普朗克常数等基本物理量联系起来。很快，玻尔思路的成果在许多新的应用中得到了证实。在这些应用中，最著名的是氦离子的光谱。对于它，玻尔做了非常严格的研究，通过超越他以前做的一个无限重原子核的近似，氢原子与氦离子光谱细微的差别就可以被理解（来自于约化质量修正）。

这个“理论”基于令人很不舒服的一些近乎矛盾概念的混合以及从实验数据中抄袭的结果，所以它显然被用做一个临时搭建的台架，一旦有了更完善的结构来支撑时，随时会被抛弃。事实上，它已经完全被现代的量子理论取代了。某种意义上，玻尔理论已不再具有直接的科学兴趣了。但是要以此原因忽略它，将会错过了一系列具有自身内在美的想法，对它们的欣赏要求从历史观点去理解。下面是一个有完全不同科学品味和直觉的人——爱因斯坦对这一点曾不得不说的一段话：

> 这种不完全而且矛盾的基础却足以使一个有玻尔那样独特直觉和机智的人，发现谱线和原子中电子壳层的主要规律连同它们对化学的重要性，这一切对我来讲就像一个奇迹。并且，对我来说，甚至今天仍然是个奇迹。这是思想范畴内音乐性的最高形式。

玻尔关于氢原子所做工作的深层结构，展示了他思维的独特风格，这种风格在他主要的工作中随处可见。特别是，作为它标志的以下三个特点：密切注意实验事实、乐意容纳那些暂时的、逻辑上不完整的想法以及潜藏于背景中的关于所有知识都是临时的和不完全的暗示。这里我们再引用爱因斯坦的一段话，给出了派斯所谓的对玻尔曾经做出的最好描述：

他（玻尔）发表自己的观点，像是一个永远在探索的人，而绝不像一个相信自己是拥有确定真理的人。

1913～1924年，玻尔是发展现在称为旧量子理论的无可争议的领袖。简言之，旧量子论是玻尔的思想模式，特别是隐含在他的原子模型中的那类想法，延伸到更加广阔的领域。对应原理在发展量子论中起到了引领潮流的作用，按照这个原理，在大量子数极限下量子规律必须过渡到经典物理规律。在一个典型的如玻尔那样的能人手中，明显模糊不清的原理似乎可以成为强有力的工具。例如，它曾被用来理解和预言一些选择定则和原子辐射的极化规律，而且最终导致了不相容原理和电子自旋的预言，为一些用别的方法会很费解的原子光谱的一些特性找到了合适的理由。

在那个时期，玻尔的另一个令人震惊的贡献是建立了对元素周期表的基本理解。那是在1920年左右，早于不相容原理和自旋的发现！我们现在当然知道这后两个概念对于理解周期表是绝对必要的。然而，凭着他对于现象广博的知识及对于现存理论思想中可以利用和改善余地的感觉，玻尔在难以置信的复杂和模糊的情况下，成功地分离出一些具有永久价值的概念（满壳层，填充法则），甚至预言了新元素铪的存在和特性，铪随后被他的丹麦同事们找到了。

1925年和1926年，随着海森伯和薛定谔的发现，新量子力学代替了旧量子论。主题的特色从此改变了：直觉和基于对数据精密了解的比喻性推理，很大程度上被数学的演绎推理所代替。特别是在原子和分子物理以及凝聚态物理基础，在那里旧量子论的半定量方法可以被新量子论所包容，而且进展非常迅速。玻尔的位置从一个智慧的领导者向新一代人的导师演变。许多年，他的哥本哈根研究所是这些新发展的主要会场和信息交换所。

即使不再在新量子理论的技术发展中扮演领导角色时，玻尔仍非常关注它的逻辑和哲学基础。由于他的那些关于量子力学的解释和哲学含义的想法，或许今天玻尔可能（不幸）最为大众所熟悉，甚至对许多从事研究的物理学家也是这样。我根本不可能在此评判那些微妙的和有争议的话题。所谓的哥本哈根学派的量子力学解释，至今仍然广泛地被认为是标准解释，主要归功于玻尔及他的学生。其精髓是，量子理论形式的意义必须永远涉及一些完全确定的实验环境，而这些环境反过来又必须可以用经典术语来描述。哥本哈根解释是一个放弃的解释，玻尔下面的描述把它说得很清楚：

> 任何测量的无疑义解释，本质上必须借助经典物理理论来构造，因此我们可以说，在这个意义上，牛顿和麦克斯韦的语言在任何时候都是物理学家的语言。
>
> 没有什么量子世界。有的只是一个抽象的物理描述。如果认为物理学的任务是找出自然界怎么样那就错了。物理学关注的是关于自然界我们能说些什么。

许多物理学家，包括我自己并不满意这样的一些表述。虽然大多数人都同意量子理论可以在玻尔所严格圈定的范围内应用，但并非所有人都满足于这种状况，也去把世界分成本质上不同的“经典”与“量子”部分。此外，这个世界比一个实验室要丰富得多，并且人们必须真实地描述它的行为，即使不是在玻尔意义下完全确定的实验环境下——这个问题对量子理论在宇宙学中的应用会变得非常严重。在著名的爱因斯坦－玻尔的论战中，玻尔捍卫量子力学，反对爱因斯坦对于一个更为经典理论的渴求。但是我们中的一些人感到，在捍卫他可贵的、得来不易的基础时，他做的让步太多了。应尽力把量子力学推动到这样的程度，使它能在自身范围描绘出人们所经历世界的一幅可识别的图像，从而开始提供它自身自洽的解释；否则，就肯定应在它的方程中作改变。显然，这个任务还没有完成。

玻尔的这种放弃并非轻松做出的。它们是对那些错误和矛盾的回应，而这些错误和矛盾是当我们把来自日常经验的那些对物理对象行为的直觉存留到量子力学领域中时产生的。一个众所周知的例子就是，我们总是倾向把诸如电子或光子这样的实体分别看成是一个粒子或者一个波（或者反过来），因为这两种实体的任何一个，都可以在不同的条件下表现成一个粒了或一个波——当然，事实上它们的行为与任何一种都不像。另一个例子是倾向于把一个粒子看做既有一个位置，又有一个速度；而海森伯的不确定原理告诉我们，在量子力学中这两者不可能同时具有精确确定的值。玻尔对于这些以及其他相关的二象性问题总的回应是他的互补性概念。按照这个难懂却很吸引人的想法，可能存在着现实的一些二者择一的概念或方面，每一个自身都有用，但不能同时使用。那么任何一种企图测量或看到一个具有确定位置的粒子都会排斥我们做某种其他的测量。位置和速度分别都是真实的概念，但不是同时都是——它们是互补的。

在玻尔的晚年，他做了一些试验性的、鼓动性的并可能是游戏性的尝试，把互补性想法用到物理之外。例如，他提出一个想法，要完全确定一个工作着大脑的状态以预言它下一步的行为，你就不得不如此地扰动大脑以至影响它的行为。也许玻尔对量子理论和互补性的更冒险性思考所留下的风格可以从他关于自己的一个笑话体现出来：

> 最初的谈话极好，又清楚又简单。每一个字我都懂了。第二次更好些，既深刻又微妙，我懂得不多，但大法师懂得了一切。第三次是精细得不得了，是一次伟大的和难忘的经历，但我一点都没懂，并且大法师也没懂多少。

20 世纪 30 年代中期和末期，玻尔将近 50 岁，他开始有了一种物理学家的复兴。基于与液滴类比，他发展了一种新的原子核模型，这个模型被证明是极富成果的。用这种想法，他立刻掌握了汉・斯特拉斯曼（Hahn Strassman）和梅特耐（Meitner）于 1939 年发现的核裂变，并且很快提供了半定量地理解它们一些性质的基础，诸如哪些核容易裂变、要使裂变可能发生必需多大的能量以及可能的衰变产物等。这个工作浓缩在一篇与惠勒（Wheeler）一起写的了不起的文章中，文中有一些以萌芽状态出现的新概念（如扩展物体的半经典量子化、莫尔斯（Morse）理论在物理中的应用、瞬子等)，几十年后才被人们重视。

这一工作更令人注目的直接影响，当然是核武器和核能的发展。玻尔试图去影响这些发展的政治余波，但完全不成功。这个悲喜故事既出现在派斯的这本书中，也见于理查德・罗德（Richard Rhode）的《制造原子弹》一书中，但后者强调了不同的方面。

这些描述解释了为什么在一般的知识培训课程中大多数物理学家（更不用说其他人）对玻尔的贡献有比较阴暗的印象。玻尔最典型的工作是一些暂时性的理论，常常具有半唯象性质，它的技术性内容被大大地掩盖了。纵使在解释量子力学的范畴，他的一些思想到现在仍然很有生命力，但一个限制和放弃的学说，能满足雄心勃勃的头脑，或无限期地得以延续，看来是不可能的，即使当时是那么具有革命性和建设性。像其他理论一样，这个理论将被领悟和改造，在它的新形式下不再带有玻尔的独特印记或他的名字。然而，正如他同时代的人所认识的，没有谁能对这个已经完成的产物做出更多的贡献。派斯的这本书通过讲述那些发生的故事，帮助我们得到一种丰富的、内在的、十分有趣的智者风格并保留了它的那些成就。

我的讨论强调了玻尔的智识方面。但不提及人们可以从派斯的书以及另一本动人的回忆录——《尼尔斯・玻尔：朋友和同事眼中玻尔的生活与工作》［罗真特尔（Rozental）编］中得到的，关于玻尔生活和个性中根本与内在和谐的印象将是错误的。熟悉他的人都认为，他是一位有着深邃影响的人。派斯书中包括了很多温馨的逸事、有趣的故事以及一些直率的笑话，它们都使这本书更富趣味性和启发性。

一个有魅力的人，即玻尔；一本引人入胜的书，即本书。这应当帮助我们正确地对待玻尔的一生。

24　终极理论之梦

关于斯蒂芬·温伯格著《终极理论之梦》的评论
(纽约先贤（Pantheon）出版公司，1992)

我们物理社区对其最杰出的公民之一——斯蒂芬·温伯格的新书寄予厚望。《终极理论之梦》确实没有让我们失望。

活跃在第一线的物理学家们渴望读到这本书，以期共享它所提供的那些观点和见解，包括对量子力学的解释、人择原理的作用及宇宙学常数的问题。但是我们文化中物理学更宽泛的问题与物理学内部基础物理（对温伯格来说就是基本粒子）的问题，作为一个整体，都是该书所主要关注的对象。虽然有一章的标题是“与哲学对抗”，该书最具启发性的精神明显地就是最原始古希腊意义上的哲学：对智慧的爱。

《终极理论之梦》是对于一系列问题的长期思考，其中包括：终极理论是什么？我们是否在接近发现这样的一种理论？而发现了它又意味着什么？

终极理论意味着什么？这是任何一连串的为什么都会通向的一个满意的终结。温伯格用一只粉笔做例子来展示这个概念，他让我们看到最初关于粉笔颜色和构成的最简单问题，怎样不可避免地在问几个为什么之后导致量子电动力学、量子色动力学和宇宙的核合成。他认为无论你从什么地方开始去探讨物理世界，解释的箭头很快会集聚到几个不能进一步解释的基本规律和原理上。如果这些基本规律和原理在逻辑上是完备的，在美学上是让人满意的，并且不破坏他们的自洽性就很难再修改或扩展，我们说它们构成了一个终极理论。

我们已接近一个终极理论了吗？虽然古希腊人和后来的哲学家们提出过包容世界的系统，但他们的尝试达不到我们今天所追求的精确和详尽的水平。终极理论的现代版产生于牛顿成功的力学。牛顿在数学天文学上不可思议的成功激发了人们用简单的原子间的力来解释整个大自然的进程。1913 年，一个决定性的转折到来了，玻尔第一次（用可信服的例子，也是唯一合适的途径）表明，物理学家确实可以期望在亚原子尺度上理解物质的行为，尽管他并不是沿着牛顿的路径。到 1929 年，保罗·狄拉克能够宣称“物理学的大部分和化学的全部精确理论所需的基本物理规律已经完全了解”。

20 世纪 70 年代中期，我们现在所称的粒子物理学标准模型，已经粗具规模，它是建立在电弱和强相互作用的规范理论基础上的，这也是温伯格本人的卓越贡献。当把爱因斯坦关于引力的理论——广义相对论补充进去后，标准模型可以给出普通物质在一般条件下行为的精确和完整的描述，甚至“一般”的定义可以扩展到包括中子星内部和大爆炸后几十亿分之一秒的状况。标准模型牢固地在量子力学的基础上建立起来，它的确可以被看做狄拉克所知道的量子电动力学非常巨大的推广。

温伯格用了一整章来实际描述一系列复杂的和杂乱无章的事件，靠它们，三个主要物理理论——广义相对论、量子电动力学的辐射修正和电弱规范理论得以确立。他强调我们知识的经验基础，这让人耳目一新。虽然面对过去 15 年间日益精确的实验检验，标准模型的成功从来没有被动摇，但理论物理学家们还是不能对它完全满意。这个理论有太多不确定的东西。它要求你把它根本不同的组成部分统一起来，目前这样做的具体想法已经取得了一些令人印象深刻的定量成功。或许最深奥的问题在于量子力学的一些基本思想和广义相对论最不容易协调起来。超弦理论在终极理论方面做了最雄心勃勃的尝试。它似乎丰富到足以以一种逻辑上自洽的方式，既包含标准模型又纳入广义相对论。温伯格并没有低估困难：实际的困难是很难用这个理论来做点什么，而且迄今它没有给出任何可供检验的具体预言；解释空虚的空间没有任何重量这个事实，即出了名的宇宙学常数问题，可能（没人能足够好地算出十分肯定的结果）是一个基本的困难。

在这里我们应当回顾一下，牛顿引力、热力学和光的电磁波理论都曾根据令人信服的判据被人们认为是它们各自领域的终极理论。尽管在广泛的经验领域中，这些经典理论的运用都经受住了考验，但是引力、统计力学和光的现代理论具有完全不同的概念基础。

如果一个终极理论被获得了，意味着什么呢？温伯格把这比做北极或尼罗河的发现：悲壮的探索，最终取得了成功。他曾提到，它会像诸如超人视力、心灵遥感和神造说那样的一些“臆想出来的科学”被放到一边去。或许，但我也没有低估了人类的自欺能力（无论如何，为什么一个支持者就不能说这些都是复杂系统的呈展性质，而不是从基本定律中直接显现出来的呢？）。

标题为“关于上帝我们能说什么”完整的一章，揭穿人们期望一个终极理论最终使我们更接近上帝，或是接近人们可以称之为宗教的某种思想。在最终的成就中人们会丧失欢乐的感觉；人们会感受到对探索的一种（早熟的）怀旧之情。对这个问题的讨论，我觉得很失望。尽管我同意温伯格说的，现存的标准模型和假设的终极理论之间的区别不可能会给科学的其他领域（只有关于早期宇宙的宇宙学是一个明显的例外）带来实际上的冲击，或者为传统宗教提供任何有用的东西，我可以想象它将把新的骄傲和自信灌输到人类的思考能力和普遍和谐的感觉之中，这就像在启蒙时代牛顿物理学的胜利所做到的那样。也有一种可能，事实面前的合作与谦逊的科学品德通过引人注目的成功会获得声誉，而对于少数几个幸运儿来说，这种科学美德归结为某种由宗教传统地扮演过的道德角色。

无论如何，温伯格关于达到一个终极理论意味着什么的缓和说明，对于制造诸如超导超级对撞机（SSC）那样昂贵项目的动机摆脱责任。如他所强调的，建造那个大型机器最引人注目的动机并非期望能给我们一个终极理论或者把“上帝的思想”展示给我们，而是对诸如规范对称性破缺的起源、超对称的作用以及丢失物质之谜等特别紧迫的一些问题得到更深刻的认识。

我第一次阅读此书后又急切地重读。第二遍阅读则以它的微妙、诚恳（刚刚提到的那个例外）以及洞察力给我留下最强烈的印象。《终极理论之梦》是值得那些爱思考的物理学家、哲学家还有普通大众一读再读的。

如果不提这本书的最后一个至关重要的事实就做结论，那就大错特错了：它很好读，文体清晰，内容既广博又诙谐有趣。我来引一段代表性的内容，让大家高兴高兴：

> 即使在他们不想把战争科学公式化的地方，军事历史学家们却常常写为，好像那些将军们打败了一场战斗是因为他们没有按照军事科学中某些公认的法则行事一样。例如，美国内战时联军的两位统帅乔治·麦克莱伦（George McClellan）和阿姆布罗斯·布尔恩赛德（Ambrose Burnside）常常被作为广泛轻蔑的对象出现。麦克是由于不愿紧紧抓住他的敌人——北弗吉尼亚将军李的军队而备受谴责。布尔恩赛德被批评不珍惜自己士兵的生命而轻率地进攻弗雷德里克斯堡（Fredericksburg）防护很好的敌军。也许没有逃过你注意的是，麦克莱伦被批评没有像布尔恩赛德那样勇敢，而布尔恩赛德却被谴责没有像麦克莱伦一样小心。

附加说明，2006年1月：超导超级对撞机没有被通过，部分原因是物理学家们没能说动国会，这个使命值得付出它所要求的庞大资源，如在“高能物理的社会效益”中解释的，我认为国会犯了错。

25　大脑的阴影

关于《大脑的阴影：寻找丢失的知觉科学》的评论，作者为罗杰·潘若斯（牛津大学出版社，1994）

在牛津知名物理学家潘若斯的《大脑的阴影》中，作者继续和更详尽地描述并且在有些地方修正了他早些时候出版的书——《皇帝的新头脑》——中的讨论。在这两本非同寻常的书中作者提出的观点非常令人吃惊：在人类经验中有一些特别的方面，它们可以通过内省（通过自己的大脑看得到——译者注）发现，但在已知的物理定律框架下，甚至原则上，都不能给出解释；在任何情况下，这个框架都是有根本缺陷的，它原则上不能适当地描写宏观物体的行为；并且这两种不适当是相互关联的，以至于只有在新的物理学框架内，纳入有待构建的引力量子理论，才有可能了解人类的意识现象。

这样的一些主张，好像已经跨出相关学科正规的科学文献之外，如果是出自一个不知名的来源的话，简直就不值得让人认真对待。但是潘若斯完全不是那样的，他的提议值得认真审视。我尝试过这样的审视——在下面它将要变得更明显——却得到了完全相反的结论。在进入到细节之前，为公平起见我应该指出这本长长的书中大部分是解释背景资料的。这些解释大部分是充实的，偶尔也很有才气［这儿我特别想到的，是关于卡尔达诺（Cardano）的袖珍传记，书中第 249 ~ 256 页］。这样，有眼力的读者就可以从这本书中受益而不必接受它初始的科学观。但是在这儿我将集中于书中发展的主线，它试图证明上面所概述的那些说法是正确的。

主线是以如下方式展开的。首先，潘若斯就认定，人类可以有一些精神行为，它们不能仅靠一台复杂的、遵从一套有限算法的机器（那就是说，一个图灵机）来完成。他注意到，当一些通常的物理学规律作用到一个有限的物质系统上时，可以用一个图灵机模拟。这样他得到结论：人类的精神行为不能在通常的物理规律范围内得到解释。其次，他主张，这些通常的物理规律包含毁灭它们自己的种子，因为量子力学在通常的法则逻辑上是不谐调的，那么足够深入的应用它们，这些法则一定会给出不正确的结果。他认为突破应发生在一些小的但是“半宏观的”物体上（关于这一点，更多的见下面）。最后，他又强调，当所探求的新物理规律应用于人类大脑时，将能解释为什么我们的能力会超过典型的图灵机，让我们来依次考察其中的每一步。

潘若斯书的中心实际上也是它仅有的部分——展示，人类能做的事图灵机不能做，这意味着人类数学家“明显的”超越哥德尔（Gödel）定理限制的能力。哥德尔论点的核心是，在任何足够强大的形式系统中（粗略地讲，是任何一个这样的特定系统，它强大到足以处理算术运算，并且它的过程都可以完全确定，而且按图灵方式机器化），他能构造出一个这样的命题，这个命题可以被解释为“我不是可证明的”。如果这个命题为真，那么它就是不可证明的；如果它是错，那么该系统就是不自洽的。所以任何一个强大的、自洽的形式系统都将允许这样的一些陈述，即它们都是真的但是不可证明的。现在，潘若斯说，我们可以看到任何用形式系统去获取一个人类数学家能力的企图一定是失败的。因为即使把它用到对她本人的一种假定的形式描述上，人类数学家可以理解哥德尔论点的含义，从而承认哥德尔命题是真理。按照潘若斯的说法，这表明人类具有能达到真理的方法，而且有证明这方法的能力，但它不能被任何形式系统的证明过程捕捉到。专家承认（并且潘若斯也认识到）这些议论是从牛津哲学家约翰·卢卡斯 1961 年著名文章派生出来的，它引出了大量有争论的文献，并且没有赢得普遍的接受。在涌现出来的众多反面论证中，对我来说，特别清楚和有说服力的是哥德尔命题的真理性仅仅是自洽性假定的必然结果。然而，对于强有力的系统来说，自洽性绝不是显然的。事实上，按照哥德尔另一条与之密切相关的定理，自洽性是不能证明的（如果它是对的话）。那么预期的通往真理的大道包括一条有疑问的捷径，这捷径到达什么地方却无法证明。

任何情况下，要在这个可疑领域内划出一条战线都似乎很奇怪。让我们做一个比较稳当的探讨，寻找一个范例说明，人类所做的一些具体事情，对图灵机来说不是严格不可能的，只是太难了。让我们看一下，在一些似乎被自然选择所优化的知觉过程（不像数学逻辑那样）中，在哪里进化暗示会有所发现。是否存在人类比任何经典计算机做得快得多的知觉任务呢？［精确一点说：是否存在一些困难等级为 NP（NP 是指一类用计算机求解的复杂问题，通常指那些解答可以在计算机上很快检验但不一定能很快求解的问题——译者注）的“整体”知觉任务，人类能在多项式时间内完成呢？］在潘若斯一些零零碎碎的讨论中他似乎慢慢地向这类问题移近，但是他并没有报告过任何系统实验的企图。关于这种能力的任何令人信服的证实，哪怕给出的结果比潘若斯所声称的弱得多，也将具有革命的含义。

现在回到物理学：潘若斯觉察到量子理论基础中的大麻烦。他承认量子理论的物理解释需要一些他称之为R-过程的东西，它是哥本哈根解释的某些讨论中所引进来的“态矢量的扁缩”的精神等价物。这要和薛定谔方程所描绘的一般确定论的动力学区分开来，那些他称之为U-过程。按照潘若斯的说法，R-过程的某个版本，在振幅相加的量子规则与几率相加的经典规则之间搭建桥梁，是必不可少的。

再强调一次，这是一个可怀疑的领域。情况是这样：决不意味着所有见识广博的物理学家们都认为需要R-过程；确实，现代的趋势（对这点，评论人是很有同感的）似乎是打算看一看我们是否可以只要U-过程就够了。虽然宣称这种途径最终胜利的时机还不成熟，但我相信，这将要求在量子理论形式中构造一幅理智观察者的可认知图像，以至于模型经验与我们作为一个真实观察者获得的主观经验可以相比——在某些有挑战性的战斗中，还没有任何决定性的失败。

关于这意味着什么，在某种程度上，可参考潘若斯尝试性的（说句公道话，是极模糊的）建议来作为说明。他声称，若量子力学包括进引力效应，则会以这样的一种方式定性地改变对宏观客体行为的预言，即经典概率的法则可以用于足够大的物体。好吧：那么K介子、中子、甚至光子的行为怎么处理呢？根据用干涉仪做的一些精密的实验我们知道，它们在穿过任何一段可以合理地认为是宏观距离后仍保持量子相干性。超导体又怎么样？它完美地将电流传导过“1英里污秽的导线”[卡塞米尔（Casimir）]；或者类似的超流液氦又如何？还有最近对介观系统研究完成的深奥而漂亮的工作，它们定量地探测了，对一些纯的、小的和冷的但一定是宏观的系统（包括千千万万个电子），典型的量子力学行为在逐渐变得更微妙——不像被破坏了或消失了——这又如何解释呢？

引力的量子理论充满着与其高能和短距离行为相关的困难，它们也许可能由超弦理论来解决，但也许不可能。但是爱因斯坦理论的低能和长波部分的量子化没有问题，作为第一步，潘若斯提出的那类效应就应当在这个理论框架内讨论。我本人的结论是，这些可预言的效应都极小，在其他不直接相关的情形下，可能会被一些更常见的效应所掩盖。在任何情况下，这个框架在图灵机的技术意义上完全是可以计算的，那么这对潘若斯来说是不够的，他想以某种方式引入一个不可计算的R-过程。

在潘若斯的综合体中，下一步是借助一个假设的不可计算的R-过程去解释被认为是不可计算的人类大脑的能力。关于这点我（像潘若斯一样）只能简短地说几句。从哈默洛夫（Hameroff）想法中得到部分灵感，潘若斯声称，在人类大脑中，微管起到了关键的信息处理作用，它们的行为基本上是量子力学方式的，这使它们能超越图灵机的限制。关于大脑信息处理已经有很多的了解，特别是视觉处理的早期阶段，但是据我所知，从未证明过这需要给微管分配一个重要角色。微管不是人类神经系统的特性，实际上它们在单细胞组织中是很普遍的。从表面上看，它们似乎在许多种细胞中是一些万能的结构单元。还有，生物行为的多样性和温度特性的状况似乎极不可能得益于宏观尺度上的量子相干性。那么对这种基于量子相干性和对人类知觉极为关键的微管神奇计算能力的推测，现在就显得太大胆了。至少，它们似乎会吸引将来的实验探索。

作为总结，从形式逻辑和哲学来说，我认为潘若斯关于人类进行着不可计算的操作的论点是完全错误的；他关于量子理论是不完善的论证是没有说服力的，他所建议的补救办法似乎是不合情理的；他关于对微管功能基本上的经典描述一定失败的结论，至少可以说是不成熟的；他在这个话题上的讨论和关于神经生物学的一般讨论，没有公平对待重要的具有相关经验知识的整体；还有他的议论总体结构是非常脆弱的，没有任何具体的非平庸的实验事实可以依托。也许不是从那些伟大的唯理主义形而上学哲学家——笛卡儿、莱布尼茨、斯宾诺莎的全盛时期，就已经有了类似的作为。虽然本书确实有几段很精彩，并且这个不同凡响的作者在他的信念方面也是真诚的，在结束时，还是得同意弗朗西斯·柯瑞克（Francis Crik）的看法，他（在对《皇帝的新头脑》一书的评论中）写道：“如果他的主要想法被证明是真的话，那将是太了不起了。”

26 暴胀宇宙

关于阿兰·古斯著的《暴胀宇宙：探求宇宙起源的新理论》的评论（Addison-Wesley，1997）

暴胀宇宙方案假定，在宇宙甚早期历史的某个时刻经历了一个非常快的膨胀阶段（超光速的）。从现代大爆炸宇宙理论奠定基础的20世纪60年代初以来，暴胀大概是在科学宇宙学中出现的唯一最重要的构想。它有可能解释一些观测到的宇宙特性，而至今对它们还没有其他已知的解释，我们下面还要讨论这一点。关于为什么能发生暴胀的最好想法，来源于现代粒子物理学中一些奇特的但已经确立的概念。确实，暴胀过程能被粒子物理模型所预言的一种相变所触发，这类相变是发生在极端温度和极端密度条件下，诸如距大爆炸很近的时刻所发生的那些情况。

关于暴胀宇宙构想智慧的起源，可以追溯到一个确定的日期和作者，它有着现代科学中不寻常的精确性。1979年12月6日，我们正在评论的这本书的作者古斯认识到，他正在为别的目的而分析的粒子物理模型在合理的假定下可以触发一段暴胀时期。同样重要的是，他认识到这样一段时期的出现可以回答许多主要的宇宙之谜。在这之前曾有过一些不完整的设想，后来又加进来许多改进和应用，但是很明显，古斯的贡献是最关键的。何况他还是一位文体明晰和勤勉的作者。因此，他是把这个科学话题讲给一般公众的最合适人选。

在该书的正文中没有任何方程，但是用了很多定量的论证和图解等。换言之，该书对那些不熟悉数学和自然科学的人是相当有挑战性的，但对一般读者来说是可以理解的。它的确是一本益智的和可靠的书，它认真地处理诸如对称性自发破缺、黑体辐射和渗流等困难的概念，遇到这种情况时，它就慢下来像讲故事一样地叙述。本书末尾的附录中，还有一个有帮助的词汇表和一些更专业性的材料。对一位同行“专家”来说，讲这些内容要冒一定的风险，但我认为作者非常了不起，他相当成功地以一种简单的但绝不是过分单纯化了的方式，生动地

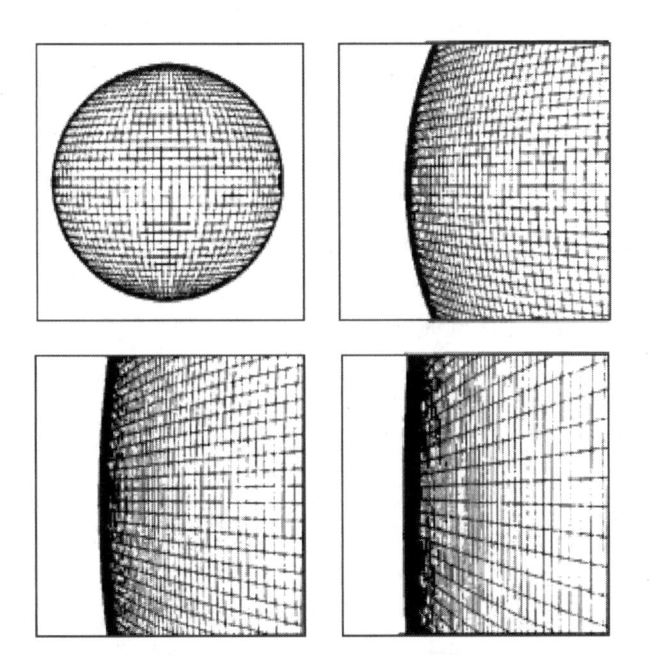

图4　用一系列暴胀球的透视图来演示平坦问题的暴胀解。在每个相继的方格中球被暴胀了三倍，网格线的数目也同样增加了三倍。在第四个框中已很难把图像与一平面的像区分开来。在宇宙学中平直的几何对应一个 Ω 为1的宇宙（Ω 定义为宇宙实际的质量密度与临界质量密度的比值）。因此，当暴胀驱使宇宙的几何变为平直，Ω 值相应地趋于1（取自《暴胀宇宙》）

阐述了这些对他的故事极为重要的深奥的概念。

《暴胀宇宙》自然地分为三个部分。第一部分几乎构成了本书的一半内容，为全书打下了一个很好的基础。在简短而且有选择的两章之后（其实这两章似乎在别的什么地方也能找到），我们就进入了对标准大爆炸宇宙学非常漂亮的讨论以及虽然简短，但是经过深思熟虑且条理分明的对粒子物理相关部分的介绍之中。在正文中的材料是以讲述发现它的故事（看做发现的历史）的方式给出的，这部分不可避免地过分简化了，但让人读起来总是非常有味道。

这一部分内容平稳地进入了该书的核心，用作者本人的感受告诉你，他如何发现了暴胀宇宙的图像，如何与其他人一起改进和应用它。特别有趣的是，他详尽地介绍了他的实际推理途径，它是从他与亨利·戴（Henry Tye）试图把粒子物理的大统一模型（以及它们关于产生磁单极的特别预言）和大爆炸宇宙学协调起来的工作中发展而来的。古斯的工作还深受早期由已故的罗伯特·狄克（Robert Dicke）组织的充满想象力的研讨班的影响。这个故事被“如实”介绍，毫不隐讳地描述他早期的错误概念和竞争压力的影响。古斯还提到微波背景各向异性测量最近的戏剧性进展，这些测量在未来的几年中会对甚早期宇宙学包括暴胀做出更加有意义的检验，但我认为这一段有点过于概略了。

最后，在该书的最后50页左右，主要涉及一些比较推测性的话题部分，调子明显地变了。这些话题与已确立物理定律的联系空泛得多，与现实可以想得到的观测的关系也变得遥远了。虽然这些猜测是很清楚地标出来了，但是介绍它们时，行文的长度和风格掩盖了警示。也许更好地做法是，转而更深刻地详述同样让人着迷却现实得多的前景：从对微波太空更好的测绘而对早期宇宙有更多了解，如何发现构成宇宙大部分重量的难以捉摸的“暗物质”。

在这个杂志里，对作为一个科学理论的暴胀理论现状说几句话似乎特别合适。在它最简单的形式中，这个构想立刻解释了最有冲击性和从广义相对论观点看关于今天宇宙让人最不解的事实，那就是它的空间几何近似是欧几里得的：宇宙是“平直”的。正如狄克所强调的，这个事实非常奇怪，因为对于平直性的偏离趋向随时间推移而增长，而我们的宇宙是够老的。由于膨胀是使一个弯曲的表面变平，一个剧烈暴胀阶段能解决狄克的疑问。与此相关，暴胀能解释可观测宇宙的均匀性——正如微波背景所证实的——在宇宙早期历史中它的均匀性精确到万分之几。但这个均匀性并不完美，正如最近的观测所揭示的：确实，早期宇宙必须包含一些种核，它们随后借助于引力的增长，形成银河系及其他大尺度的结构。通过追溯到（暴胀的）量子涨落，暴胀模型提供了一个非常有希望的方式来认识那些不均匀性。

另外，人们必须承认，迄今用暴胀机制来解释的现象总共没有几个，而且也不完全是特有的：宇宙的平直性一直是早期许多宇宙学家的有效假定，并且那些最简单的［标度不变或者哈里森－捷里多维奇（Harrison-Zeldovich）］非均匀性谱，暴胀模型倾向于作为一个一级近似给出，而它在以前就以同样的名字被假设过了。还有，现在存在能给出暴胀的粒子物理模型都只是隐含着与具体的世界模型相关，并且包含一些令人不安地“不自然”的性质，它们往往以不可解释的小参数形式存在。最让人不安的也许是推动暴胀的基本机制，即与空虚空间的能量密度相关联的负压强，或许与现代物理理论中最薄弱的一点，即宇宙常数问题紧密相关。简言之，这个问题如下所述。通过观察我们知道空间中没有多少物质，在宇宙今天的状态下，它们并没有多重。尽管听起来很奇怪，这个人人熟知的事实却让现代物理学家感到困惑，因为按照我们的理论，空无一物的空间是真的高度复杂和有结构的。无论如何，现在我们都还不懂为什么空的空间是这么轻。为了产生暴胀，我们必须相信早期宇宙是非常不一样的。所以挑战依然存在，它们导出和检验暴胀更具特色的后果，并使它更牢固地根植于物理理论之中。

所有这些仅仅是提请注意，正如古斯本人一再重复的，关于科学宇宙学的基础还存在着活跃的争论。不可否认，并且真的很了不起，越来越多的这些争论的话题，都是由古斯对已知物理规律大胆、但逻辑一致并十分可信的外推所引起的，这种外推产生了一个宇宙暴胀的新纪元。任何对这种思想或思想的历史感兴趣的人，都应该阅读此书。

27 我们的天空是由π构成的吗?

关于马丁·瑞斯《只有六个数：形成宇宙的深刻的力》(Weidenfeld & Nicolson，1999) 和迈克尔·罗万-鲁宾逊《宇宙的九个数》

(牛津大学出版社，1999) 的评论。

自毕达哥拉斯宣称“万物皆数”(图5) 以来，两千多年已经过去了。他的宣告是梦想还是对自然本质的揭露?在我评论的这两本书中，两位卓越的宇宙学家从不同的深刻视角，围绕这个问题编织了他们课题的通俗版。

图5 毕达哥拉斯相信“万物皆数”

过去一个世纪物理学和天文学的发展将毕达哥拉斯的这个观点带到了尖锐的争论焦点上。细致的观测确立了宇宙的均匀性和整个宇宙中物理规律的一致性 (普适性)。我们还有了一个经受了很好检验的，从一个很热、很密和极端均匀的位相——大爆炸演化的图像。我们可以用十分简单、漂亮和数学上精确的一个方程组——所谓的标准模型加上广义相对论，来把所有的物理规律整合到一起。

要完全确定宇宙学，至少需要原初涨落谱的振幅和斜率，一种或几种暗物质中的质量比、重子比例、哈勃 (Hubble) 常数以及宇宙项的数值。类似地，要完全确定标准模型(包括所有重的夸克和轻子)，需要许多逻辑上独立的参数。

这样，我们基本上还在应用的关于自然界的模型，虽然包含着完美并且强有力的毕达哥拉斯型内核，但当把它们充实得有血有肉时，看上去就很复杂而且不能让人满意了。此外，我们都很清楚，还有许多问题是我们不能期望从第一原理出发予以回答的。然而，开普勒尝试用理想的数学结构(一些正多面体）拟合行星轨道的比很合理，我们现在知道这些比例完全是一些意外的事实，是一个独特历史的一些偶然事件。

瑞斯的书名和导论让我期望看到的东西和书中其他部分所写的非常不同。我原来想发现可以庆贺毕达哥拉斯主义胜利的东西——一种关于怎样只用几个给定的数值（如6个）就能详细解释丰富多彩的物理现象，并在此过程中通过单纯计算完成一些很让人印象深刻的工程。然而，瑞斯给出了六个事例的研究，探讨了毕达哥拉斯的程序如何几乎走向灾难性的错误。瑞斯论证了，如果这六个确定的、精选出来的量中，任意一个是非常不同的话，我们的世界将是不可知的，而且智能生命几乎是不可能的。

两个例子可以让我们体会到这种议论的味道。中子和质子结合成He^4时的结合能为它们静质量的0.7%。按照现代基本粒子物理，这个数字来源于“上”（up)和“下”（down）夸克质量（相对于基本的量子色动力学标度）与精细结构常数间复杂的相互影响。从基本理论的观点，这个结合可以是间接的副产品，无须荒谬的假定，人们很容易想象另一个世界会存在，在那儿这个值可能会有点不一样。瑞斯还争论说，假如此值小到0.006（0.6%)，氘核就会束缚不成，从而除了氢不会有任何其他元素产生了；假如它大到0.008（0.8%)，星际演化会进行得如此之快和剧烈以至于我们所知的生命就不能演化了。

质子的引力强度对电力强度的比大约为10^{-36}。依照现代基本粒子物理相当不确定的外推，这个离奇的数字是由强耦合常数缓慢跑动的结果所引起的。假如这个数显著增大的话，作用在如行星的束缚系统的引力就会向内压的厉害得多，那时大的多细胞生物就会被它们的自身重量压垮（星球将演化得会更快)。假如它是明显地小的话，行星就不会在最先形成。

在证明这些例子的过程中，瑞斯一步一步地迈向更深的具有颠覆性的位置。他论证说，越来越难以让人相信，对智能生命的出现似乎必不可少的物理参数复杂的“精细调节”，是一种简单基本理论的唯一后果。他倾向于我们并非生活在一个宇宙，而是一个多元宇宙中，它包含了许多具有不同特性的区域（如不同的核束缚份额、引力强度或者时空维数)。在这个框架下，“精细调节”可以用人择原理来解释。它们本来就不需要发生，在大部分地方它们真的不出现，但在它们不出现的地方，周围没有人在看这种拙劣的修补工作!

20年前，多元宇宙的概念似乎还是远不可及的，但是现在有迹象表明这个概念已变成公认的聪明想法了。当然对多元宇宙最严厉的否定来自于观测事实，即对宇宙遥远区域广泛的天文学观测，揭示了物理规律基本的一致性而不是差异性。但是宇宙暴胀理论使下列提法成为可能，即我们现在观测到的那部分世界，可能只是整体的一小部分，是由初始时很微小的（因而是均匀的）一块暴胀成一个巨大的部分。并且研究超对称统一理论和弦/膜理论的高能物理学家们，发现他们自己在面对让人困惑的各种显然自洽的解时，没有什么能帮助在它们之间做出选择。难道每一个解都有它自己的领土吗？

如果这些构想是正确的，那么我们上面看到的那些偶然事件的不可简化因素会远远超过通常允许的范围。事实上，表面上似乎是“基本”的那些物理参数中有几个，是我们环境的特性。它们绝不能从基本理论中直接计算，除非在人择过程中选取非常复杂的迂回途径，因为它们是在很大的多元宇宙中我们所居住的世界所在位置的结果，而不是具有普适性的真理。

于是，瑞斯是反对毕达哥拉斯的。不管能否被他的主要论点所说服，读者都会发现，瑞斯的写得不长但很好的书很有趣，而且是有刺激性的智力冒险的。

迈克尔·罗万－鲁宾逊（Michael Rowan-Robinson）的书通过比较，提出了回到地球上来的宇宙学。在更深的层次上，他讨论了那些过去、现在和将来的关键观测，包括关于它们不确定性的一些经常发生并且很伤脑筋的提示，而且他写得简明扼要。在倒数第二章，他谈到他自己所研究的星爆银河（starburst-galaxy）现象。虽然不像其他材料那样重大，仍是有创见和个性化的补充。这两本书在很多方面是互补的，看这两本书，读者可以得到关于当代物理宇宙学激动人心的状态的一个非常美妙和全面的观点。

由于它们着重于介绍宇宙学那些粗放又模糊的前沿问题，这两本书中任何一本都没有对毕达哥拉斯的真正不平凡胜利是否接近终点做出判断。给定5个纯数——电子的质量、上夸克的质量、下夸克的质量、量子色动力学标度和精细结构常数，人们可以精确地解释所有的化学现象和通常物质的结构。如果再加上两个——牛顿引力常数和费米的弱耦合常数，则所有天文学和大部分宇宙学都可以纳入这个优美的知识圈了。只讲述这个伟大科学成功故事的一小部分，仍然需要找到密尔顿（Milton）［约翰·密尔顿（1608～1674），英国诗人，著名史诗《失乐园》的作者——译者注］。

八、伟大的时刻

获奖者经常被人们邀请为晚宴唱一首歌。这是一种危险的艺术形式，随时会陷入到自吹自擂和打赌中去。但更为隐蔽的危险是，一些陈词滥调以及怀旧之情会让人厌烦。如何避免这些问题呢？这儿是我给自己的忠告：不仅要回顾过去，而且要展望未来，把自我淹没到更大的背景之中，并且尽量保持简短。

“从概念到现实再到远见”是我在接受欧洲物理学会高能物理学奖时做的报告。它包含关于三条思路（还未完成）历史故事的简短叙述。第一条思路，“基本”常数的易变性，在“耦合的统一”中已描绘过。第二条思路，如果比较局限地看，是关于质子的深度结构：特别是，在最高的时空分辨率下，质子如何表现为像一滴带颜色的胶水的。当然，另外一些表观上非常不同的关于质子的图像通常用于化学、核物理甚至强子谱学。我想，质子的这个相册提供了一个关于重要哲学洞察力最让人印象深刻的例子，即当问及不同的问题时，不同的描述可以用到同一个事物上。假如我没有记住长话短说的命令，我可以从这里展开一场关于宗教世界观对科学世界观的讨论。但是我记起了这个命令，因而没有进行如此的讨论。第三条思路，从技术上说，应该处理极端条件下的QCD。但是在这儿我宁可撇开技术问题，而讨论一个我发现可以广泛应用并且极有用的原理。这儿我要介绍耶稣会会员的信条（Jesuit Credo）。我从耶稣会的詹姆斯·马雷（S. J. James Malley）那儿学到的，他是在作神学院学生时学到的。这个信条是：

请求宽恕比请求许可更能得到保佑。

“诺贝尔传记”也为它自己说了这句话。它也存在于我接受诺贝尔奖的演说中，这篇演说收录于诺贝尔基金的官方图书（Les Prix Nobel 2004）中。演讲的题目是：“渐近自由：从佯缪到范例。”在准备诺贝尔演讲时我经历了一个困难的时刻。这是一个可怕的任务，我不断改变如何切入主题的想法。当演讲日期不断逼近时，我收到了很客气但不断加强语气的要求，要我告诉他们演讲的题目。在这种压力下，我必须停止考虑那些大而不清楚的想法，而是寻找一些具体的词汇。事实证明，这样做非常有帮助，因为标题给演讲内容加上了一个自然和强制的结构。事实上，写作变成了乐趣。当马克·吐温（Mark Twain）写道：

> 科学是一个奇妙的东西。你能从那么小的一点事实中猜测出那么多的东西来。

他是有点嘲笑的意思。但有的时候这些猜测真就淘出了黄金！

《给学生们的忠告》是我在纽约科学成就学院峰会（Academy of Achievement Summit）上做的报告，在那里一些杰出人物聚集在一起，举行了长达一周的聚会并且激发了一群优秀的学生［罗德和马歇尔（Marshall）奖学金获得者以及类似的一些人］。尤基·贝拉（Yogi Berra）在被罗杰·班尼斯特（Roger Bannister）介绍之后（真的！），给了学生一个最深奥的忠告，加进了量子力学的多世界解释：

> 当你在路上见到一把叉子，捡起来。

这群顶尖的人物中许多是暧昧和吹牛的，但是作为一个不那么显眼的我，有着双重优越性，即非常有限制的时间和没有名望来支持，于是我讲了一个笑话和简短但真正有用的婚姻咨询。

28 从概念到现实再到远见

我来简略地浏览一下高能物理的三个前沿课题，说明我们现在想法中的一些重要部分是如何从这些前沿的早期探索演化来的。

破译强相互作用的奥秘是一个很大的事业，为了它，许多天才科学家竭尽了全力并做出了大量的贡献。尽管这个课题还远远没有结束，我今天下午[1]要讨论的戏剧性发展将把它们带到终点。我认为，基础是保险的。这一点是很明显的。QCD 作为基本理论已被普遍使用。它是一个了不起的理论，它完全地体现了艰深和完美的数学。特别是，QCD 以无与伦比的方式显示了相对论量子场论的威力，它能产生惊人的丰富现象（渐近自由、喷注、禁闭、质量代、共振态谱、手征对称性破缺、反常动力学……），这些现象与我们观测到的自然界的现实非常和谐一致。

格罗斯刚刚为你们描绘了那些事件和发现的旋风，正是它们导致我们提出了关于强相互作用这个理论，并且用一些具体的理由增强我们对这理论（而不是其他）的信心，还给出了对它严格的、定量的实验检验的建议。我不想重复那些细节，只想肯定戴维已经强调过的那些东西，即他和我真是很幸运，能够促进由科学家的国际大集体几十年艰辛努力的工作所支撑起来的大量技术和知识的积累，而这些工作很多都遭遇过挫折，得不到恰当的认可。作为这个集体的成员，我们应该为我们共有的成就自豪。

我得承认，退回到 1973 年，我还没开始预期实验和理论的进步会把我们的课题带到今天的水平。我那时希望，深度非弹性散射实验，也许还有正负电子湮没（总截面）的测量，可以做得更精确，也许可以精确到足以使人们通过细致的分析，能看到我们所预言的标度偏离迹象，然后逐步建立起检验 QCD 正确性的一种情况。当然，实际情况远远超过了这些期盼。我物理学生涯中的巨大欣喜时刻之一就是参加到这个过程中——有些像初为父母的感觉，未成型的概念以让人惊异的方式成熟为现实，然后造就新的远见卓识的时候。我想简要地和你分享这三个例子，在每个事例中你都会看到一点怀旧之情与对未来的憧憬混合在一起。

28.1 从跑动耦合常数到定量统一到超对称

规范理论耦合常数的跑动，特别是我们称之为渐近自由的奇特反屏蔽行为，最先是通过直接而没有特殊目标的计算确立的。[2,3]最初是用深度欧氏格林函数的重整化群方程和算符乘积展开中的威尔逊(Wilson)系数，通过一个很冗繁的形式去描写为数不多的几个物理过程。[4~7]不长时间之后，反屏蔽根据直观思考被理解了。此时，我们学会了更大胆地应用这个概念，并且取得了很大成功。夸克和胶子自由度直接在喷注的能量—动量流中得到确认。它们的基本耦合通过 LEP 上看到的三喷注过程图像得到非常清晰的显示。这些事例随不同能量而变化的概率，以人们所能要求的清晰和基本的方式，展示了耦合常数的跑动。

当然，这些跑动的计算立即扩展到了电弱相互作用（确实，我原始的兴趣很大程度地来自于这个角度）。这个概念在乔治（Georgi）、奎因和温伯格[8]的著名工作中得到了令人赞羡的应用。他们指出了如何通过耦合常数跑动概念的应用，使相互作用统一［派提（Pati）和萨拉姆[9]、乔治和格拉肖[10]］的梦想能够实现。人们可以具体地检验，那些观察到的互不相等的耦合常数，是否可能来自于一个单一耦合常数从超短距离到可达到距离的跑动。几年以后，狄莫波拉斯（Dimopoulos）、拉比（Raby）和我认识到（我很惊讶，这是最早的工作），当包括了作为物理上强有力扩展的低能超对称效应后，计算中得到的那些理论预言只需要经过相当小的修改。[11]在超对称的框架下，精确的实验和改进的计算支持了这些梦想和观点。

除非这是对基本自然界（mother nature）的残酷嘲弄，上述结果意味着，我们能期待在 LHC 上探索超对称和也许还有大统一的某些方面的许多乐趣。一个特别有诗意的可能性是除了规范耦合外，其他种类的参数也能通过从一个统一值的跑动得到。[12]人们广泛地推测，不同种类的规范微子（gaugino）、超夸克（squark）和超轻子（slepton）（是规范玻色子、夸克和轻子的超对称伴随粒子——译者注）的质量也可能以这种方式关联起来。

28.2 从暗动量到胶子化到希格斯粒子和暗物质

费恩曼曾用一个直观的核子模型解释了著名的 SLAC（斯坦福直线加速对撞机）深度非弹性散射实验结果，在这个模型中，假定一些类点粒子（部分子）是核子的组分，并且用粗糙的脉冲近似来处理它们的动力学，既忽略了相互作用又省去了量子干涉。[13]把部分子认定为夸克，并通过与夸克的最小耦合形式来构造弱流和电磁流，这个模型导致了许多成功预言[14]的产生。但是有一个很明显的失败，在快速运动的质子中，所有夸克所携带的动量加起来得不到质子的总动量，事实上它比总动量的一半还要小。

今天天文学的“暗物质”问题，让人回忆起旧的“暗动量”问题。在对深度非弹性散射的数学处理上，它们的相似性变成了一种奇异的精确了。在那个框架中，一个（失败的）求和规则表达了总能量—动量张量与夸克构成的能量—动量张量的相等。换一种说法，电弱流只看见夸克，引力子（引力场的量子——译者注）却看到更多！在参考文献［5，6］时，我们就认识到，包括 QCD 的带颜色的胶子就能使我们保持那些好的预言而摒弃坏的，这些胶子是电弱单态（即不参加电磁和弱相互作用——译者注）但确实带有能量—动量的。很明显胶子是质子的主要成分，尽管是“暗的”（更好的说法：看不见的）组分。

遵循威尔逊开创性的想法[15]，并且建立于柯瑞斯特（Christ）、哈斯拉彻（Hasslacher）和穆勒（Muller）[16]富有洞察力的艰苦工作的基础上，我们对深度非弹散射的分析又在另一个途径上超越了部分子模型。我们的方程预言，在高分辨率（大的 Q^2）时探测，一个有高能量的夸克似乎是由较低能量（较小的 x）的夸克、反夸克和胶子构成。然后，它们又依次分解成更多、但始终是软的成分（软是高能物理的专用术语，意为能量很低的，但到底多低并没有一个很确定的数量定义——译者注）。这种变化多端的形式在实验上是作为结构函数演化而看到的，它是深刻的量子场论特性。

这些演化效应提升了在质子中的胶合作用。我们中的一些人计算出，在小 x 区中，存在一个这些软东西的戏剧性堆集，特别是软的胶合物。[17]那么对于一个硬的流（间接的）或一个硬的引力子（理论上的）。总体看来，质子就像一团软胶。20 年之后，HERA（德国汉堡）漂亮的工作以让人印象深刻的细节肯定了这些预言。[18]

质子的非常软或称为“微”（wee）的组分，在费恩曼对衍射型散射的构想中起主要作用。[19]他的想法是，在衍射型散射中通过交换“微”部分子，质子波函数中不同多部分子组态间的相对相位被弄乱了，而能量—动量转移并不大。这些想法直观上是很诱人的，而且激发了一些成功的唯象学研究，但是据我所知，它们还没有牢固地扎根于 QCD。

对一些高能物理前沿课题来说，我希望更好的理解是胶子化的重要性，具体来说是希格斯粒子的产生和 WIMP 的寻找（WIMP 是指由弱相互作用的质量粒子构成的暗物质，这名字不是我起的)。最初，经典的希格斯粒子的耦合是与夸克的耦合，正比于夸克的质量。但是由于我们主要在核子中能找到的上（u）和下（d）夸克都是那么轻，它们与希格斯粒子的直接耦合压低得很厉害。而那些最重要的耦合是间接产生的，作为一种量子效应，通过虚的顶（top）夸克圈与两个胶子相联。[20]

我最早对这个希格斯—胶子顶点感兴趣，是由于它能导致希格斯衰变。乔治、格拉肖、马查赛克(Machacek)和纳诺波罗斯(Nanopoulos)[21]很快就认识到，它可以用到强子对撞机上，通过“胶子聚变”产生希格斯粒子。当然，这个过程完全依赖于质子中胶子含量，有望成为LHC上产生希格斯粒子的主要机制。精确计算产生率是非常重要的，这也包括了对胶子分布函数的合理估计，这使我们能解释将来观测到的产生率，并能检验这些基本顶点是否就是标准模型所预言的，尽管是通过一些错综复杂的方式。

物理的希格斯粒子衰变成两个很高能量的胶子。在它的衰变中我们会看到喷注。反过来，我们能用胶子结构函数和微扰QCD来计算在质子—质子碰撞中它的产生率。当考虑探测由低能超对称（SUSY）模型所提供的几种暗物质候选者时，我们意识到这是一个完全不同的领域。由于那些WIMP会很重并且很慢地运动（按粒子物理的标准)，在散射时它们动量转移很小。超对称大统一中的WIMP与物质的耦合依赖于那些几乎不受什么限制的模型细节，但是在许多现实中，物理过程是由交换虚的希格斯粒子所主导的。这里希格斯—胶子顶点基本上是在零能量—动量下引入的。希福曼（Shifman)、维因施坦（Vainshtein）和萨哈洛夫（Sakharov)[22]在一篇非常漂亮的工作中把相关的胶子算符与能量—动量张量的迹关联起来，而后者的矩阵元都是已知的。而同一个算符出现在旧的暗动量问题中，这样就将我们带回了原处。

在哲学上很深奥，但又完全是现代物理学具有的特性，甚至当你看一件像质子那样基本的、实实在在的东西时，你所看到的东西很大程度上依赖于你选择怎么去看它。低能电子只看到类点粒子，这是在旧的高中课本中描述的图像；硬的流看到的是夸克演化着的形态；引力子看到所有这些再加上许多胶子；“微”胶子却看到一些我们并不完全理解的复杂组分；实的希格斯粒子几乎是专门地看到胶子；而WIMP通过交换虚的希格斯粒子看到“质量的来源”（WIMP主要是与能量—动量张量耦合，这个张量的迹一方面以压倒优势来自无质量的带颜色胶子和近似无质量的夸克的贡献，另一方面等于核子的质量)。每一类探测都揭示了多姿多彩现实的不同方面。

28.3 从渐近简单性到夸克－胶子等离子体到夸克－强子连续性

我前面提到过，多年来我们如何学会了更大胆地应用渐近自由的概念。换一个角度，我们学会了一些降低我们标准的富有成果的方法。不去尝试直接从适用于弱耦合的第一原理来证明，我们通常满足于自洽性的检验。这就是说，我们试探性地假定，我们从夸克和胶子自由度开始对一些我们感兴趣的量进行微扰计算的方式是恰当的，然后检验这些计算是否有意义。[23]这种检验绝不是平庸的，这是由于 QCD 计算中总是包含一些无质量的带（色）荷粒子，这会导致无穷大的结果（红外发散）。因此，在我们发现没有红外发散的情形中，我们就能宣称得到一个完全合理的胜利，并且期望我们的计算很接近现实。这种战略上的妥协有利于大量概念成功地应用，描写喷注过程、遍举产生、碎裂、重夸克物理以及更多。

我们并不是永远被迫妥协。在一些重要的应用中，利用格点规范理论的技术直接把方程积分已经成为现实，包括低能能谱。但是作为渴望获得答案的物理学家，我们适当地把精确的数学严格作为一种令人想望的奢侈，而不是一种不可缺的需要。

这种松散哲学的一个特别有兴趣而且重要的应用是，从夸克和胶子开始建立对物质极端状态的自洽描述。[24]

高温、低重子数的区域对甚早期宇宙的宇宙学是基本的。它也是相对论重离子物理的一个重要的国际合作项目的研究课题。成为这个课题中心的是，一个从自由夸克和胶子出发的对高温物质的描写，随着温度升高会变得越来越精确。对状态方程而言，这可以通过整个理论的数字模拟看到。[25]在那些引进了几个创造性新技术了不起的计算之后，有控制的微扰计算（包括直到耦合常数的六阶项和一些无穷大的再求和）与数值结果相吻合。[26]由于微扰技术是更加灵活的，这个结果本身是一个里程碑式的成就，对于将来的发展也十分有意义。例如，它们可以用来计算实验能检测的黏滞性和能量损失。这样我们可以判断夸克－胶子等离子体的见解是否正确。

高重子数密度而且处于低温的情况，本质上也是很吸引人的，它可能对于描述超新星内部动力学及中子星深度内部的情况是很重要的。关于在高重子数密度时 QCD 的第一个基本结果是，它的一些关键的特性，包括如基态对称性及元激发的能量与荷，都不能从无相互作用夸克的费米球开始，作为一个好的近似来进行计算。微扰理论（对于几乎任何量）包含有红外发散。[24]

幸运地是，这种发散的主要来源是完全清楚的。它们是由于夸克对的凝聚在演化过程中不稳定而致，很像金属超导体中的库珀对。金属中超导现象是非常脆弱的，因为它必须克服相同电荷间起主导作用的库仑斥力，而色超导却非常坚实，因为在夸克间有一个基本的引力（在色与味的反三重态和自旋的单态中）。我们可以用 BCS 理论建立一个可以容纳这些夸克对的近似基态。在这个新基态附近，微扰论不再有红外发散。我们发现在渐近高密度时强相互作用物质可以用弱耦合，而不是非微扰方法来计算。

在过去的几年中，色超导已经变成极为活跃的领域，许多惊喜不断涌现。最惊人和漂亮的结果可能是色—味连锁（CFL）理论的出现，它是在渐近密度时现实世界（三种味）QCD 中[27]对称性破缺的一种新形式。局域颜色乘以手征味的 $SU(3)_C \times SU(3)_L \times SU(3)_R$ 对称性，破缺到对角的子群，一个剩余的整体 SU(3)。

色－味连锁是高密度下 QCD 的一个严格的、可计算的推论。它隐含了禁闭和手征对称性破缺。低能激发是那些夸克场产生的激发、胶子场产生的激发以及与手征对称破坏相关联的集体模式。由于 CFL 的排序把色和味混合起来，夸克组成了一个自旋为 1/2 的八重态（加上一个更重的单态），胶子组成一个矢量八重态，集体模式构成了在剩余 SU（3)下的赝标八重态。总体来说，在人们所计算的 CFL 相的致密强子物质的特性和人们对只有三种无质量夸克的世界中“核物质”所预期的那些特性之间，存在一种离奇的相似性。要是考虑电磁学 U(1) 中的耦合，对这种现象就会出现一种很好的看法。原始的色规范对称和原始的电磁规范对称都破缺了，但它们的一种组合却存留下来。这很像在标准电弱模型中出现过的，那时弱同位旋和超荷都是破缺的，但是某种组合存留下来（以提供电磁作用）。恰如在这种情况下，在 CFL + QED 中荷的谱也被修改了。人们发现夸克、胶子和赝标量粒子得到了整数的荷（以电子的荷为单位）。事实上，这些荷完全与相应强子的荷相匹配。

很难避免有人会猜想，当密度变化时，在不发生任何相变的情况下，这两种状态会连续地相互关联。[28]在这种改变发生时，“明显的”三夸克重子自由度会连续地演化成“明显的”单夸克自由度！这个灵巧的把戏是可能的，因为夸克对能从凝聚中借过来。

如果中子星的内核可以用 CFL 相来描写（这似乎十分合理），它将是部分地反射光的透明绝缘体——像钻石那样。然而 CFL 相的那种特别结果，似乎在不久的时间不会被观测到，但是我们正努力在可观测的中子星和超新星的性质中确定一些非直接信号。

不幸的是，目前计算 QCD 行为的数值方法在高密和低温条件下收敛非常慢。纵使利用最大的和最好的现代计算机，这种计算也是完全不现实的。发展对这类问题可用的算法是一个最重要的和公开的挑战。

还有其他一些故事，通过 QCD 和渐近自由把过去与将来连起来，这包括特别有兴趣和可能会很重要的关于轴子的课题。但是我要停在这儿了，再一次谢谢诸位。

参考文献

[1] Jaffe R, Wilczek F. hep-ph/0401187

[2] Gross D, Wilczek F. Phys Rev Lett, 1973, 30: 1343 ~ 1346

[3] Politzer H. Phys Rev Lett, 1973, 30: 1346 ~ 1349

[4] Gross D, Wilczek F. Phys Rev, 1973, D8: 3633 ~ 3652

[5] Gross D, Wilczek F. Phys Rev 1974, D9: 980 ~ 993

[6] Georgi H, Politzer H. Phys Rev, 1974, D9: 416 ~ 420

[7] Nielsen N. Am J Phys, 1981, 49: 1171; Hughes R Nucl Phys, 1981, B186: 376

[8] Georgi H, Quinn H, Weinberg S. Phys Rev Lett, 1974, 33: 451

[9] Pati J, Salam A. Phys Rev, 1973, D8: 1240

[10] Georgi H, Glashow S. Phys Rev Lett, 1974, 32: 438

[11] Dimopoulos S, Raby A, Wilczek F. Phys Rev, 1981, D24: 1681

[12] Reviewed in: S. Martin. hep-ph/9709356 (see especially his Ref. 75)

[13] Feynman R. In: Sudarshan E, Ne'eman Y, eds. The Past Decade in Particle Theory. 1970. 773

[14] Bjorken J, Paschos E. Phys Rev, 1969, 185: 1975

[15] Wilson K. Phys Rev, 1969, 179: 1499; Phys Rev, 1971, D3: 1818

[16] Christ N, Hasslacher B, Mueller A. Phys Rev, 1972, D6: 3543

[17] de Rujula A, Glashow S, Politzer H et al. Phys Rev, 1974, D10: 1649

[18] Reviewed in: G. Wolf. hep-ex/0105055

[19] Feynman R. Phys Rev Lett, 1969, 23: 1415

[20] Wilczek F. Phys Rev Lett, 1977, 39: 1304

[21] Georgi H, Glashow S, Machacek M, et al. Phys Rev Lett, 1978, 40: 692

[22] Shifman M, Vainshtein A, Zakharov V. Phys Lett, 1978, B78: 443

[23] Sterman G, Weinberg S. Phys Rev Lett, 1977, 39: 1436

[24] Reviewed by: Rajagopal K, Wilczek F. In: Shifman M, ed. Handbook of QCD. 2001. 2061

[25] Katz S. hep-lat/0310051, and references therein

[26] Schroder Y, Vuorinen A. hep-ph/0311323, and references therein

[27] Altord M, Rajagopal K, Wilczek F. Nucl Phys, 1999, B537: 443

[28] Schaefer T, Wilczek F. Phys Rev Lett, 1999, 82: 3956

29　诺贝尔传记

对我的科学生涯有最深刻影响的那些事件，比我第一次接触研究群体要早很多，真的，有些甚至是在我出生之前发生的。

我的祖父母在第一次世界大战后从欧洲移民到美国，那时他们还只有十几岁。我父亲一家来自波兰，而我母亲一家来自意大利，那不勒斯（Naples）附近。我祖父母到达时一无所有，也没有英语方面的任何知识。我的祖父和外祖父分别是铁匠和泥瓦匠。我的父母都于 1926 年生于长岛，并且一直生活在那。我 1951 年出生，在一个叫格兰橡树林（Glen Oakes）的地方长大，那是在皇后区的东北角，恰好刚刚在纽约市区界限之内。

我一直喜欢各种难题、游戏和猜谜。我的一些最早的记忆就是关于那些我曾“研究”过的问题，即使那时我还没上小学。当我对钱有些了解时，我花了大量时间尝试各种方案以复杂方式来来回回地交换不同种类的钱（如一分、五分和一角的硬币），希望发现一种方法可以预先得到结果。另一个计划是寻找几步就能算出大数字的方法。我自己发现了重复求幂和递归的简单形式。产生大数字让我感到自己很强大。

由于这些爱好，我觉得我注定要做某种智力性的工作。几个特殊的环境把我引到科学领域，并且最终到了理论物理。

我的父母孩童时期正是美国大萧条的年代，他们的家庭为生存而奋斗。这种经历决定了他们许多对事物的态度，特别是对我的期望。他们将大部分积蓄花在了教育及专门技能所能带来的安全上。当我在学校里表现很好时，他们非常高兴，于是鼓励我考虑做一名医生或工程师。我长大时，我父亲在做电子学方面的工作，经常要上夜校。我们小小的单元住宅中满是旧收音机、老式电视机和他正在学习的书。那正是冷战时期。空间探索是令人振奋的有前途的新领域，核战令人恐怖。这两者都经常出现在报纸、电视和电影中。在学校中我们有定期的空袭演习。所有这些给我留下了深刻的印象。我产生了那样的一种念头，即或许有一种神秘的知识，一旦掌握了它，它就会让我们的大脑以类似魔术的方式控制物质。

另一件形成我思维的事是宗教训练。我在一个罗马天主教家庭里长大。我热爱那种在存在的后面有一个伟大戏剧和巨大计划的想法。后来受到罗素著作的影响和自己对自然知识了解的不断增长，我对传统的宗教丧失了信仰。我后来探索的一大部分就是不断尝试重获一些我失去的目标和意义的感觉。我还在尝试着。

我进了皇后区的公立学校，并且很幸运的遇见了一些非常好的老师。由于这些学校都很大，它们可以支持特别和高等的班级。在马丁·范·布仁（Martin van Buren）高中，我们一群 30 人左右一起去过很多这样的班，我们互相支持也互相竞争。我们组半数以上都走上了科学或医生职业的成功之路。

带着很大但没有定向的雄心，我来到了芝加哥大学。我曾考虑大脑科学，但很快我就确定，这领域的核心问题还不能用数学处理，并且我对实验室的工作也缺乏耐心。我狼吞虎咽地阅读了许多学科的书，但是我最终选择了主攻数学，主要是因为这样做给了我最多的自由。在芝加哥的最后一个学期，我选了彼得·弗洛德（Peter Freund）教的群论和对称性在物理中应用的课程。他是一个非常热情和有感染力的教师，我感到一种本能的与教材的共鸣。我去了普林斯顿大学做数学系的研究生，但是还紧紧地盯着物理上在发生些什么。我逐渐知道，关于数学对称性的深刻思想在物理学前沿中出现。特别是，电弱相互作用的规范理论和威尔逊相变理论中的标度对称性。我开始和一位名为格罗斯的年轻教授讨论，于是我正式作为一个物理学家的生涯开始了。

我早期的研究工作中最伟大的事件是，帮助发现了强作用力的基本理论：QCD。这是下面讲演的话题。QCD 的方程是基于规范对称性原理，我们利用它们并使用（近似的）标度对称性取得了一些进展。我非常高兴地发现，我做学生时非常欣赏的想法，能用来建立基础物理一个重要部分的强大而且精确的理论。我继续以新的方式来应用这些想法，我确信，它们有伟大的将来。

我后来工作的一个方面是，把从“基础物理”得到的一些深刻的领悟和方法用到一些“应用”问题上，或反过来，但这部分没怎么在我的这个讲演中反映出来。我不敢确定，像分数量子数、嬗变量子统计、奇异的超流性或者在低雷诺数（Reynolds）中游泳的规范理论等，是否真的达到了应用物理阶段（还没有?），但是我确实从我在这些领域的发现中得到了很大的快乐。

对我来说，知识的统一是生存的理想和目标。就像我做学生的日子那样，我继续贪婪地阅读多种课题的书籍，并且思考它们。我希望将来能进一步扩展我写作和研究的视野。

上天赐给我妻子贝特希和两个女儿阿米蒂（Amity）、米拉（Mira），她们是我快乐和幸福永不衰竭的源泉。

这儿有几张照片。

贝特希（我遇到她时）

1977 年我在费米实验室讲演

我心目中的英雄费恩曼 1983 年在莫夫·戈德伯格（Murph Goldberger）的生日宴会上批评我。后面做“魔鬼之角”手势的是山姆·特瑞曼（Sam Traiman）

最后，这是 2001 年的家庭照片

30 渐近自由：从佯谬到成功的范例

30.1 一对佯谬

在理论物理中佯谬是好事。那是一种似乎矛盾而又可能正确的事务，因为一个佯谬看上去是一个矛盾，而矛盾就意味着严重的错误。但是自然界不会认可矛盾。当我们的物理理论导致了一个佯谬时，我们必须找到一种出路来解决它。佯谬集中了我们的注意，我们会更认真地去思考。

1972年，当格罗斯和我开始导致获得这个诺贝尔奖的工作[1~4]时，我们就是被这些佯谬所驱使的。在解决这些佯谬时，我们被引向发现一个新的动力学原理：渐近自由。这个原理又导致了一个扩展的基本粒子概念、一种关于物质如何获得质量的新理解、一个关于早期宇宙的清楚得多的新图像以及关于自然界的力统一的一些新观念。今天我愿与你们一起分享发现这种观念的故事。

30.1.1 佯谬1：夸克是生来自由的，但无论在哪儿它们都是在囚禁之中

第一个佯谬是唯象学的。

差不多在20世纪初，由于卢瑟福（Rutherford）、盖革（Greiger）和马斯登（Marsden）的开创性实验，物理学家们发现原子内绝大部分质量和所有的正电荷都集中在居于中心很小的原子核内。1932年，查德维克（Chadwick）发现了中子，它与质子一起被看成构成原子核的组分。但是已知的一些力，即引力和电磁力，却不足以把质子和中子紧紧地束缚成像观察到的原子核那样小的物体中去。物理学家面临着一种新的力，自然界中最强的力。认识这种新的力，就成为基础物理中最主要的挑战。

物理学家用了很多年去收集数据以应对这种挑战，基本上是把质子和中子撞击在一起，然后研究产生出什么来。然而，从这些研究中得到的结果很复杂也很难解释。

你会料想得到，如果粒子真的是基本的（即不可破坏的），那么射

出的粒子应该和你送进去的粒子一样，只是轨道改变而已。然而，对撞以后产生出来的往往是许多粒子。末态产物可能会包含若干个与初始粒子一样的粒子，或者一些完全不同的粒子。大量新粒子就是这样被发现的。虽然这些通常称为强子的粒子都是不稳定的，但在其他方面它们的行为和质子与中子的行为很像。因而这个课题的特征改变了。认为这个课题是简单地研究一个新的、能把质子和中子束缚成原子核力的想法就不再自然了。相反，一个充满各种现象的崭新世界展现在了我们面前。这个世界包含许多意料不到的新粒子，它们能以让人眼花缭乱的方式互相转换。反映这种观念的变化，相应的术语也要变化。代替核力，物理学家们说强相互作用。

20 世纪 60 年代初，莫瑞 · 盖尔曼（Marry Gell-Mann）和乔治 · 兹威格（George Zweig）通过提出夸克概念，大大地推进了强相互作用理论。如果你想象强子不是基本粒子，而是由其他几个更基本种类的粒子——夸克组合而成的，一些构型吻合得恰到好处。几十个观测到的强子至少是粗略地能理解为只是三种（“味”）夸克以不同方式组合在一起。你可以使给定的一组夸克处于不同的空间轨道，或者以不同的方式排列它们的自旋。这些组态的能量将依赖于这些选择，于是就应存在具有许多不同能量的态，而根据公式 $M=\frac{E}{c^2}$，会产生不同质量的粒子。这类似于我们理解原子激发态能谱的方式，那是由于电子的不同轨道和自旋的取向而产生的（但是对于原子中的电子来说，相互作用能量相对地小，因而这个能量对原子总质量的效应是不重要的）。

然而，使用夸克为现实世界构建模型的规则，似乎非常不可思议。通常人们设想，当夸克紧密地靠在一起时，它们几乎觉察不到彼此，但是，如果你企图把一个夸克分离出来，你就会发现那是不可能做到的。人们曾经想了许多办法，想得到单独的夸克，但都以失败告终。只有夸克和反夸克的束缚态——介子或者三个夸克的束缚态——重子被观测到了。这个实验规律被提升为“禁闭原理”。但是，给它起了这样一个威严的名字，却没有使它减少些离奇古怪的感觉。

夸克还有其他一些特别的地方。夸克被假定具有以质子和电子所携带电荷的大小取为基本单位的分数值（2/3 或 1/3）的电荷。已知的所有其他观测到的电荷，都以极大的精度为这个单位电荷的整数倍。此外，全同夸克似乎并不遵守量子统计的通常规则。这些规则要求，作为自旋为 1/2 粒子的夸克，应当是费米子，用反对称的波函数描写。但已观察到的重子组态不能用反对称波函数来理解：它要求对称的波函数。

当弗里德曼、肯德尔、泰勒与他们的合作者一起在斯坦福直线加速器（SLAC）上用高能光子打到质子内部时，围绕夸克的一系列古怪和奇特的迷雾，变得越来越浓，成为一个佯谬。[5]他们发现，在质子内部的确有一些看上去像是夸克的实体存在。但让人惊奇的是，他们发现当夸克被撞击很厉害时，似乎像是自由粒子一样运动（更确切地说，是传输能量和动量）。在这个实验之前，大部分物理学家猜测，不论什么东西导致了夸克的强相互作用，它也将导致夸克大量地辐射能量，从而当它们在急剧加速时也要很快地耗散它们的运动。

在具有一定复杂性的层次上，辐射与力的相关性似乎是不可避免的，也是很深奥的。确实，力与辐射的关联是与物理学史上某些光辉篇章不可分的。1864 年，麦克斯韦预言了电磁辐射的存在——它包括但又不局限于普通的光——是他关于电力与磁力自洽而内容广泛的方程组推论。随后，在 1883 年，麦克斯韦的新辐射真的被赫兹产生出来并检测到了（并且在整个 20 世纪，这方面的发展使我们处理物质以及相互间通信的方式发生了革命性的变化）。又过了很多年，1935 年，汤川（Yukawa）在对核力分析的基础上预言 π 介子的存在，随后，20 世纪 40 年代晚期，π 介子被发现了。而且，利用这些想法的推广，许多其他强子的存在被成功地预言（对于专家们，我记得，许多共振态都是先在分波分析中看到，然后在它们的产生中观测到的）。在更近的年代，W 和 Z 玻色子及带色胶子的存在及其特性，在实验上发现它们之前就从理论上推断出来了。这些发现发生在 1972 年，还是在我们之前，但回想一下，它们还是起到了确认我们的关注有价值的作用。强作用应该与强辐射相联系。当自然界最强的相互作用，即强相互作用不遵从这个法则时，它就造成了一个尖锐的佯谬。

30.1.2 佯谬 2：狭义相对论和量子力学两者都成立

第二个佯谬是更为概念性的。量子力学和狭义相对论是 20 世纪物理学中两个伟大的理论。两者都是非常成功的。但是这两个理论是基于完全不同的观念的，它们很不容易协调起来。特别是，狭义相对论将时间和空间平等对待，但量子力学却对它们有不同的处理。这导致了一种颇具想象力的紧张关系，而它们的解决产生了三个以前的诺贝尔奖（我们的是另一个）。

其中，第一个诺贝尔奖是 1933 年给狄拉克的。想象一个粒子以非常接近光速的平均速度运动，但位置不确定，后者是量子力学所要求的。很显然有一定的概率，观测到这个粒子比平均速度略快地运动，也就是说它的速度会比光速稍大一点，而这是狭义相对论所不能容许的。解决这个矛盾唯一已知的方式是，引入关于反粒子的想法。简言之，通过允许这样的一种可能性，即测量过程可能会导致几个粒子的产生，而它们每一个都与原来粒子不可区分，却具有不同位置，那时对位置不确定性的要求就会被容纳进来。为了保持守恒量子数的平衡，这些额外粒子一定会有一个相等数目的反粒子伴随出现（狄拉克是通过对他发明的完美相对论性波动方程的一系列独创性解释和再解释，导致了反粒子存在的预言，而不是根据我在这儿讲的启发式推理。他结论的不可避免性和一般性以及它们与量子力学和狭义相对论基本原理的直接关系，只有在回顾历史时才变得清晰）。

第二、三个诺贝尔奖分别给了费恩曼、施温格（J. Schwinger）、朝永振一郎（S-I. Tomonaga）(1965)，杰拉德·特霍夫特（Gerard't Hooft）、韦特曼（M. Veltman）(1999)。这些作者以这样或那样的方式讨论的主要问题是紫外发散问题。

当考虑狭义相对论时，量子理论必须允许在一个很短时间间隔中能量的涨落。这是对动量与位置互补性的推广，而这种互补性对普通的非相对论性量子力学来说是基本的。不太严谨地说，能量可以被借用来产生瞬时消失的那些虚粒子，包括粒子－反粒子对。每一对在它们产生之后很快就又消失了，但是新的粒子对不断涌出，从而建立一种平衡分布。这样（表观上）虚空空间的波函数就变成了虚粒子密集的状态，并且空的空间就成了一个动力学介质。

非常高能量的虚粒子构成了特殊的问题。如果你计算实粒子的特性以及它们的相互作用如何被与虚粒子的相互作用所改变的话，你往往会得到发散的结果，这是由于一些非常高能量虚粒子的贡献。

这个问题是最先触发量子理论问题的直接延续，也就是普朗克（Planck）所面对的黑体辐射“紫外灾难”。那里的问题在于，电磁场的高能模式在这样一种程度上被经典地预言作为热涨落而发生，即任意有限温度下的热平衡要求这些模式有无穷大的能量。这个困难来自于那些小振幅的涨落随着时间和空间剧烈变化的可能性。量子理论引入的分立单元消除了非常小振幅涨落的可能性，这是因为它在它们的大小上强加了一个下限。那些留下的（相对的）大振幅涨落在热平衡下很稀少，因而不会造成麻烦。但是量子涨落要比在激发高能电磁模式时的热涨落有效得多，它是以虚粒子的形式出现的，因而那些模式又回来骚扰我们了。例如，它们对虚空空间的能量有发散的贡献，我们通常称之为零点能。

为了处理这类问题，重整化理论被发展起来。重整化理论所用到的核心观点是，尽管高能虚粒子的相互作用要产生发散修正，但都是以非常规整的方式出现的。也就是说，同样地修正在很多不同物理过程的计算中反复地出现。例如，在量子电动力学（QED）中只出现两个独立的发散表达式，一个出现在我们计算对电子质量的修正时，另一个出现在我们计算对电子电荷的修正时。要使得这个计算在数学上有严格确定的定义，我们必须人为地排除掉那些高能模式或者抑制它们的相互作用，这种手续称做利用一种截断或者正规化。在最后结果中，我们要去掉这个截断，但在中间阶段我们必须留着它，以得到严格定义的（有限的）数学表达式。如果能从实验中提取电子的质量和电荷，我们就可以把包含潜在发散修正的这些量的表达式与测量值对应起来。进行这种对应，我们就能去掉截断。我们就可以利用测量到的质量和电荷，获得QED中我们感兴趣的任何东西的有明确意义的结果。

费恩曼、施温格和朝永发展了一种技术，利用它能正确地写出在QED中与任何有限数目的虚粒子相互作用而引起的修正，并且展示了在一些最简单的情况下重整化理论的成功（在用词上我有一点不够准确：不说一定数量的虚粒子，而说在费恩曼图中内圈的数量会更恰当）。弗里曼·戴森（Freeman Dyson）提供了一个一般性的证明。这是一个复杂的工作，它要求有新的数学技术。霍夫特和韦特曼证明了，重整化理论可以应用到更广泛的理论中，包括被格拉肖、萨拉姆和温伯格用来构造电弱相互作用标准模型的自发破缺规范理论。再重复一次，这是非常复杂和有着高度创新性的工作。

然而这项了不起的工作还是没有消除所有的困难。朗道（Landau）曾提出一个非常深奥的问题。[6]他主张，只要存在任何未被抵消的影响，虚粒子就趋向在实粒子周围聚集，这被称为屏蔽。唯一使这种屏蔽过程终止的方式是，源加上它的虚粒子一起阻止额外的虚粒子再加入。而那时作为最终结果，不会有任何未被抵消的影响存留下来——于是也就没有了相互作用。

这样一来，按照朗道的说法，QED和更一般的场论中所有了不起的工作都仅代表一种临时的处置。你可以得到任何具体数目虚粒子之效应的有限结果，但当你把所有的东西都加起来时，也就是允许任意虚粒子数都有一定的可能性出现。你会得到无意义的结果——要么是无穷大，要么完全没有相互作用。

朗道和他的学派用许多不同量子场论的计算，来支持这个直觉。他们证明了，在他们计算的所有情况下屏蔽事实上都发生了，而且任何企图通过把越来越多虚粒子贡献加起来以得到一个完整的和自洽的计算都注定要失败。在QED或电弱理论中，我们能把这问题掩盖起来，因为只包括很少几个虚粒子贡献而得到的结果，就能非常好地符合实验，从而我们也乐得停在那儿了。但是对于强相互作用，那样的实用方式看上去就非常有问题了。这是因为，当这些虚粒子相互作用很强的时候，没有任何理由期望不是很多虚粒子都有贡献。

朗道认为，他破坏了量子场论作为使量子力学与狭义相对论相协调的途径，就不得不付出一些代价。要么量子力学要么狭义相对论，最终一定是不对的，或者需要发明根本上超越量子场论的新方法来协调它们。朗道并没有因为这个结论而不高兴，因为尽管做了很大努力，事实上量子场论对理解强相互作用是没有多大帮助的。但不论是朗道，还是别的什么人，都没有找到一个有用的替代理论。

这样一来，我们就有一个佯谬，把量子力学与狭义相对论结合起来似乎必定导致量子场论。但是尽管有很多实质性的成功，量子场论必定会因为这种灾难性的屏蔽而逻辑性地自我毁灭。

30.2 佯谬消失了：反屏蔽，或渐近自由

这些佯谬被我们关于渐近自由的发现解决了。

我们发现某些非常特别的量子场论实际上具有反屏蔽。我们称这种特性为渐近自由，之所以如此，原因下面就会清楚了。在描述这个理论的细节前，我想先用一种比较粗糙但有普遍性的方式，指出反屏蔽现象怎么能让我们解决这些佯谬。

反屏蔽把朗道的问题翻了过来。在屏蔽的情况下，一个产生影响的源——我们称之为荷，但是要理解成它能表示完全不同于电荷的东西——诱发了一个虚粒子抵消云。从一个位于中心的大荷出发，我们在比较远的地方得到小的观测影响（指屏蔽效应）。反屏蔽或者说渐近自由，却意味着，反过来，一个本质上小的荷可以催化出能够提高荷影响力的虚粒子云。我将把这个图像想象成一朵当你离开源头往远处走时越变越厚的雷雨云。

由于这些虚粒子本身带荷，这种增长是一个自我增强摆脱控制的过程。这情况似乎是要失控的。特别是，要形成雷雨云就需要能量，而且这些所需的能量预示着发散到无穷大的危险。如果是这么回事，那么这个源就永远不可能最先被产生出来。我们发现了一个避免朗道疾病的途径——把病人赶出去！

在这点上我们第一个佯谬，夸克禁闭，可以说做了一件理论上需要做的事。它暗示事实上存在着一些不能单独存在的源——特别是那些夸克。然而，大自然教给我们，这些禁闭的粒子起着构造物质基本组分的作用。如果在一个源粒子附近，我们有它的反粒子（如夸克和反夸克），那么反屏蔽的灾难性增长就不再是不可避免的。在它们交迭的地方，源的云能被反源的反云所抵消。束缚在一起的夸克和反夸克具有有

限的能量，虽然在孤立状态下它们中的任何一个都会引起无穷大的扰动。

由于它是与细致的、定量的实验紧密地联系起来的，我们要讨论的尖锐问题是，当弗里德曼、肯德尔和泰勒把夸克剧烈加速时，期望见到的那种辐射却奇怪地没有发生。但这也可以从反屏蔽的物理中找到解释。按照这个机制，当靠近去观察时，夸克的色荷是小的。但它会在大距离处通过聚集一个不断增长的云来得到产生强相互作用的能力。由于它内在的色荷能力是小的，这个夸克实际上是很松散地附在它的云上的。我们能把它从它的云上用力拉开一个很短的瞬间，这时它好像就不具有色荷且不参加强相互作用。当那些空间里的虚粒子回应这个改变了的情况，它们重建了与夸克一起运动的新云，但是这个过程并不包括较明显的能量和动量辐射。按照我们的经验，这正是为什么我们能解释SLAC 实验最引人注目的部分——遍举截面，它只保留总体能量－动量流的踪迹——仿佛夸克都是自由粒子，虽然事实上它们是强相互作用着并且最终被禁闭在强子内。

这样，我们的两个佯谬都严丝合缝地通过反屏蔽得到了解决。

我们发现的显示渐近自由的理论被称为非阿贝尔规范理论，或者杨－米尔斯（Yang-Mills）理论。[7] 它们构成了电动力学根本性的推广。它们假定存在几种不同的荷，这些荷之间具有完整的对称性。因此，我们不是有一个统一的量——“荷”，而是有了几种“色”。同样，原来一个光子被一族色胶子所取代。

色胶子本身带有色荷。在这方面非阿贝尔理论不同于电动力学，在那里，光子是电中性的。这样一来，在非阿贝尔理论中，胶子在这些理论的动力学中起的作用，远比光子在电动力学中所起到的作用重要得多。确实，正是这种虚胶子的效应产生了反屏蔽，这在 QED 中是不会发生的。

很早，我们就已经弄清楚了，一个特殊的渐近自由理论是唯一适合作为提供强相互作用理论的候选者的。在唯象学的基础方面，我们想要容纳由三个夸克构成重子以及由夸克和反夸克构成介子的可能性，按照前面的讨论，这要求三个不同夸克的色荷在你把它们加在一起时能互相抵消。如果三种颜色穷尽了所有的可能性，那么这种抵消就能实现。这样我们就得到了具有三种颜色和八种胶子的 SU(3) 规范群。公平地说，在一些年之前，几位物理学家就曾从不同的角度出发建议存在夸克取三个值的内部颜色指标。[8] 并不需要一个想象力的大跳跃，我们就可以理解如何让这些想法去适应我们的严格要求。

利用量子场论精巧的技术方法（包括重整化群、算符乘积展开和适当的色散关系），我们能够更具体和更定量地认识我们理论的含义，远比我在这儿随便的、形象化的描述强得多。特别是强相互作用不是仅仅突然地消失，而是当被撞击时存在着夸克辐射能量的非零概率。只不过当所涉及的能量趋于无穷大时，辐射的概率是渐近地趋于零。我们能非常详细地计算在有限能量时辐射的可观测效应，并且基于这些计算对实验测量做出预言。在当时以及几年之后，数据都不够精确，不足以检验这些特殊的预言，但是到了20世纪70年代，它们开始变好了，而到了现在简直是非常漂亮了。

我们关于渐近自由的发现以及它在量子场论中根本性地独特实现，导致了我们对强相互作用问题新观念的产生。代替表征早期工作广泛的研究计划和不完整的理解，现在我们有了一个单独的特殊候选理论——这是一个能被检验，并且也许会被篡改，但绝不可能是捏造出来的理论。即使是现在，当我重读我们的宣告时[3]，我也这样认为。

> 最后让我们回顾一下，如果按照应有价值来看待SLAC的结果及对量子场论的重整化群方法时，我们提出的理论似乎是被自然界唯一挑选出来的理论。

我再一次感受了当时喜悦和焦虑交织在一起的那种状况。

30.3 四个范例

曾驱使我们前进的、消除佯谬的努力，导致了几个未曾预料到的分支方向，它们远远地延伸到了最初的范围之外。

30.3.1 范例1 关于夸克和胶子不容置疑的真实性

为了符合事实，你不得不认为夸克具有几个异乎寻常的特性——佯谬性的动力学、奇特的荷以及反常的统计规律。1972年，它们的“真实性”还是非常成问题的。这种怀疑无视它们有助于把强子纳入一定规律性的事实，甚至弗里德曼、肯德尔和泰勒还曾经“观测”到了它们！当然这件实验事实不会跑掉，但是它们最终的含义还是可怀疑的。夸克是具有简单特性的基本粒子，可以被用来表达一个深奥的理论，还是只是一个古怪的中间手段，需要被更深层次的概念来代替呢？

现在我们知道这个故事怎么结束了，它需要进行想象，来设想它可能会如何不一样。但是自然界，就像理论物理学家那样，是会想象的，因而想象出另一种历史并不是不可能的。例如，分数量子霍尔效应的准粒子（quasiparticle），它们不是基本粒子，而是作为包含多个普通电子的集体激发而出现的，它们也不能单独存在，并且带有分数荷和反常统计规律！相关的事情还发生在斯克姆（Skyrme）模型上，在这个模型中核子作为 π 介子的集体激发而出现。人们可以想象夸克也许会遵从一种类似的模式，它可以作为强子的、或者是更为基本的前子（Preon）的、或弦的集体激发而出现。

与我上面提到的关于强相互作用问题的新观点一起，产生了对夸克和胶子的新认识。这些词汇已不再仅仅是附在经验模式上或附在粗糙唯象模型中抽象的基本组元上的名字。夸克及（特别是）胶子已经成为理想的简单实体，它们的特性完全被数学上精确的算法所确定。你甚至可以看见它们！这有一幅图像，我现在就来解释它（图6）。

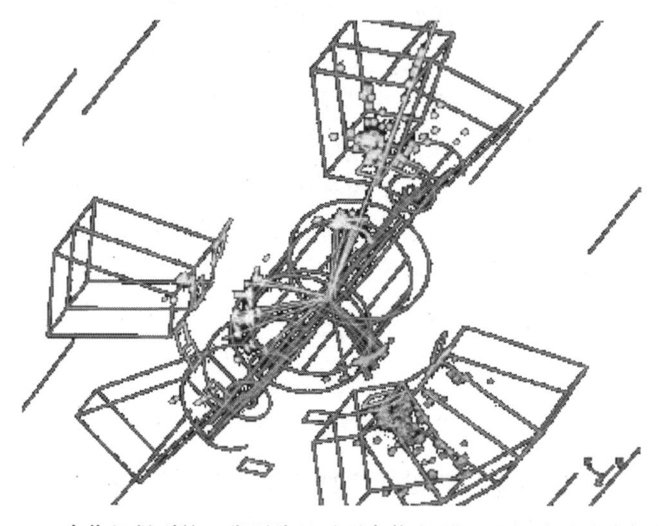

图6　L3 合作组得到的一张照片显示了高能电子－正电子湮灭时产生的 3 喷注事例[9]。那些喷注是夸克、反夸克和胶子的物化结果

对实验物理来说，渐近自由是一个伟大的恩赐，因为它导致了美丽的喷注现象。正如我前面指出的，围绕夸克神秘氛围的重要部分，来自于它们不能互相分离开的事实。但是如果我们换一下着眼点，跟踪能量－动量流而不是单个的强子，那时夸克和胶子就会进入我们的视线，我现在就来解释。

体现了渐近自由本质的两种不同种类辐射之间，存在着明显的对比。能够明显地使能量－动量流重新取向的硬辐射是很稀少的。但是软辐射能在不偏离总流的方向上产生出一些沿同一方向运动的附加粒子，是很常见的。确实，软辐射是与我前面讨论的云的建立相关的，它们可能随时发生。让我们考虑一下这对实验意味着什么。具体来说，是对那些于 20 世纪 90 年代在 CERN 的 LEP 上完成的实验和正在考虑的将来国际直线对撞机（ILC）上要做的实验意味着什么。在这些设备上，人们研究高能碰撞的正负电子湮灭后，能产生出什么来。按人们已经清楚了解的属于 QED 或者电弱相相互作用的过程，正负电子是通过一个虚光子或 Z 玻色子湮没到夸克和反夸克的。能量-动量守恒要求夸克和反夸克朝相反的方向高速运动。如果不存在硬辐射，软辐射的效应要将夸克转化成在同一方向运动的强子喷洒出去：一个喷注。同样地，反夸克成为沿相反方向运动的喷注。这时观测的结果将是一个二喷注事例。偶尔（在 LEP 大约 10% 的时间）会有硬辐射，夸克（或反夸克）在一个完全不同的新方向上放出一个胶子。从基于相同逻辑得到的观点出发，我们会有如图 6 所示的三喷注事例。图 7 描述了作为基础的时空过程理论，并且大约有 1% 的时间可以出现四喷注事例……不同数目喷注出现的相对概率、它们如何随着总能量变化、喷注出现的不同角度的相对发生率以及在每个喷注中的总能量——所有这些“天线模式”的细节都可以定量预言。这些预言非常直接地反应了夸克和胶子间的基本耦合，而这些耦合确定了 QCD。

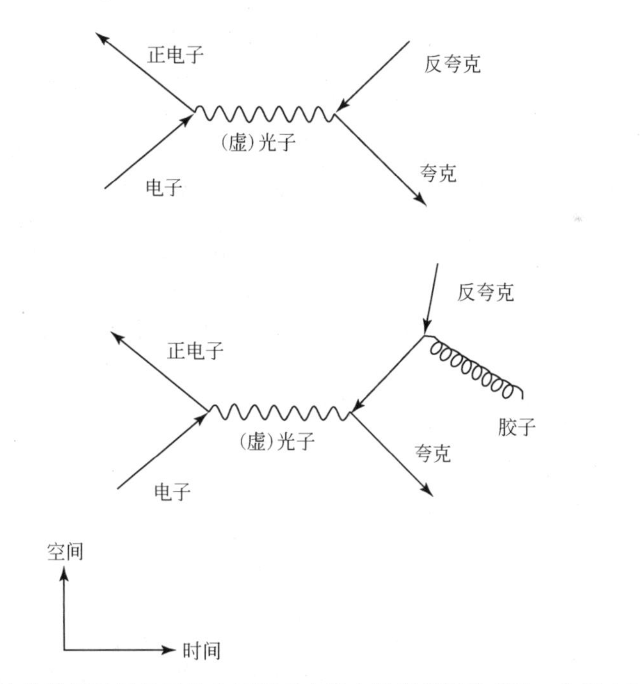

图 7　这些费恩曼图是正负电子湮灭中基本过程的图像表示，它们在时空中发生，显示了两喷注和三喷注事例的起源

这些预言和极为广泛的实验测量符合得很好。因而我们可以非常确定地得出结论：QCD 是正确的，而我们在图 6 看到的是一个夸克、一个反夸克和一个胶子——由于我们的预言是统计的，我们不能确定地说

谁是哪一个！

由于反映夸克和胶子基本相互作用的硬辐射过程控制了高能过程的总能量－动量流，我们根据这个想法可以分析和预言许多不同种类的实验。在大部分这些应用中，包括最初的对深度非弹性散射实验的应用，把硬辐射和软辐射分开这种必不可少的分析，比在正负电子湮灭的情形下要复杂得多，并且更难想象。许多创造性的工作已经讨论了这个所谓的微扰 QCD 课题，并且还在继续做。结果非常成功和令人满意。图 8 展示了这成功的一面。用不同能量做的许多不同类型的实验都被 QCD 预言很好地描述了，每一个预言都利用了一个相关的参数，即总的耦合强度。这不仅是包含成百上千独立测量的每个实验都必须自洽地符合，而且人们能检验这些耦合的数值是否以我们预言的方式随能标变化。如你所见，它确实是这样的。我一直以喜悦的心情关注着这个理论的进展，对它的成功让人印象最深刻的赞美是，同样的一件事（指 QCD 计算）过去被称为检验 QCD 而如今被称为计算 QCD 本底。

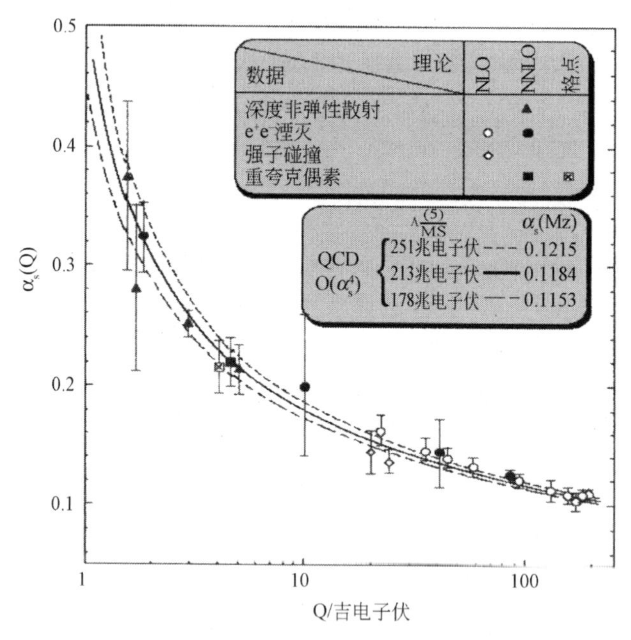

图 8 在不同能量下做的许多很不同的实验都被成功地用 QCD 分析。每个实验大量的数据都适合于单一参量，即强耦合系数 α_s。通过与他们报告的数值相比较，我们直接确证这一耦合系数正如所预言的那样演化[10]

作为理论成功的结果，从基本粒子概念的可操作性意义看，一个新的典范出现了。设计并解释高能物理实验的物理学家们，现在通常用产生和探测夸克和胶子的说法来描述他们得到的结果：当然他们指的都是相应的喷注。

30.3.2 范例2 质量来自能量

我的朋友和导师萨姆·特瑞曼（Sam Treiman）喜欢讲述他这样的经历，即在第二次世界大战时美国陆军如何应对从高到几乎为零非常不同的预备层次上训练大量无线电工程师的挑战。他们为此设计了一个速成的课程，萨姆上了这门课。在训练手册上，第一章是讲欧姆三定律。欧姆第一定律是 $V=IR$，欧姆第二定律是 $I=V/R$。我把重建欧姆第三定律的事留给你去想。

类似地，作为爱因斯坦著名公式 $E=mc^2$ 的伴随公式，我们有第二定律 $m=E/c^2$。

所有这些并不像它们看上去的那样蠢，因为同一个方程的不同形式可能暗示着完全不同的含义。以通常的方式写下 $E=mc^2$，意味着很少的质量转换为很大能量的可能性。它让人想到核反应堆和核炸弹的可能性。而表示成 $m=E/c^2$，则爱因斯坦定律暗示着质量可以用能量表示的可能性。这是做了一件很好的事，因为在现代物理中能量是比质量更基本的概念。实际上，爱因斯坦原始论文中并没有公式 $E=mc^2$，而是 $m=E/c^2$。事实上，论文的标题就是一个问句“物体的惯性依赖于它所含的能量吗?”从一开始爱因斯坦就在思考质量的起源，而不是制造炸弹。

现代 QCD 以一个响亮的“是的!”回答了爱因斯坦的问题。事实上一般物质的质量几乎全部是从能量得到的（无质量的胶子和近乎无质量的夸克的能量），而它们是质子、中子乃至原子核赖以构成的成分。

我上面描述的反屏蔽云失控地形成不会无限延续下去，那样的话，产生的色场将带有无穷大能量，而这是不可能的。预示可能诱发这种失控过程的色荷必须被抵消。一个夸克的色荷，要么被一个反色的反夸克抵消（构成介子），要么被两个带补色的夸克中和（构成重子）。在任一情况下，完美的抵消只能在作为抵消用的夸克正好处于原始夸克的位置上才可以发生——那时，空间任何一点都不存在未抵消的色荷源了，因而也就没有了任何色场。但是，量子力学是不允许这样完美抵消的。夸克和反夸克是用波函数来描写的，而这些波函数的空间梯度需要能量，因而要把波函数定位于一个很小的空间区域内，需要付出很高的代价。因而在努力使能量最小化时，有两个互相冲突的考虑：为了使场能量最小化，你希望精确地抵消所有的源；但是要最小化波函数局域化能量，你要让这些源模糊一些，空间区域不能太小。稳定的组态是基于让这两个因素协调起来的不同方式。在每一种这样的组态中，既有场能又有局域能。这样，即使胶子和夸克从它们自身没有非零质量出发，也能根据 $m=E/c^2$ 获得质量。因此，不同的稳定妥协与我们观测到的具有不同质量的粒子相联系，而亚稳妥协方式就与那些具有有限寿命的粒子相联系。

要具体确定稳定的妥协方式，也就是要预言介子和重子的质量，是很困难的工作。这要求很困难的计算，这些计算不断地推进大规模并行计算的发展前沿。我发现有点讽刺意味的是，如果我们要计算一个质子的质量，我们需要用有 10^{30} 个质子和中子那样的大型设备，做每秒几十万亿次乘法，工作几个月，来做一个质子在 10^{-24} 秒中就完成的事，也就是找到它的质量。也许这也可以说是一个佯谬。至少它指出可能存在比我们正在做着的有效得多的方式来做这个计算。

无论如何，从这些计算中得到的结果是令人非常满意的，图 9 显示了这个结果。从一个极端严格的理论出发，相当好地重新求得了那些主要介子和重子的观测质量。现在应该提起我们注意的是，图 8 中那些数据点之一——标有“格点”（lattice）的那个，具有和其他点非常不一样的特性。它不是基于硬辐射的微扰物理，而是基于将 QCD 的完整方程用格点规范理论的技术直接积分与实验的比较。

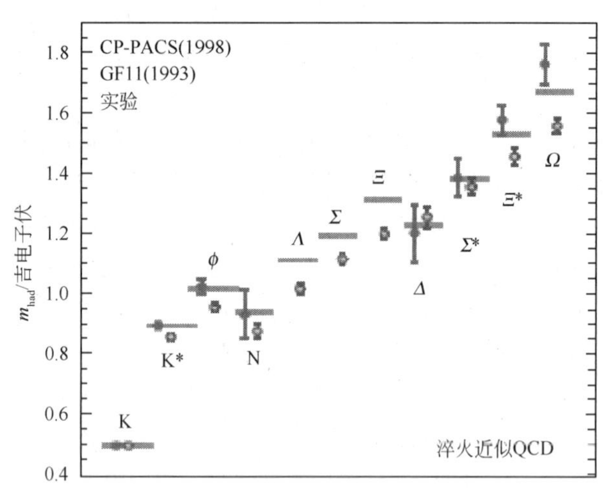

图 9　观测到的强子质量与 QCD 所预言的能谱比较，理论结果是利用巨大的计算机能力直接对方程进行数值积分而得。[11] 考虑到为使计算可行所必须进行的近似，剩余的小偏离与所预期的一致

这个计算的胜利代表最终解决了我们的两个佯谬。

• 计算的谱不包含任何带有夸克的荷或其他量子数的东西，当然也不包含无质量的胶子。观测到的粒子并不是完全直截了当地与最终产生它们的基本场相对应。

• 量子场论的格点分立化提供了一个截断程序，它与按虚粒子圈数任何阶的展开无关。那么当人们将格点间距缩小到接近零时，重整化手续必定是且确实是，无需参照微扰理论而进行的。对这点来说，渐近自由是必须的，就像我上面讨论过的：它把我们从朗道灾难中解救了出来。

依靠对于质量模式的细节拟合，我们能对夸克质量到底是多少以及它们的质量对于质子和中子的质量有多大贡献得到一个估计。结果表明，我称之为简易 QCD（QCD lite）的版本——该版本把 u 和 d 夸克质量设为零，并完全忽略其他夸克——提供了对现实很好的近似。由于简易 QCD 是一个基本组分质量为零的理论，这个结果使下列的想法量化和精确化，即普通物质质量的绝大部分——90% 或更多通过 $m = E/c^2$ 而来自纯能量。

如果我们能把这些计算做成适合用眼睛观看的形式，则它们会产生美丽的影像。德里克·莱恩韦伯（Derek Leinweber）曾制作了模拟空间中不断涨落变换的 QCD 场让人惊讶的卡通。图 10 是从他的卡通之一中取出来的快照。图 11 是取自格里格·基卡普（Greg Kilcup）的工作，显示了（平均）色场的涨落与穿过时空非常简单的强子-π 介子相关的图像。插入一对我们随后要取掉的夸克－反夸克对，会在这些场中产生扰动。

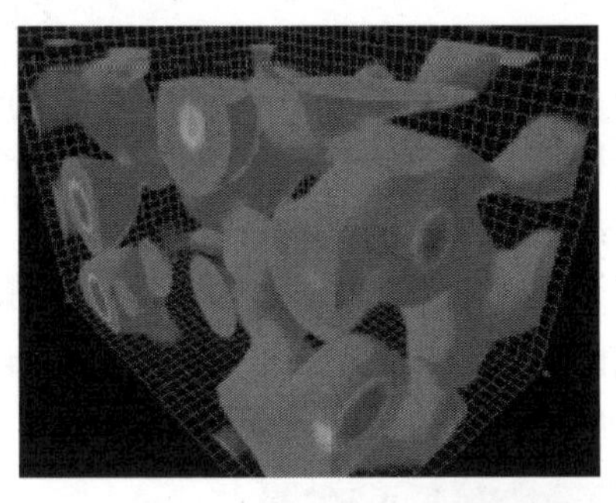

图 10　胶子场中自发量子涨落的快照。[12] 对于专家，它显示的是对泛函积分典型贡献中的拓扑荷密度，其中高频模被滤掉了

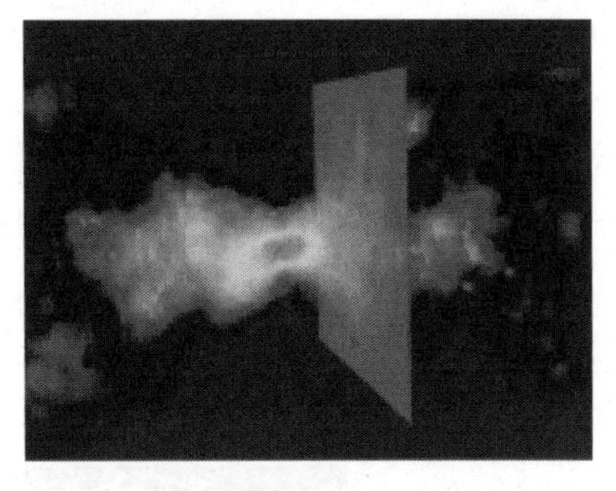

图 11　计算得到的当注入或移走一个夸克－反夸克对所产生的场能的净分布。[13] 通过计算这些场中的能量以及由别的扰动在类似的场中产生的能量，我们预言了强子的质量。从更深的意义看，这些场就是强子

这些图像让我们清楚明白地看到，量子真空是动力学介质，它的特性及对外界的响应很大程度上决定了物质的行为。在量子力学中，根据普朗克关系 $E = h\nu$，能量与频率相联系。因此，当空间的动力学介质以

不同的方式被扰动时，强子质量就唯一地按照公式

$$v = \frac{mc^2}{h} \tag{1}$$

与该介质辐射的音调（指频率——译者注）相联系。

我们于是在实际的质量问题之中发现了一个可运算的、精确的真空音乐。这是古老的难以理解且神秘的“天球音乐”的现代体现。

30.3.3　范例 3　早期宇宙是简单的

在 1972 年的时候，早期宇宙似乎还是毫无希望的一团漆黑。由于发生在接近大爆炸奇点时的超高温条件下，会有许许多多的强子和反强子，它们每一个作为延展的实体以复杂的方式很强地与相邻粒子相互作用。它们一开始会相互重叠在一起，因而产生了在理论上无法控制的混乱。

但是渐近自由让超高温对理论物理学家们变得友善起来。这就是说，如果我们把基于强子的描写转到基于夸克和胶子作变量的描写上，并且集中到对软辐射不那么敏感的量，如总能量，那么原本是非常困难的对强相互作用的处理，就变得简单了。我们可在一级近似下进行计算，这时可以把夸克和胶子当做自由粒子，然后我们将较稀少的硬相互作用效应加进来。这使得给出与宇宙学相关的超高温物质特性的精确描写变得现实可行。

我们还可以在地面上的实验室中，在一个极其有限的空间和时间内复现大爆炸的条件。当我们让重离子以高能量碰撞时，它们能产生一个火球，它可以达到 200 兆电子伏的高温（自然单位制——译者注）。

“简单”对你来说也许不是一个合适的词，来描述如图 12 所示的爆炸事例的产物，但是事实上，详细的研究确实允许我们重建最初火球的方方面面以及检验它是不是夸克－胶子等离子体。

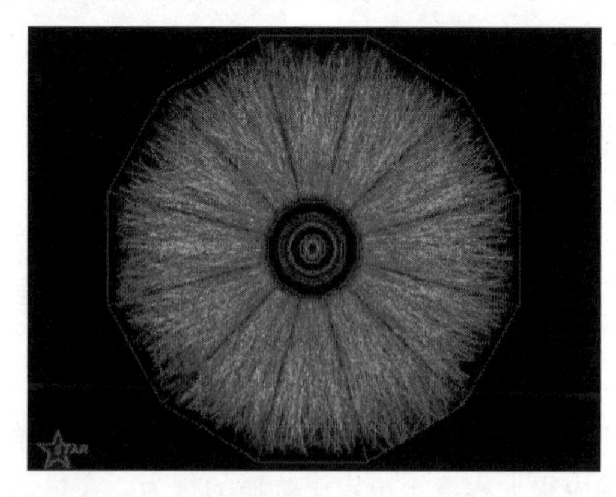

图 12　一幅由两个高能金离子碰撞所产生的粒子的径迹图。产生的火球及其随后的膨胀小尺度且短暂地重建了大爆炸后出现的物理条件[14]

30.3.4 范例4 对称性法则

整个20世纪，对称性作为认识自然界基本运行规律的源泉，产生了极其丰富的成果。特别是，QCD作为一个庞大对称群的唯一体现而建立起来的，这个群是局域SU(3)色规范对称性群（与狭义相对论一起用于量子场论范畴）。当我们尝试着去发现新规律，改进我们已有的知识时，继续运用对称性作为指导似乎是一个很好的策略。这种策略已经带给了物理学家们几个引人注目的建议，我相信在未来的若干年内你们会听到更多。在所有这些当中，QCD起着一种重要作用——要么是直接的启发，要么是作为设计实验探索方案的基本工具。

我将详尽地讨论这些建议之一，并且简略提及其他三个。

30.3.4.1 统一场论

QCD和电弱标准模型都是建立在规范对称性上的。这些理论组合对令人惊奇地形形色色的观测现象做出了非常了不起的而且又经济又强有力的解释。正因为它是如此具体和成功，通过它对自然界的描述应该能很细致地探寻其在美学上的瑕疵和可能性。确实，规范系统的这种结构有力地预示了今后它会更进一步产生有辉煌成果的发展。它的乘积结构SU(3)×SU(2)×U(1)，费米子表示的可约性（这在事实上意味着这个对称性并不能联结所有的费米子），并且还有赋予每个已知粒子的超荷量子数奇怪的数值，所有这些都预示着对更大对称性的渴求。

困扰在于细节方面，而且这些表观上复杂和混乱的已观测到的物质组态，根本不可能随随便便、很巧妙地放到一个简单的数学结构中。但是对于一个不同寻常的扩展，这是可能的。

我们对于强、电磁和弱相互作用所已知的知识都综合在图13中（相当示意性的）。QCD把粒子按三个一组横向联系起来［SU(3)］，弱相互作用在竖直方向把它们两个一组建立联系［SU(2)］，然后沿水平方向排列起来，超荷［U(1)］对应于角标上的小数字。不同的相互作用对称性和不同的粒子都没有被统一起来。存在三个不同的相互作用对称性和五个不联通的粒子集（当我们考虑费米子家族的三代重复时，实际上有15个粒子集）。

如果我们有更多的对称性，即加入些额外的、可以把强色变成弱色的胶子，我们可以做得好得多。那时所有的东西都可以非常好的放在合适的位置上，图14展示了这种合理安排。

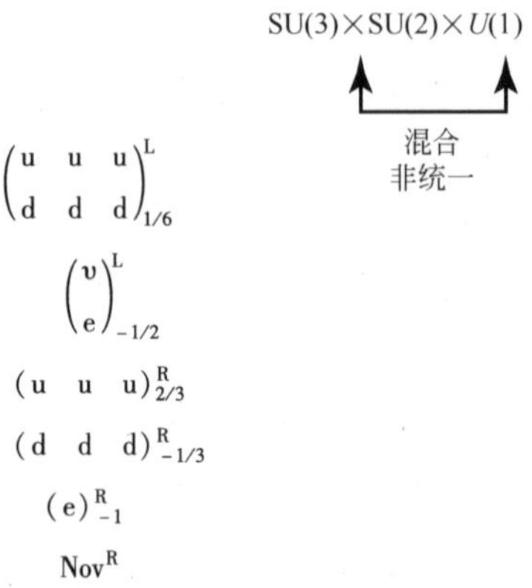

$$\mathrm{SU(3)\times SU(2)\times}\,U(1)$$

混合
非统一

$$\begin{pmatrix} u & u & u \\ d & d & d \end{pmatrix}^{L}_{1/6}$$

$$\begin{pmatrix} \upsilon \\ e \end{pmatrix}^{L}_{-1/2}$$

$$(u\quad u\quad u)^{R}_{2/3}$$

$$(d\quad d\quad d)^{R}_{-1/3}$$

$$(e)^{R}_{-1}$$

$$\mathrm{Nov}^{R}$$

	R	W	B	G	P
u	+	−	−	+	−
u	−	+	−	+	−
u	−	−	+	+	−
d	+	−	−	−	+
d	−	+	−	−	+
d	−	−	+	−	+
u^c	−	+	+	−	−
u^c	+	−	+	−	−
u^c	+	+	−	−	−
d^c	−	+	+	+	+
d^c	+	−	+	+	+
d^c	+	+	−	+	+
v	+	+	+	+	−
e	+	+	+	−	+
e^c	−	−	−	+	+
N	−	−	−	−	−

超荷　$Y = -1/6\ (R+W+B)\ +1/4\ (G+P)$

图 13　标准模型对称性结构的图示。有三种独立的对称性变换，按照这些变换，已知的费米子可分为 5 个独立的单元（或者 15 个，考虑了三代重复后）。QCD 的色规范群 SU(3) 在水平方向作用，弱相互作用的规范群 SU(2) 在垂直方向作用，而超荷 U(1) 以下标所表示的相对强度作用。右手中微子不参与任何这些对称

图 14　假定的扩大对称性 SO (10)[15] 能把标准模型的所有对称性以及更多的对称性容纳到统一的数学结构中。费米子（包括对理解观测到的中微子现象起重要作用的右手中微子）现在组成了一个不可约单元（忽略代的重复）。所允许的色荷，不论强色荷还是弱色荷，都完美地与观测符合。唯象上需要的超荷，在标准模型中显得很奇怪，现在可根据图中所显示的公式，由色荷和弱荷在理论上确定

但是似乎还有一个问题。那就是如我们所看到的，不同的相互作用并没有一个共同的强度，而这是扩展对称性所必需的。幸运的是，渐近自由告诉我们，在大尺度上观测到的相互作用强度可以和那些在小尺度上看到的“种子”耦合对应的基本强度非常不同。要看看基本理论是否能具有一个完整的对称性，我们必须深入到虚粒子云内部去看一看，追踪那些耦合的演化过程。我们可以用构成图 8 基础的同一种计算方法来做这件事，但要扩展到包括电弱相互作用并且外推到短得多的距离（或者等价的、大的能量尺度）。展示耦合常数的倒数以及采用对数尺度是比较方便的，因为那时的演化（近似）是线性的。当我们仅仅用这样的一些虚粒子（对它们我们有让人信服的证据）来做计算时，我们发现这些耦合确实以非常有前景的方式相互逼近，但是它们最后并不真的相交于一点，这种情况在图 15 的一个图中显示了出来。

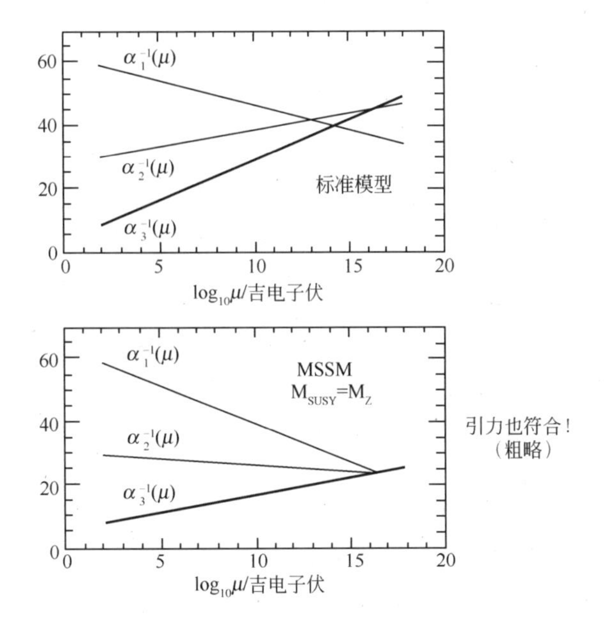

图 15　通过计算时将虚粒子云效应考虑在内，我们可以检验这样的假定，即不同规范相互作用的完全不同的耦合强度在小距离时达到同一个值。[16] 这些计算与得到图 8 的计算是同一类型，但要外推到高得多的能量或等价短得多的距离。上图：使用已知的虚粒子。下图：包括低能超对称所要求的虚粒子[17]

乐观地解释这一切，我们或许能从这种接近的胜利当中，推测到统一的一般想法是在正确轨道上的，这使我们可以继续依赖量子场论来计算这些耦合常数的演化。无论如何，几乎不容置疑的是，将耦合常数的演化方程外推到超过它们观测基础的许多量级时，我们一定丢失了一些定量上很重要的因素。下面很快我就要提及一些关于丢了什么的十分吸引人的假定。

这种思路的一个非常普遍的推论是：一个约 10^{15} 吉电子伏或更高的巨大能量标度很自然地成为大统一能标。这是一个深奥但很受欢迎的结果。它是深奥的，因为这个大能标——它远远超过我们所能直接达到的任何能量——是在认真考虑涉及比它小 10 多个量级能量的实验结果而得到的。给我们如此影响的逻辑基础是大统一与渐近自由的综合。如果这些耦合常数的演化是引起观测到的明显不相等的原因，那么由于这个演化在能量描写上是对数的，它一定会在很宽的区域上起作用。

大统一的大质量尺度出现是受欢迎的，一个原因是，我们观测到，许多我们所期望的与大统一相关的效应是被大大压低的。能够把 SU(3)×SU(2)×U(1) 统一的对称性将几乎不可避免地包括在夸克、轻子以及它们的反粒子之间变换的广泛可能性。这些扩展了的变换可能性，是由相应的规范玻色子做媒介的，它们一定会破坏包括轻子数和重子数守恒的一些守恒定律。轻子数破坏是与中微子振荡紧密相连的。而重子数破坏是与质子不稳定性相关联的。近年来，中微子振荡被观测到了；它们对应于很小的中微子质量，这意味着极为微弱的轻子数破坏。虽然做了许多很了不起的努力，但是质子的不稳定性迄今还未被观测到。为了让这个过程足够小以便和观测保持一致，一个很高的统一能标，使该变换对应的规范玻色子作为虚粒子的发生被压低，是最受欢迎的。事实上我们从耦合演化中推演出来的大统一能标与中微子质量的观测值是自洽的，而这鼓舞了对于观测质子衰变问题更有力的探寻。

大统一的大质量标度出现之所以受欢迎的另一个原因是，它打开了与自然界中剩余的另一个相互作用——引力建立起定量联系的可能性。一个众所周知的事实是，在可达到的能量上，基本粒子间的引力与其他相互作用相比不可思议的弱。在任何宏观距离上，质子和电子间的引力大约是它们之间静电力的 $Gm_em_p/\alpha \sim 10^{-40}$ 倍。表面上看，这个事实对所有这些力是共同来源不同表现的想法，提出了严厉的挑战，并且这对引力是一个基本力（由于引力与时空动力学的深层次相关）的观点提出了更严重的挑战。

当把关于耦合常数演化的想法延伸到包括引力时，我们首先就会遇到这样的一些挑战：

• 鉴于这些规范理论的耦合常数随能量的演化是很微妙的量子力学效应，而引力耦合的演化却是经典的，并且演化得快得多。由于引力直接响应于能量-动量，所以当用高能探针观察时，它应该显得更强一些。当从我们通常测量的小能量向大统一能标移动时，比率 GE^2/α 上升到不再是不可思议小的数值。

• 如果引力是基本力，而狭义相对论和量子力学又提供了这个讨论的框架，则基于牛顿引力常数 G、光速 c 以及普朗克作用量子 h 的普朗克物理单位系统具有优越性。量纲分析表明，采用这些单位来测量时，这些自然定义量的数值应该在 1 的数量级。但当我们用普朗克单位测量质子质量时，我们发现：

$$m_p \sim 10^{-8}\sqrt{\frac{hc}{G}} \tag{2}$$

在这个假定下，问“为什么引力如此之弱”是毫无意义的。引力作为基本力，就是这个样子。在这里我们要面对的正确问题是：“为什么质子如此之轻?”按照我今天给你描述的对质子质量起源那种新的、深刻的理解，我们能简要地陈述一个尝试性的回答。质子质量是在强相互作用耦合常数大概为 1 的量级时能标确定的，而这一耦合常数是从普朗克能标时的原初值演化下来的。那么，吸收消耗的量子定域能量以抵消夸克增长的色场就变得有价值了。以这样的方式，我们发现定量地用普朗克单位描写质子质量的非常小的值，起源于这样的事实，即色耦合强度 g 的基本单位在普朗克能标下数量级为 1/2！那么量纲推理就不再是骗人的了。引力明显的微弱性来自于我们对由质子和中子构成的物质提供的这种图像的偏爱。

30.3.4.2 超对称

正如我上面刚刚提到的，假如我们仅包含已知的那些虚粒子的效应来推断这些耦合常数的演化，则暗示了这些耦合常数趋于一个统一值，但没有精确地实现。有一个扩展虚粒子世界特别的建议，它是由几个独立的原因明确激发的。这就是所谓的低能超对称。[18]

正如这个名字显示的，超对称涉及扩大物理学基本方程的对称性。所提出的这个对称性扩大和规范对称性扩大走的是不同方向。超对称实现具有同样的色荷但不同自旋粒子之间的变换，而扩大的规范对称性改变色荷而不改变自旋。超对称扩展了狭义相对论的时空对称性。

为了实现低能超对称，我们必须假定存在着重粒子的一个完整的新世界，而这个新世界中任何一个粒子都还没有被直接观测到。然而，存在着一个最引起人们兴趣的间接线索，说明这种构想可能是在正确的轨道上：如果我们把那些低能超对称所需要的粒子，以虚粒子的形式包括在耦合常数如何随能量演化的计算中，精确的大统一就得到了！这显示在图 15 下图中。

登上思维之塔的顶端，包括进扩展的规范对称性和扩展的时空对称性，我们似乎能打破迷雾，进入到清楚的和让人吃惊的境界。这是幻觉还是真实？这个问题为 LHC 创造了最激动人心的机遇，LHC 将于 2007 年开始运行，这个大型加速器将提供进入到这些重粒子新世界所需的能量，当然如果它真的存在。这个故事怎么结束，只有时间能回答。无论如何，公平地说，我认为对统一场论的追求，在过去的（以及很多现在的）一些代表性人物中，一直是比较模糊的，没有很多可探测的推论，但它在我正在描述的想法范围内，达到了具体化和富有成效的全新水平。

30.3.4.3 轴子[19]

正如我反复强调的那样，QCD 是在一种深奥而严密的意义上作为对称性的一种具体体现被构造出来的。在狭义相对论和量子力学的框架中，夸克和胶子被观测到的性质和色规范理论所容许的最普遍特性之间存在着近乎完美的匹配。唯一例外是 QCD 确定的对称性不能禁止一类没有被观测到的行为出现。已确立的这些对称性允许存在一种胶子间的相互作用——它被称为 θ 项——会破坏在改变时间方向时 QCD 方程的不变性。实验对这种相互作用的强度给出了极端严厉的限制，比对所能期待的会偶然发生的限制还要严厉得多。

通过假设存在一个新的对称性，我们能解释这种不受欢迎的相互作用为什么不存在。这种所需的对称性按照最先提出它的物理学家的名字被命名为佩切伊－奎因对称性。如果它确实存在，这种对称性会具有显著的推论。它会使我们预言存在着一些新的、非常轻的并且与其他粒子相互作用非常弱的粒子—轴子（我把它们称为洗衣粉，因为它们清除了轴流带来的问题）。原则上轴子可以用许多方式观测到，尽管没有一个方案是容易的。但它们对宇宙学具有让人很感兴趣的意义，它们是提供宇宙暗物质的首选候补之一。

30.3.4.4　寻找丢失的对称性[20]

从当前极为成功的电弱相互作用理论被明确表述起，40 年过去了。这个理论的核心是自发破缺规范对称性概念。根据这个概念，物理学的基本方程比现实的物理世界有更多的对称性。虽然它在电弱理论中的具体应用包含了一些奇特的假想物质和一些复杂的数学，破缺对称性的基本主题却是很古老的。这至少可以回溯到现代物理学的萌芽时期，那时牛顿假定力学的基本定律展现出在三维空间的完整对称性，尽管事实是我们日常的经验很清楚地将我们当地环境中的“上与下”和“旁边”的方向区分开来。当然，牛顿把这个区别归于地球引力的影响。在电弱理论的框架中，现代物理学家们也类似地假定物理世界可以被一种这样的解来描述，在这个解中，整个空间乃至今天观测到的宇宙都弥漫着破坏原始方程完全对称性的一种或多种（量子的）场。

幸运的是，这个初听好像很难想象的假设，却有着可以检验的内涵。当这些对称性破缺的场被适当地激发时，它一定会产生出一些有明显特征的粒子：即它们的量子。利用这种所要求的对称性破缺最经济的实现，人们预言了一个很不平常的称之为希格斯的新粒子存在。更雄心勃勃的推测建议不应该只有一个单独的希格斯粒子，而是一个相关粒子的复合结构。例如，低能超对称要求有至少 5 个“希格斯粒子”。

弄清希格斯复合结构将是 LHC 的另一个主要任务。在计划这种努力时，QCD 和渐近自由起到了至关重要的支撑作用。强相互作用决定了在 LHC 的碰撞中产生的绝大部分过程。要把仅在占很小份额的事例中显示的那些新效应识别出来，我们必须非常清楚地了解占主导地位的那些本底。此外，希格斯粒子的产生和衰变本身还常常包含着夸克和胶子。要找到希格斯粒子的信号以及最终解释我们的观测结果，我们必须应用我们的以下理解，即质子——作为 LHC 入射粒子——如何由夸克和胶子构成以及夸克和胶子如何作为喷注显示它们自己的了解。

30.4 最大的教训

除了解决最初我们关注的佯谬之外，显然，渐近自由还为我们提供了对自然界基本行为方式几个主要认识的观念基础以及一种进一步研究的通用工具。

然而，最大的教训是道德和哲学的。例如，当发现人类能领悟自然界最深层次的原理，甚至当它们是隐藏在（对我们接触到的世界来说——译者注）遥远的和外空间的领域时，这是真正令人敬畏的。我们的大脑不是为这项任务而建造的，也不是准备在手边的合适工具。对自然的理解是包括成千上万的人几十年辛勤工作的巨大国际努力而取得的，他们在小圈子内竞争，但在大范围内合作，永远遵循着开放与诚实的法则。利用这些方法——它们不会让我们不费力气地得到，而需要精心培育和高度警惕——我们能最终完成奇迹。

30.5 跋：感想

这是我做的演讲的结论。在这个书面版本中（最初版本是演讲版本——译者注），我想加进一点我个人的感想。

30.5.1 致谢

在结束之前我想写出我的感谢。

首先，我要感谢我的父母，他们照顾了我人生的需要而且从最开始就鼓励我的好奇心。他们是波兰和意大利移民的孩子，在大萧条的困难环境中长大，但是他们努力成为具有对科学和学问有激发性赞赏的有雅量的人。我也要感谢纽约的人们，他们支持了公立学校系统，而我在那得到了很好的服务。我在芝加哥大学得到了非常好的本科生教育。在这儿，我特别要提到弗洛德的启发性影响，他在教授一门物理学中群论课时的高涨热情和极端清晰，是把我从纯数学推到物理研究上的主要影响因素。

其次，我要感谢普林斯顿的人们，他们对这个环境的贡献是不可或缺的，而这环境使我的发展以及 20 世纪 70 年代的主要工作成为可能。

在个人方面，还要特别感谢我的妻子贝特希。我不认为我在科学方面成熟的开端和能量的涌现，与我爱上她发生在同一时间是个巧合。还有罗伯特·施洛克（Robert Shrok）和比尔·卡斯韦尔（Bill Caswell），他们是我的研究生同学，我从他们那学到了很多东西，他们俩使我们非常紧张的生活模式变得很自然，且甚至很有趣。在科学方面，当然我首要的是必须感谢格罗斯。他把我迅速带进他理解和计算的旅程，通过他慷慨大方的指导和个人的榜样，开启和鼓舞了我在物理学的整个事业。20世纪70年代，在普林斯顿，理论物理的环境真是太好了。那里有一个追求理解的激情、求知的韧性和内在的自信（其产生是一个巨大成就）的氛围。对此，莫夫·戈德伯格（Murph Goldberger）、特瑞曼和柯蒂斯·开勒恩（Curt Callan）应得到更多特别的赞颂。还有西德尼·科尔曼（Sidney Coleman），那时也在访问普林斯顿，他对我们的工作非常有兴趣。这种兴趣来自我认为极为有才气的物理学家，这本身就是一种鼓舞；西德尼还问了许多有挑战性的具体问题，这些问题帮助我们在我们结果的发展过程中把握住它们。早些时候，肯·威尔逊也访问过并讲了课，他关于重整化群的想法一直在我们脑海中回响。

对强相互作用的根本认识，是涉及几千个天才人物几十年研究的成果。在这儿我要更普遍地感谢我的物理学家同行们。我在理论方面的成就是受到我实验物理同事们的顽强不懈努力的鼓舞，当然还有他们告诉我他们的新进展。谢谢并祝贺所有这些人。除了那些一般的感谢外，我还要特别提及三位物理学家，他们的工作对我们研究成果的发现是特别重要的，但他们到现在，没有（还没有?）为此得到诺贝尔奖。他们是南部阳一郎（Yoichiro Nambu）（2008年与两位日本物理学家共享诺贝尔物理学奖——译者注）、斯特藩·阿德勒（Stephen Adler）和詹姆斯·比约肯（James Bjorken）。这几位英雄人物推进了尝试认真用量子场论概念来理解强子物理的研究，并且当这么做还是很困难而且不时髦的时候，他们就把这些研究具体化为一些特定的机制和模型。我也要谢谢曼瑞·盖尔曼和霍夫特，他们没有把所有的东西都发明出来，而是留了一些给我们做。最后，我要感谢大自然母亲，她非同寻常的品味给了我们这样美丽和强大的理论去发现。

本工作部分是由美国能源部提供的基金支持的，合作协议号为DE-FC02-94ER40818。

30.5.2 给历史学家的注释

我在这儿并没有对我个人在发现中得到的体会做过多的评论。一般来讲，我不相信在事后做出这样的评论作为历史会足够可靠。我敦促科学史学家们集中在同时代的文献上，特别是那些原始文献，它们当然会精确地反映了作者在那个时候对问题的理解，因为它们能最清晰地表达它。从这些文献中，我认为不难断定，我前面提及的态度转变的分水岭是在哪里发生的以及在哪里关于强相互作用物理和量子场论的著名佯谬被解开而成为我们对自然理解的范例。

参考文献

[1] In view of the nature and scope of this write-up, its footnoting will be light. Our major original papers [2, 3, 4] are carefully referenced

[2] Gross D, Wilczek F. Phys Rev Lett, 1973, 30: 1343

[3] Gross D, Wilczek F. Phys Rev, 1973, D8: 3633

[4] Gross D, Wilczek F. Phys Rev, 1974, D9: 980

[5] Friedman J, Kendall H, Taylor R. received the Nobel Prize for this work in 1990.

[6] Landau L. In: Pauli W, ed. Niels Bohr and the Development of Physics. New York. McGraw-Hill, 1955

[7] Yang C-N, Mills R. Phys Rev, 1954, 96: 191

[8] An especially clear and insightful early paper, in which a dynamical role for color was proposed Nambu Y. In: De-Shalit A, Feshbach H, ed. Preludes in Theoretical Physics. Hove van Amsterdam: North-Holland, 1966

[9] Figure courtesy L3 collaboration, CERN

[10] Figure courtesy S. Bethke, hep-ex/0211012

[11] Figure courtesy Center for Computational Physics, University of Tsukuba

[12] Figure courtesy D. Leinweber. http://www. physics. adelaide. edu. au/theory/staff/leinweber/VisualQCD/Nobel

[13] Figure courtesy G. Kilcup. http://www. physics. ohio-state. edu/ ~ kilcup

[14] Figure courtesy STAR collaboration, Brookhaven National Laboratory.

[15] Unification based on SO (10) symmetry was first outlined in: Georgi H. In: Carlson C ed. Particles and Fields —1974. New York: AIP 1975

[16] Georgi H, Quinn H Weinberg S. Phys Rev Lett, 1974, 33: 451

[17] Dimopoulos S, Raby S, Wilczek F. Phys Rev, 1981, D24: 1681

[18] A standard review: Nilles H P. Phys Rep, 1984, 110: 1

[19] A standard review: Kim J. Phys Rep, 1987, 150: 1. I also recommend F. Wilczek, hep-ph/0408167

[20] I treat this topic more amply in Wilczek F. Nature, 2005, 443: 239

31　对学生的忠告

亲爱的学生们：

在准备我给你们的忠告时，我问过自己“爱因斯坦会说什么？”我猜想，作为一个聪明人，爱因斯坦大概会以一个笑话开头。幸运的是，我碰巧知道爱因斯坦最喜欢的笑话。它还真的是挺切题的。

一个人的车总出毛病，常常动弹不得。他到修车的地方要求他们给他整治一下。他们给更换了变速器并且放进了新火花塞。但他的车还是跑不好，他就把车送到另一个修理部。在第二个修理部，机械师这儿那儿捅了 10 分钟，然后从他的皮带上抽出一把改锥，拧了一个螺丝。然后这部车跑得棒极了。

然而当这个人收到了一张邮寄来的 200 美元的账单时，他非常生气。他火急火燎地跑回到机械师那儿，说：“这太可恶了！你所做的只不过是拧紧了一个螺丝，却要 200 美元！我要一张清单！”这个机械师掏出一个小本子和一支铅笔，然后写下一个清单：

劳动：拧一个螺丝 5 美元。

了解该拧紧哪一个螺丝：195 美元。

我的第一个忠告是，在选择之前要认真考虑你能做什么事情的可能性。这个原则在几个层次上体现。你要考虑许多不同的你想做的一般性工作的可能性，然后再落实到一个上。而当你已完成一个项目时，你应当好好想一想，你下一步要做的事请的许多种不同的可能性。当你遇到一个问题时，你要考虑各种可能的解决方式，然后好好地把精力投到其中一个可能的方式上。

给一些模糊的建议是很容易的，但是我要反其道而行之，给你们一个能遵循的法则。你们中的许多人大概在考虑结婚，很自然地，你想把你找到最合适伴侣的机遇极大化。我给你一个关于做这事的法则。

你先估算 N 个可能的求婚对象，对她们你能期望在你求婚时对付得了，我们假设你每一次只考虑她们中的一个，然后每当你和一个分手，这一个就永远从你名单上除去了。那时你需要做的是如下方式。评

估这最初的 N/e 求婚对象但不要立刻决定。这个 e 是一个数，是自然对数的基，大约为2.7。然后接受排在紧随其后但比前面所有的人都好的第一个求婚对象。这就是如何将你找到最好可能配偶的机会最大化的方法。

例如，$N=10$，那么你应该评估但是拒绝前4个求婚对象中的每一个，然后接受后面那些比这四个都好的人中的第一个。在我的情况下，我评估了 $N=3$，我老老实实地和我第一个认真的女朋友分手，但是第二个却更好，然后我就娶了她。这个法则很管用。

当然，成为这个法则基础的精确假定不一定永远是恰当的，但根本的教训是更一般得多。你在投入一项研究之前，要尽可能努力地收集信息。当伟大的数学家亨利·庞加莱被问到如何能有这么好的创新想法时，他回答说："我产生了很多的想法，但是抛弃了它们中的大部分。"这也是大自然的谋略——自然选择。

我的第二个建议是，了解你要为之奋斗课题的历史。这有很多好处。通过阅读这方面那些名著，你会和那些伟大的头脑接触，会感受他们是如何工作的。通常那些最原始的工作表述得都非常清楚，你可以从中学到有价值的经验和教训，学会如何把自己表述清楚。最重要的是，你能开始看到你自己和你的工作成为这个连续事业中的一部分，这个事业在你还没有进去时就已开始了，而且在你离开之后还会继续下去。这是需要明白的一件非常美丽的事。

九、诗歌创作

狄拉克对诗歌评价甚低，他说：

当我写作时，我总是试图以简洁的形式来表达艰深的思想。但在诗歌里，则恰恰相反。

这样说多少有些刻薄。不管怎么说，有些诗词我是非常喜欢的。主要是一些旧体诗，如荷马（Homer）（古希腊诗人——译者注）、卢克莱修（Lucretius）（古罗马哲学家及诗人——译者注）、乔叟（Chaucer）（英国诗人——译者注）、多恩（Donne）（英国诗人——译者注）的诗，但我也从维克拉姆·塞斯（Vikram Seth）的《金门》里得到了很大的乐趣，不用说还有《猴岛的诅咒》中的写诗对决。

在小学的时候，我就是一个非常热情的写诗爱好者，但在四年级时，我经历了一次挫折。老师让我们写诗，我写了一首很长的。回想起来，我承认有些格律也许是有问题的，几个押韵也用得稍显牵强。尽管如此，当老师发还我们的作业时，她的评价仍然出乎我的意料：

弗兰克对写诗具有热情，但珍妮丝（Janice）擅长写诗。

虽然我的自信再没有完全恢复过，我偶尔还是会找些理由去谱诗。在此呈上一些例作。

“虚粒子”和“说唱胶子”是为《渴望和谐》而写。“虚粒子”一文也刊载于罗素·贝克（Russell Baker）编辑的《诺顿（Norton）轻松诗（Light Verse）选》中。我敢肯定它是诗选里唯一的一首与科学有关的诗。我很高兴能成为一名入选诗集的诗人，我也建议其他传统（诗词）的卫道士们也能学学贝克有灵性的做法。

我很为“十四行诗形式的回答”一诗骄傲。回应严肃的批评对回应者和读者（如果有的话）都是一件乏味的事情。我努力做到使它至少对我自己来说是有趣的。我估计我开辟了一个新的诗歌体裁，使“歇斯底里的（hysterical）”与“数字的（numerical）”、“航空（aviation）”与“模拟（simulation）”以及“不可靠的（unsound）”与“背景（background）”押韵（谈到背景，我回应的那封信，抱怨我推崇的数值结果永远不可能得出真正可靠的结论）。

《从爆满的电子邮箱说起》是在宣布我获得诺贝尔奖之后纷至沓来的电子贺件压力下而作的。我不指望能在合理的时间范围内对每一封信单独回复，同时我也力求避免做千篇一律、老生常谈式的回复。

“青蛙（十四行诗）”是一个酒后即兴之作。在微笑的绿跳蛙社团组织的仪式进行中，我被要求最后致结束语。考虑到自身状态，和仪式的酒歌与礼拜式的基本要求所限定的高文学标准，这真是一件有点令人生畏的使命。用餐巾纸和钢笔，我草草写下了七组对句，在此一并呈送。

“始祖鸟”在这里第一次出现。它受奥拉夫·斯特普尔顿（Olaf Stapledon）之《怪约翰》（*Odd John*）书中的一句话启发，那是我喜欢的书之一。超人少年约翰对普通的人类记述者说：

你是精神上的始祖鸟。

在十几岁的时候，我认同怪约翰；但现在生活已经教给了我认同始祖鸟，一如她教给怪约翰的那样。

32 虚粒子

当心那看似无物的真空，
尽管你已尽全力将它清理干净。
总有一群肆无忌惮的家伙，随意克隆，
超出你的想象，在那里不知疲倦地骚动。

它们瞬息而至，随处舞动身影，
无论触及何物，总有疑团重重：
我在这里干什么？何物应被看重？
这些想法常使快速衰变关联而生。

不必担心！这个术语正把你引入迷津。
衰变不过是虚粒子繁衍生命，
这种随意的骚动引起壮观的反应，
那些克隆的交换，成为束缚参与者的缆绳。

是还是不是？尽管选择似已明确，哈姆雷特却还犹疑不定，
这些家伙也有同样的毛病。

33 说唱胶子

噢！噢！噢！
你们这八个色彩斑斓的东西。
不让夸克成为物质的实体。
尽管你们如此诡异，
而今我们已经知悉：
是你们将原子核束缚于一体。

34　十四行[①]诗形式的回答

难道你不认为
否定一切数值结果有点歇斯底里?

不然你怎能使用现代航空?
要知道飞机都靠模拟设计。
难道加速器实验给出的数据都不可靠,
因为它们是 QCD 背景的模拟?

噢! 为什么面对控制了误差的计算惊慌退避?
放弃吧! 对称性肯定会破缺的。
作为标志的序参量, 已达 20σ 仍不肯抛弃,
难道这就是所谓的符合?
完全没有道理!

别见怪!
在 10^{18}浮点乘法之后, 仍把你的双眼紧闭,
愚蠢之极!

① 十四行诗 (sonnet) 是欧洲的一种抒情诗体, 每首十四行, 也译做商籁体——译者注。

35　从爆满的电子邮箱说起

我不认为带色的夸克和胶子
对它们的所作所为，思虑那么周到，
它们随意自然地降临，
却给你我留下诸多烦恼。

无拘无束的精灵们！似乎欢快地漠视，
我们努力学过的那些神圣的说教。
靠一些异端和荒唐的理论假设，
它们的行为可以明了。
它们使这个世界合情合理，
仿佛她本来就是这么巧妙。

获奖勾起我对研究和发现日子的回忆，
朋友们热情的只言片语记录着人间的乐趣，
我的心里充满着对你们深切的谢意。
我担心我的信箱也已爆满——再见，实在对不起。

36 青　蛙

（十四行诗）

［2004年12月13日在微笑的绿跳蛙（Ever Jumping and Smiling Green Frog）社团的纪念仪式上的讲话《谢谢你》］

我很清楚，像这种形式的讲话其主要优点是简洁。我未能想出一种与之相称的俳句，因此你只好耐心地读这十四行诗。十四行诗格式很严，它只有十四行。请看下面。

研究物理时，谁曾想到，
几天大吃大喝的聚会之后，人已半醉半醒，
灵感却像一只青蛙，蹦蹦跳跳到达顶峰，
杰出的诗篇一气呵成。

经历了所有的一切，我方清醒，
我喜欢上海盗般的生活，无拘无束，
而一旦回到我那宁静的乡村小屋，
我便在赃物和战利品中得到满足。

是你教给了我，瑞典人如何不再犯错。
时光宁可在学习饮酒唱歌中度过，
表面上人们似乎是那么宁静祥和，
相反，私下里充满着风趣欢乐。

多谢了，青蛙和蛙迷，为了这一课。
总共十四行，恰是我之所得。

37 始 祖 鸟

苍鹭悠然庄重地晃动着身躯，
展开那宽大有力的双翼，
勾起双爪仿佛抓住坚硬的物体，
推着它那巨大的躯体从水中一跃而起，
冲向视野辽阔的天际。

蜂鸟快速拍打着小小的翅膀，
悬停空中，宁静安详，
把来自花丛深处的美味品尝：
太阳的巨大能量，
让柔和的香气帮助花粉传播四方。

始祖鸟不擅长飞行，
作为长了羽毛的爬虫动物，无力支撑它翱翔空中；
它精力充沛地活动，动作却粗鲁笨重；
它的安定受到威胁，生存危机重重；
它的繁衍终止，未能接代传宗；
凡此种种。

原始鸟类究属何物？它们自己也不知道：
是一种尝试？一种试验？还是联系物种的一座桥？
我深知深埋我心灵的讥讽：
我多么渴望是一只始祖鸟。

附录　诺贝尔奖之路侧记

读者一定已经猜到了，贝特希是我的妻子。我是一个幸运的人。

我的幸运之一是贝特希对我们共同生活中的许多事情保有记忆。许多年来，她通过照片、杂志做到了这一点。回想起来，我很清楚贝特希过去就像一页准备开放的博客。的确，最近几年她拥有了一个网上笔记或日记，简单说就是博客。其中贝特希“滑稽或古怪?”一文非常出名，你只要谷歌一下 Betsy，通常就会在第三或第四的位置上出现这篇文章。她排在贝特希·罗斯（Betsy Ross）（独立战争时缝制美国第一面国旗者——译者注）之后，而且可能以后也赶不上了，但对另外两个她正努力超越。

贝特希的诺贝尔之旅要早我一分钟左右，因为获奖通知电话是她接的（就如她告诉大家的那样，我当时正在冲澡）。在我们取得成绩的历程中，她几乎每天都找时间登录她的博客，经常是一天不止一次。贝特希记录事情总是很有趣、很逗，而且大多是准确的。她的博客是 nobel-prize. org（诺贝尔奖委员会官方网站——译者注）网站上第一个，也是目前唯一一个有链接的博客，借此也创下了一项纪录。

我对贝特希没有任何秘密可言（或许说不是很多吧），好在她生性温和，行事谨慎。所以，大家还是往下读吧。

特大喜讯：2004 年 10 月

太棒了，太太棒了…

那个把我从睡梦中叫醒的电话是早晨 5 点半来的，打电话的人是一位女士，操着一口甜美的瑞典口音。这位女士告诉他，他和他的导师格罗斯还有第三位物理学家戴维·波利策（David Politzer）获得了本年度诺贝尔物理学奖时。弗兰克那时已经在冲澡了，但他走了出来，把水滴得地板上到处都是。

天哪，我太高兴了！弗兰克·维尔切克，你太酷了！

贴于 2004 年 10 月 5 日“诺贝尔”专栏

实际情况是…

嗨，和你想象的不一样。

示例 I 在弗兰克接完早晨 5：30 那个电话，向我跷拇指示意它正是我们所期待的电话之后，我跑到厨房去听分机，当时几个尊贵和令我难忘的诺贝尔奖委员会成员正在向他祝贺。

直到第二或第三个瑞典人（我记不清是一个叫拉斯（Lars），或尼尔斯［Niels，还是斯纹（Sven）的人了］说话后，我才意识到——弗兰克是从淋浴中冲出来的，浑身还滴着洗澡水呢。我马上跑回去抓了一件大浴衣给他披上。他可能都没有意识到，可我感觉好多了。

示例 II 我不习惯有人早晨六点就来按门铃，但路透社（Reuters）的几个摄影师那会儿就来了。不过布瑞恩很友好，也拍了一些好照片。

示例 III “我丈夫刚刚得了诺贝尔奖，他的记者招待会我迟到了，你能让我在这个停车场停一下车吗?”兰姆（Lame）说回想起来这个就觉得有趣。

就这样，我得到一张大纸板上手书的特别许可后停了进来。可是，纸板上写的和你想象的不同①，上面写着："小摊贩。"

贴于2004年10月5日"诺贝尔"专栏

我们的爱犬眼中的诺贝尔奖

这是我所钟爱的一张照片，是昨天路透社记者布瑞恩·辛德尔（Brain Snyder）在弗兰克出门准备像往常一样走3英里去麻省理工学院时照的。

你们能看到一只西高地白梗（West Highland terrier）（一种小猎狗——译者注）吗？就在我的膝下。

16岁或者以狗的生理年龄来说102岁的玛丽亚妮（Marianne），昨天早上经历了她一生中最美好的时光——她的早餐和遛弯时间比平时提前了好几个小时！她还得以闻闻辛德尔的照相器材。甚至布瑞恩走后她也没停止嗅探。

贴于2004年10月6日"诺贝尔"专栏

照片取自路透社/Brain Snyder

① 你也许会想纸板上写的是："神经病。"

多谢这些有趣的电子贺卡，真逗人！

能收到老朋友的电话和电子邮件真是太好了。弗兰克今晚和几个物理学家们出去吃饭。等他回到家时，已经来了110封新电子邮件（由于麻省理工学院有非常好的垃圾邮件过滤系统，邮件里没有几封是尼日利亚性服务广告）。

给我们发来贺信的有以前的老师、很久前给我们照料过孩子的钟点工、小学六年级时候的朋友、好几个所谓“普林斯顿的欧拉们（Princeton Eulers）”队的成员（那是一支我在普林斯顿高等研究院时组织的垒球队）。另外，我博客的朋友们也慷慨地给我做了友情链接①。我们的孩子、父母、兄弟姐妹等，也和我们一样收到了大量的祝贺。

假如我早知道荣誉到来的15分钟会带来这么多乐趣，我从前的期盼一定会更加强烈。可话说回来，假如我早知道这15分会带来这么多事的话，那时我也许会想躲到床底下的。

贴于2004年10月6日“诺贝尔”专栏

诺贝尔盛名之累：千封答谢信

即便对我一贯乐观的丈夫弗兰克来说，面对要给所有的老朋友和其他祝贺他得诺贝尔奖的人回信所需要付出的工作量，也颇感为难。

弗兰克是一个喜欢做每件事都尽善尽美的人，但他在面对快速和亲自回复的两难问题时，只好采用非弗兰克方式了。

他写了一首十四行诗，很快发给了每个人（见《十四行诗形式的回答》）。

然后他整理了他的电子信箱，保证在每天的一段时间里能写些回信。先给姓名A打头的人写，然后是B，再然后到周二晚上，他的硬盘崩溃了。现在拿去让磁盘医生去恢复了（但愿）。

但若你给弗兰克写过贺信，而你的姓又是以C开头的话，等他的计算机回来后，你就在他回信名单的最前头了。

贴于2004年10月23日“诺贝尔”专栏

---

① 多谢亚当（Adam），朱丽（Julie），依诺克（Enoch），弗兰克（Frank），依纹（Yvonne），德瓦拉（Dervala），莉莎（Lisa），朱迪丝（Judith），斯科特（Scott），苏姗（Susan），彼得（Peter），玻尔（Paul），佐依（Zoe）……

一切准备就绪

通过互联网搜寻其他获奖人的有关信息

诺贝尔正式活动需要穿正装大礼服，或（也有例外）穿“民族服装”。很遗憾，物理学界的“民族服装”就是任意一件上面印有滑稽标志的短袖衫（T恤衫）。

我在网上“调研”了在瑞典人们出席各类聚会时的穿着，发现有一个经济学家的家庭博客中有关于这方面丰富的内容。恩格尔（Engle）家（2003年诺贝尔经济学奖获得者——译者注）一周出席了三场舞会，真太棒了！

调研的直接成果是我拉着弗兰克和我一起去购物，还买了几双非运动（类）鞋（即不是旅游鞋——译者注）。

贴于2004年10月15日“诺贝尔”专栏

诺贝尔奖与数学

数学没有诺贝尔奖①，但诺贝尔奖里面涉及很多数学。文字题：

（1）假如我们一行七人乘红眼航班去斯德哥尔摩（Stockholm），考虑到艾米蒂的丈夫科林（Colin）是大长腿，弗兰克的父母又不能长时间坐在那儿不动，请设计一个我们飞机上座位分布的最佳分配方案。

（2）哪个会是更难又更费时间的：是在波士顿（Boston）准备好诺贝尔奖要求的正装大礼服行头，并拖到斯德哥尔摩呢？还是想好如何量出我丈夫的八个不同尺寸，再把它们转换为国际单位制（美国使用英制——译者注），让什么人在斯德哥尔摩给他租一套服装呢？

---

① 根据民间传说，阿尔福莱德·诺贝尔（Alfred Nobel）轻视数学是因为他夫人和一个数学家私通。可诺贝尔是单身，很难想象这种传言是如何炮制出来的——然而我毫不怀疑肯定是某个数学家所为。

（3）给下面四种情况按可能发生的概率排个队：闪光灯会把麦尔·吉布森（Mel Gibson）吓着，闪光灯会把麦尔·布鲁克斯（Mel Brooks）吓着，贝特希怀上了三胞胎，弗兰克·维尔切克以后还需要在与诺贝尔奖无关的场合穿正装大礼服。试着把这些都算出来，并且记住要算得干净（在物理学中，对计算过程的严谨、简洁常用干净来形容——译者注）。

贴于2004年10月8日“诺贝尔”专栏

“曼彻斯特家庭的骄傲……”

我故乡的报纸只有一小块有关弗兰克得诺贝尔奖的报道，标题是：“曼彻斯特家庭为新诺贝尔奖获得者而骄傲”，浓缩了报道的要旨。位于新罕布什尔州的曼彻斯特有10万人，可那里的人还都把它当做一个小镇。

20世纪50年代，曼彻斯特联盟领袖报由一个叫威廉·罗博（William Loeb）的极右翼分子所掌控，此人曾经在1972年总统初选时臭名远扬。

我的母亲——一名来自马萨诸塞州（Massachusetts）的洛克菲勒（Rockefeller）型共和党人，不允许“那种肮脏的报纸”出现在我们家里，这意味着我们必须在邻居家的报纸上查找正上演什么电影。母亲告诫我们不要同陌生人交谈，因为他们有可能是联盟领袖报的记者，正试图要抹黑我父亲（我父亲在新罕布什尔州民主党内担任很多无薪职位，招致罗博的恶意攻击）。

那些日子里，我总想象着记者们在城里的操场旁边游荡，找机会向毫无戒心的孩子们打听有关他们父亲的事。

时代变了，罗博先生也早已离开了人世。尽管联盟领袖报仍属右翼，但在试图保持中立方面也做了一些值得赞赏的尝试。它的社论强烈地支持乔治·布什，但报纸的著名政治专栏作家约翰·第斯特塞（John DiStaso）在揭露共和党人在新罕布什尔州电话干扰丑闻的不道德行为中起了主要作用。

现在，这报纸也开始正面评说黛雯了。我母亲要是还在就好了——她也会高兴的。

＊让人马上想起“基辛格这个×××的”的头版社论标题。

贴于2004年10月9日“诺贝尔”专栏

超级微笑的绿跳蛙社团

斯德哥尔摩大学的学生们有着他们的诺贝尔传统：新获诺贝尔奖桂冠者会被邀请参加12月13号的舞会，然后正式接纳他们成为“超级微笑的绿跳蛙社团”组织成员。他们实际送来的纸质邀请函中，既没有email地址，也没给网址。对于这个特别活动的了解，只好再次求助于谷歌了。

某位1987年诺贝尔奖获得者嘉宾，把带有饮酒歌的一个晚宴描绘为“纵情狂欢”。

戴维·穆铭（David Mermin）的一本详细记载了1996年诺贝尔奖之旅的日记中写到：“在午夜时分，一周来的活动达到了最高潮……尽管跳蛙中疯狂的仪式细节已经失传，但这个活动还是设法让1996年的6位诺贝尔物理学和化学奖获得者们都兴奋到了极点。他们排成一队，高声狂叫着‘呱，呱’同时半蹲着一跃一跃的，作为无敌之周的恰当收尾。”

斯德哥尔摩大学科学部的学生这样解释青蛙徽章：青蛙由铅铋合金涂以蛙绿，再用特别的方式组装而成。它是给身着燕尾服的绅士和晚装的夫人们配饰的。当某一蛙会成员过世后，他（她）的亲属会被要求把徽章还给组织或自行销毁。

蛙会成员仅有的另外一个正式组织活动，是在3月份喝掺有白兰地的浓豌豆汤。谢谢你，谷歌！跳跃和微笑将列入弗兰克诺贝尔之周的日程。

贴于2004年11月10日“诺贝尔”专栏

瑞典的电视台工作人员……

三位非常友好的电视台小伙子正在楼下等着准备采访弗兰克，因此我想就此事作一个实况博客，应该是一件蛮有趣的事。

罗兰是一位年轻英俊的瑞典记者，在来我家之前他已经分别在明尼阿波利斯（Minneapolis）和圣·巴巴拉（Santa Barbara）采访了两位美国诺贝尔奖获得者了。

盖伊（Guy）家在韦尔斯利（Wellesley），专司摄影和灯光。另一个好像名字叫罗博（Rob）的，也是那儿的一位自由撰稿人。

此时罗兰和弗兰克正闲聊着物理和旅行有关的事，其他两位在满屋子地架设着灯光、相机和麦克风之类的玩意。罗博在我们餐厅椅子的上方挂起了一个有厚厚毛皮罩［一种李克特（Rykote）式防风罩］的硕大麦克风。盖伊放下了餐厅的窗帘，以便能完好地控制室内的光亮。

更多待续……

贴于2004年11月12日“诺贝尔”专栏

“再把那破玩意儿多来点”

弗兰克现在正坐在餐厅的椅子上，灯光打着准备照相。

盖伊说：“再把那破玩意儿多来点。”破玩意原来指的就是摄影灯前的两张蜡光纸，反光照着弗兰克。

“为什么把那个叫做破玩意儿呢”，我问他。

“我们就这么叫”，盖伊说，“它的真名，就是它牌子的名字，叫欧宝（Opal）”。

一个拥有欧宝这样好听名字的东西被谑称为“破玩意儿”？肯定是小伙子们的叫法。绝对，小伙子才会这么干。

记者的名字盖伊和小伙子（guy）在英文里是一个词—— 译者注

贴于2004年11月12日“诺贝尔”专栏

欢呼和欢送，还有……

……至少还有大雪和道别。鹅毛大雪正不停地下着，屋顶已被白色所覆盖。

在拍摄了一系列超乎想象的镜头后，弗兰克已和摄制组离开前往麻省理工学院了。

我在想，瑞典的电视观众们在看到下面这些镜头后会怎么想：

❖ 从我们卧室望去，雪花飘落在我们的庭院。

❖ 弗兰克在他钟爱的座椅上阅读。

❖ 弗兰克在弹钢琴。

❖ 弗兰克和贝特希坐在椅子上谈话。你有试过和你爱人谈话，假装只有你俩人，不停地说上十分钟的体验吗？

❖ 我们的小狗玛丽亚妮看着弗兰克和贝特希，好像在看温布尔登（Wimbledon）网球公开赛。

❖ 罗兰在采访弗兰克和贝特希有关《追求和谐》（*Longing for the*

Harmonies）一书的事[①]。诺顿（W. W. Norton）公司正计划再版此书。

❖ 贝特希正在写博客，弗兰克一脸不解地看着。

摄制组又无所顾忌地在我们屋外照了一通。他们还要求我和弗兰克把门关上，数十下再打开，漫步出来做出好像要出去散步样子。还不让我们看盖伊、罗博、罗兰和摄影机。我们就这样按照要求走了一会儿。然后他们还让我们再走走，从屋外某处一起走到拐角处。

我对盖伊说：“罗兰是不是也可以和我们一起走？”盖伊冷冷地回答说：“你们不经常那样一起走，对吧？”

就这样我们走到拐角处，再继续往前走。雪下了我们满身，弗兰克还穿着他为瑞典之行买的新黑皮鞋，雪花在鞋上都化了。我感觉非常好，也许就像盖伊说的，是我没怎么经历过这个的缘故吧。

我们家现在又恢复了平静。已有“102岁高龄”的玛丽亚妮，还从没看到或嗅到过这么热烈的气氛呢。现在她已经支持不住，到了她那毛茸茸的狗窝，入睡快到连打鼾都没了。

玛丽亚妮做得对。

贴于2004年11月12日“诺贝尔”专栏

当哈利碰上莎莉[②]式样的皮靴

我曾经和约翰·纳什（John Nash）一起做过一周的陪审员。我很高兴我那时候又开始吸烟了*，这样我就会和他跑到满是沙砾的特伦顿（Trenton）法院外去抽（没有律师希望我们俩人作陪审员）。

这事是在他得了诺贝尔经济学奖之后，但在《美丽心灵》（*A Beautiful Mind*）写成之前（当然更别说电影了）。因而当时在那里除了我之外没有人把他当做名人，这样对我们两个人都很合适。

我希望我还能多记着点他给我讲的，有关他诺贝尔奖之旅的一些事。我问过他得了奖有没有买了什么值钱的东西，他讲他买的最好的东西也就是无绳电话了。他喜欢洗澡的时候也能打电话（那时候还都没有手机呢）。当天晚上回家的时候，我就给弗兰克也买了一个无绳电话。

弗兰克得奖后，我所钟爱的奢侈品是一双麦乐（Merrell）的雪人（Yeti）牌高筒皮靴，给两个女儿也一人买一双。

---

① 《追求和谐》是弗兰克和贝特希合著的一本高级物理科普畅销书，由诺顿出版公司1989年出版——译者注。

② 电影名，也译作“90男欢女爱”——译者注。

周末我的好姐姐玛丽（Marie）来帮我们大家买舞会礼服。塔纳里（Tannery）皮鞋店正在搞买一送一活动，去买舞会礼服时我们必须事先绕一下……

艾米蒂在试穿雪人皮靴的时候说："哇，这鞋感觉太好了，我喜欢穿，感觉非常柔软舒适还暖和……"

玛丽对我说："我也要双她那样的。"

忠告：如果你也买了这种漂亮的皮靴，穿的时候要先穿袜子。黑羊毛衬里会使你的脚还有脚脖子都变成灰的，再穿舞鞋可就不配了！

*我更高兴的是那年晚些时候我又戒了。

贴于2004年11月20日"诺贝尔"专栏

住冰宾馆（Ice Hotel）要准备多少行李？

泊车总是个难题，诺贝尔周会怎么样呢？期间众多的活动是按如下着装程式排序的：

❖"休闲"

❖ 西装（男士）/酒会礼服（女士）

❖ 晚礼服（男士）/长舞裙（女士）（三个不同的场合需要这些）。

弗兰克有几套西装和两双黑皮鞋就可以出发了——正装大礼服在斯德哥尔摩很容易租到，我则多带了几套可换的装束。对于零度以下的瑞典，我们都需要够大的黑外衣、手套、靴子、围巾、保暖内衣等。

但后来，在12月14号的清晨（在非常非常晚的跳蛙晚会之后），我们受邀到北极圈访问一周，这可就需要好多好多层衣裳！别提那没用的轻便铠皮林（Capilene）保暖内衣了，当然有一点有用之处是穿在西服里面很不显眼。记着带上探险穿的厚毛衣，不用管它穿上是不是鼓鼓囊囊的！着装的标准是适合于徒步旅行或坐狗拉雪橇——适合于在遮蔽了阳光的午夜闲逛，追寻极光（北极隆冬终日不见阳光——译者注）。

现在得在路上带许多的行李了……

然后呢，都把它们拖带到旅馆？在冰旅馆，客人住在冰铸的房间，睡在冰床上（有睡袋和垫子），周围是各种冰雕……门和卫生间不是用冰做成的，因为屋里根本就没有。屋里没有可放行李的空间，都得放在别处的储藏柜里。这真是太糟糕了。因为可能凌晨两点会用长舞裙，我得提前把它叠好放在睡袋上暖着……

贴于2004年11月21日"诺贝尔"专栏

诺贝尔周之前的感恩节

我做第一顿感恩节餐时最艰难。当时艾米蒂还是个婴儿，弗兰克和我都患了感冒。我坚持着到了厨房，热了一听坎贝尔（Campbell）鸡汤米饭来以示庆祝。那天我们都很欣慰，我们能吃汤饭，表明我们终于好转了。

我还记着我10岁时的感恩节，那次我姑母玛丽（Mary）让我一起帮着做杂碎汤。非常好喝，我俩在厨房不停地尝，到了要上汤的时候，都被我俩给喝完了。*

我还记得我们与弗兰克的爷爷奶奶多次一起在节日用餐。维尔切克奶奶能做出有很多巴萨（巴萨是一种有名的波兰熏肠——译者注）的正宗波兰菜肴。然后我们会再驱车去柯娜（Cona）姥姥家，吃超好的意大利火鸡，还有宽面条、肉丸和火腿肠。我们动脉系统没出毛病真是个奇迹了。

记得10年前，我学会了让计算机帮助我安排好感恩节。我用它做出时序表，列出每道菜及其烹饪方法。我都奇怪，在人们没有打印机前是如何做到这点的。

我记得去年，我在博客里做了一个很普遍的感恩节祷告（“主啊，你知道我不会烧这个讨厌的火鸡……”）（烤火鸡是美国家庭感恩节的一道特色菜——译者注）。

今年，我们会有12个人一起吃饭（对不起了，我的胳膊！）。不再喝听装的汤了，取而代之的是丰富的素贴饼，精制的巧克力蛋糕配火鸡，还有给像我这样食肉者的鲜肉汤。对我们这些要前往瑞典为弗兰克庆贺的人——呀，只有不到两周了！

现在，我还是赶紧做饭的好！

*嗨，差不多有50年了我才意识到，是玛丽姑妈当时赶紧承认，汤被喝完她要负一半的责任。但其实她也就喝了没一汤勺。毫不奇怪，大家都喜爱玛丽姑妈！

贴于2004年11月26日“生命，宇宙及万物”栏目

踏上北极之序曲

诺贝尔周之后，弗兰克和我将北进去感受一周的极光，承受那种没有阳光终日如夜的日子。瑞典物理学家斯沃克·弗莱德里克森（Sverker

Fredriksson）给我们发来了诱人的电子信，谈了极地之行可能会有哪些经历。现在，我获准贴出来一部分。因此，下面他就是我有史以来的第一位客座博客人。

贝特希，弗兰克，你们好：

我是在哥德堡（Gothenburg）机场给你们写电子信，我正在等去布罗斯（Boras）的公交车。由于昨天的雪和今天的冰，我们的飞机晚点了一个小时，错过了上一班车。往返于卢勒奥（Lulea）和哥德堡之间只有一架飞机，它通常会在白天接送被延误的乘客，但这次，晚上也得飞。昨晚的最后一班实在太晚了，只能让机组在早晨休息，晚起飞一小时。机翼上的冰需要清除，正常情况下这个需要几分钟。然而，早晨7点是从吕勒奥离港的高峰时间，有四个航班等待起飞，我们只能排队等着喷洒除冰，这又用了30分。

飞机晚点有益的一面是我可以在机场网吧里待上一小时。不好的是我和我太太在一起的时间少了一小时。

不管它吧。我们“狗人”似乎对我们的宠物有着相同的态度。我太太总爱开玩笑说，贵司宾（Qrispin）要想核查自它上次看报后某条狗干了些什么的话，它就会去查报纸的随笔专栏。贵司宾对电视中的枪战有兴趣，也关注在我们公寓楼里吵嚷的人。但它还能一站好几分不动，去分辨草坪某处的细节。要知道，它是可以清晰地看到50米开外另一条狗的。

你们知道，狗有比我们人好差不多250 000倍的“鼻子”。甚至有人说狗能够嗅到单个分子的。我试着训练贵司宾能够分辨单个自由夸克，可它好像知道夸克只是渐进自由的，不值得去努力（夸克是目前已知组成物质的最小单元之一。维尔切克等发现夸克之间的相互作用有渐进自由的性质，并因此而获得诺贝尔奖——译者注）。

我感到很惊奇，你家的狗都16岁了，还那么机灵！我太太和我对贵司宾已过12岁半的年纪多少有些郁闷，因为书上说多数品种的狗预计可以活到14岁。我们期望这种预测和我们20年前买小兔子司塔坡尔（Stumper）时听到的一样不对。我们原指望它能活“5～7年”，但它是在12岁高龄才去世的。我们琢磨这一定和它吃熏肉片、薄荷巧克力、美术书还有电线有关。

我只在电视上看过放飞气球*，但有时候在吕勒奥北部的天空也能看到升在差不多35公里左右的气球。这时它们看起来像明亮的星星。每次气球上天都有民众给政府机关打电话，报告看到了不明飞行物（UFO）。我还不清楚这些12月中的气球是谁的，但很可能属于美国国家航空航天局（NASA）。他们曾决定要放飞从基律纳（Kiruna）（瑞典北部城市——译者注）飘向阿拉斯加（Alaska）的科学研究气球。

正常情况下，风从这儿吹向东方，气球在到达乌拉尔（Ural）山脉前给降下来。我猜美国国家航空航天局的气球需要等待特别的气候条件。

关于天气：吕勒奥和基律纳两地经历了一周反常的寒冷天气——我住的地方 -22℃。基律纳更低到了 -27℃。现在气温已经升到了正常的 -3 ~5℃。西海岸这里现在是8℃，这和瑞典北部凉爽的夏夜温度差不多。

我和我太太搬到吕勒奥那年，8月的平均气温是8℃，那是几十年来最冷的一个夏天了。可就在两年前，我们这儿有一周气温超过了30℃，更有一天达到了创纪录的35℃。要知道这儿可是和阿拉斯加北部或格陵兰岛（Greenland）北部一样靠北。这儿有一个优点：空气总是干燥的，不管天是冷还是热，都很舒适。换句话说，我们这儿没有纽约那样的天气。

如上就是我这次在网吧所做的。

最好的祝福。

斯沃克

*期望在我们访问期间能看到从亚斯蓝吉（Esrange）升空的平流层气球（亚斯蓝吉有瑞典的航天中心——译者注）。

贴于2004年11月26日“诺贝尔”专栏

我的瑞典语应急准备——还有弗兰克的

我的瑞典语*“应急准备”包括最基本的，像找卫生间或网吧。弗兰克就要面对更严峻的考验了。

今天早晨我才知道，弗兰克已经答应给中小学，7岁以上的孩子作一个“小报告”。我敢保证他会讲些有趣的事情——但那会是用英文。因而，如何从中抽出几个他也能用瑞典语来表达的关键词或一个句子将是一种挑战。

只是翻译一下“胶子”（gluon）或“渐进自由”（asymptotic freedom），还是会让许多瑞典孩子有希腊语的感觉（与瑞典语不同，英语和拉丁语、希腊语有着很深的渊源——译者注）。

或者可以走另一个极端，弗兰克用瑞典语背下丘吉尔（Churchill）的“永远不放弃”演讲词†。

你任何时候说“非常感谢”也不算什么错，听起来也不是很怪。

我等着看弗兰克会准备些什么！

*谢天谢地，我们去年夏天在乌普萨拉（Uppsala）（瑞典东南部城市——译者注）度过——因此我已经过了我最初“磕磕巴巴瑞典语”的阶段。

†据说丘吉尔曾对哈罗公学（Harrow School）的学生这样演讲，他说：“（我们）永远，永，永，永，永远，不投降。不投降。不投降”。然后他就坐下结束了演讲（哈罗公学是英国最著名的公学之一——译者注）。

贴于2004年11月27日“诺贝尔”专栏

我们现在处在亚稳态

物理学家们知道很多种相变，“就是一种或多种物理性质的突变”。按维基（Wikipedia）的说法——例如，冰溶化为水，水沸腾变为水蒸气，某些物质过度冷却后变为超导体……

我正准备着实现从出发前的贝特希到旅程中的贝特希的相变。

我刚把我们院子收拾好准备过冬——我明白在12月18号前我是不可能再有一分钟的闲暇了。出发前的贝特希身着工装裤，穿着滴的满屋都是水的运动鞋（在我卷起院子里的橡皮管时，把袜子全浸湿了）。

我希望，旅程中的贝特希看起来会很酷和雍容。她将身着深色，有银灰底纹的西装，脚穿她喜爱的红色步行鞋。而且她双脚上的袜子绝对是干的。

现在呢，先要过了中间态，似乎是正在写博客的贝特希……

贴于2004年11月30日“诺贝尔”专栏

您好，总统先生

“一党”的华盛顿特区

威恩汉姆（Wyndham）饭店礼品店出售有大象标志的领带，但却不卖有驴标志的（在美国用驴表示民主党，用大象表示共和党——译者注）。99种印有乔治·布什的纽扣或精巧的印有劳拉·布什的心形纽扣点缀其上。

不过，我估计民主党人一般不会到这里来，除非比如说像瑞典大使邀请他们来赴宴。

在从波士顿飞往罗纳德·里根（Ronald Reagan）机场一路颠簸的小飞机上，我想明白了一些事情（罗纳德·里根机场是华盛顿的国内机场——译者注）。共和党之所以“保守”多年是因为他们不当权。民主党在运作和资助一些共和党反对的项目。

一旦共和党执政，2000年后，尤其是2002年和2004年权利更加稳固后，他们利用手中的大权，对自身做了很大的调整。现在到了民主党人在想着回归以往了。

贴于2004年11月30日“生命、宇宙及万物”栏目

写给米亚的信之梗概

米亚（Mia），你好！

按照惯例，瑞典驻美国华盛顿大使会招待诺贝尔奖获得者晚宴，并且会预先安排在白宫为他们接风。日子由白宫来确定，你可以看到他们一直要拖到这最后一刻（已经是12月1号）。6对获奖人夫妇依次和布什握手——我们都努力要保持礼貌*，否则除了使得和蔼的瑞典人难堪外，对任何人都无益。

简·埃利亚松（Jan Eliasson）大使令人难忘，他有过国际外交和调

停的经历：

http：//www.swedenabroad.se/pages/general_7038.asp

最近宣布他为联大会议主席（简·埃利亚松是第60届联大会议主席——译者注）：

http：//www.swedenabroad.se/pages/news_29882.asp@ root =6989

就其本人来说，他是个有魅力，健谈又有思想的人。他的妻子柯斯廷（Kerstin）是瑞典文化部副部长，每年她会从斯德哥尔摩来华盛顿参加这个活动。埃利亚松打趣地说，柯施婷能来也是这项活动带来的益处之一。

他又很谦逊，直到晚餐后桑德拉·蒂·奥康纳（Sandra Day O'Connor）大法官在讲话中向他表示祝贺时，我们才知道他新获得了联合国的职位。我还碰到了更令人愉快的政治活动家鲁丝·贝德尔·金斯伯格（Ruth Bader Ginsburg）大法官。由于某种原因，她戴着一副钩织的短黑手套。你瞧，杂七杂八的一些华盛顿闲话：康迪·赖斯（Condi Rice）应当再买双更大更好的鞋子，尽管她穿戴非常讲究，可她高跟鞋的小白鞋垫却从后面跑出来顶在她的脚踝上（康迪·赖斯全名为康多莉扎·赖斯，是美国布什政府的国务卿——译者注）。

我期望美国能有像简·埃利亚松那样的人来领导。

爱你并……

贝特希

*我知道至少有一位获奖人是支持布什的。“除弗兰克·维尔切克以外的诺贝尔奖获得者”表达的其他看法为：“正是这间办公室，而不是这个人。正是这间办公室，而不是这个人。”“我会保持礼貌，但我不会闲聊天。”事实是，闲聊确实没必要。我后面的帖子中会有更多……

贴于2004年12月3日“诺贝尔”专栏

再说椭圆形总统办公室

白宫关于6位诺贝尔奖获得者访问总统办公室的报道，把“弗兰克·维尔切克”的照片放到了中间。这似乎还不错，但实际是他们把经济学奖得主芬恩·基德兰德（Finn Kydland）当成了弗兰克·维尔切克。

我记事本上12月的记录：

两点钟，大家都穿上了正装，多数还加了外套，我们挤进一辆加长混合动力豪华轿车前往白宫。一位“除弗兰克·维尔切克以外的诺贝尔奖获得者”忘了带身份证，耽搁了我们按时出发。从威恩汉姆饭店到白宫大约用20分。

由于安全原因，接送车停在了白宫的数层大门之外。我们穿过了几个巨大的台子，台子上有用帆布包裹了的灯具和新闻记者用来站在上面拍摄外景的墩子。我们都拿了标有字母A的小塑料牌子（A表示约见）。

当我们走进白宫西翼（West Wing）的时候，我听见直升机嗒－嗒－嗒地开了过来。总统刚从加拿大回来，一个金发碧眼的女助手说。我们接着进了泰迪·罗斯福（Teddy Roosevelt）房间，在这里，另一金发女助手，这是位佩戴着许多徽章的海军军官，给我们讲解了以下规矩：总统有一个名单，诺贝尔奖获得者要按那个次序排好队。家属要紧挨着自家的获奖人。当通往总统办公室的门打开后，总统就要准备接见了。只有听到海军士兵点到获奖人的名字，才能进去。获奖人先进去接受布什总统的问候，再把家属引见给总统。布什先和获奖人合影，再和获奖人及其家属合影。之后逆时针离开，在壁炉旁等着布什接见下一位诺贝尔奖获得者。然后由白宫摄影师拍摄布什同所有获奖人的合影。再后新闻摄影记者进来拍摄同样的合影。最后就离开赴招待会。

这是一场典型的作秀，它的意义就在于照相机把这一切都记录了下来。

海军士兵点唤到：弗兰克·维尔切克，诺贝尔物理学奖获得者（弗兰克走进去，贝特希尾随着。布什总统就站在门里，和弗兰克握了手）。

布什说：“祝贺你，我们为你骄傲（弗兰克仿佛说了些机智又不失礼貌的话，我没听清）。和你一起来的是谁呀？”

弗兰克：“这是我太太，贝特希·黛雯。”

布什：（微笑着握着我的手）“恭喜。”

贝特希：“你刚从飞机上下来，就来接见我们，你真太好了。”

布什：（看起来听了很高兴，想着如何回答）“这儿外面风很大啊。”

贝特希：“好在我们现在进来了。”

布什：“（拉住了弗兰克）等一下，如果大家不介意的话，就我们俩照张相。（摆好了架势，茄……子……）再给我们三个人来一张。（茄……子……）谢谢你们。”

我和弗兰克离开走向壁炉，布什赶忙到门那儿再去迎接下一位获奖人（一个接一个的），说着一字不差的台词：“祝贺你……我们为你而骄傲……和你一起来的是谁呀？”

我猜想不管谁在“接待”大批人的时候，都一定要事先准备好一套话，尽管在竞选的时候捐款人也许听到的是“谢谢你，非常感激你的捐助”而不是“祝贺你，我们为你而骄傲”。“和你一起来的是谁呀？”听起来友好且随意——不管是对1个妻子还是15个孙子都同样适用。

我有点跑题了。后来，媒体摄影记者被分成两组放进来。都一样飞快地抢占好位置，准备得当。（茄……子……）（茄……子！……）（茄……子!！……）

然后，就像事先告知我们的一样，到了去赴招待会的时刻。

顺便再说，我真的觉得，布什一下飞机就急忙过来给我们举行接见仪式，表现了他令人崇敬的自律品质——特别是想到他可能并不想接待我们。我都对自己跟布什说了的话感到吃惊。很滑稽，在我们不知道该说些什么的时候，那些话竟脱口而出了。

贴于2005年1月7日“诺贝尔”专栏

摘取诺贝尔奖之斯德哥尔摩“历险记”

酸梅汁

斯德哥尔摩华丽的大饭店（Grand Hotel）里，到处都是诺贝尔奖获得者和他们的基因传承者。格罗斯是和他的孩子们一起来的，他们戴着印有“格罗斯［强力（者）（The Strong Force）］”的棒球帽（格罗斯、维尔切克、波利策三人因有关强相互作用性质的研究而得奖——译者注）。我们到达的时候，爱德华·普雷斯科特（Edwards Prescott）可爱的儿孙们已经在大厅了。我还没有见到基德兰德（Finn Kydland）（挪威经济学家，诺贝尔奖获得者——译者注）、波利策和阿克塞尔（Axels）（美国科学家，诺贝尔生理学或医学奖获得者——译者注），但这也只是个时间问题……我在此删略了一些。

我们都喝着酸梅汁似的饮料，一天都是。瑞典式的招待总少不了许多酸梅汁。它已经成为一种“欢迎到瑞典来”的民族饮料了。诺贝尔奖委员会的官员们，在北欧航空公司机场的出口处接上那些历经时差的客人们后，会马上把他们带去喝酸梅汁。冰旅馆里给睡在毛皮覆盖的冰床上，刚醒来的客人端上热酸梅汁。凡此种种——瑞典宜家（IKEA）（公司）按英加仑来分发它。

瑞典太可爱了，每个人都是那么的友好，我的舌头都可能会因此变蓝一阵子了。我现在得离开一会儿计算机，让芬·基德兰德用用。

贴于2004年12月5日“诺贝尔”专栏

诺贝尔博物馆和翻身陀螺（tippe top）

将“翻身陀螺”在其半圆底上旋转——它会不停地摇摆，直至翻转过来以它的轴为支点旋转为止。

物理学家安德斯·巴拉尼（Anders Barany）（诺贝尔博物馆）是国

际顶尖专家——在翻身陀螺方面！我和弗兰克在2003年第一次见到他，这次一见面，他俩就在地上弄了一大堆翻身陀螺转。我们很高兴今天能在诺贝尔博物馆为新获奖者举办的招待会上又见到他。

招待会早8点开始，这是漫长忙乱的一天，弗兰克的叔叔婶婶也到了。他们的住处还没有落实，大饭店很友好地在把房间准备好之前，先给他们安排了休息处。我们出去在北欧明媚的阳光下散了一会儿步，看到有一个小溜冰场都开门营业了。理智和时差很快提醒我们又回到了旅馆。

还有一些小零碎：

❖ 弗兰克穿燕尾服看着挺精神。租衣服的人只要看你一眼，就知道你穿哪件合适。

❖ 从电视塔顶看，斯德哥尔摩非常漂亮，可手机信号在那儿却出奇地不好。

❖ 诺贝尔博物馆商店出售用金箔包着的巧克力做成的、制作精美的“诺贝尔奖章”。

❖ 这儿有很多人向诺贝尔奖获得者要签名。

在富豪酒店（Franska Matsalen）我们同弗兰克的“诺贝尔侍从”塞茜丽亚·爱珂霍尔母（Cecilia Ekholm）（在平时她是一名对外服务部门的官员），还有瑞典电视二台的罗兰·朱伊德魏尔德（Roland Zuiderveld）（还记着罗兰吗？就是那个我在博客写过的，到过我家的瑞典文化栏目电视记者），一起享用了美好的家庭晚餐。一天就这样非常愉快、更加清醒地结束了。

弗兰克需要用计算机，而我需要些睡眠（在这儿，我比他要好运）。

还有，明天的日程更紧张。

贴于2004年12月6日“诺贝尔”专栏

我的夸克问题专家丈夫

今早在网上阅读了瑞典报纸——我很喜欢弗兰克在《每日新闻》（Dagens Nyheter）上的照片。

可是我也说不清是弗兰克，还是记者做的如下评述：“这个理论是解释自然界相互作用机制之谜的最后一部分。”（感谢瑞典乌普萨拉大学约瑟夫·米拿罕（Joseph Minahan）教授对瑞典语的英文解释——译者注）

贴于2004年12月7日“诺贝尔”专栏

“鬼宫”中的午餐

在斯德哥尔摩我似乎又从虚幻的世界回到了现实。在这儿，记者有许多更有意义的东西可以去写，而不是“置疑博客是否属于新闻业”。例如，许多新诺贝尔奖获得者对那些有趣问题的巧妙回答。

我要对真正的记者说：有多少写博客的人会在一大早就从被窝里爬出来，七点一刻就采访我先生呢？但某个瑞典电台的年轻人就是这么做的。

后来瑞典皇家科学院，在他们的象牙塔里招待诺贝尔奖获得者们用早餐，但被罕见的天文现象木星月掩给干扰了（遗憾的是，天空太亮没法看，尽管我们还看得见一弯暗弱的月牙）。

在一次记者招待会和预演后，斯德哥尔摩大学校长在“幽灵城堡”款待了我们一顿美味的午餐。这是一座17世纪的古堡，传说常有幽灵出现，因此也被叫做“鬼宫”。

斯德哥尔摩大学的物理学家，拉斯·博格斯特洛姆（Lars Bergstrom）对强作用给过一个很好的诠释。他跟我说，英格玛·伯格曼（Ingmar Bergmann）（瑞典当代著名艺术家、电影导演——译者注）在电影《第七封印》中排演的，与死神对弈的核心场景，灵感就来自在他家乡小镇教堂中壁画。更恐怖的是，他说诺贝尔物理学奖有时会在早晨要宣布前才能定下来。

坐在我另一侧的格罗斯，给我讲了他对欢庆活动具有诺贝尔水准的看法（我曾问过他是不是获奖人之一得给主人敬酒致谢）。戴维说：“整个庆祝活动安排得如此之好，如果真需要那么做的话，会有人提前告我们的；既然没有人要求我们这么做，说明不需要。”

弗兰克和戴维现在又在接受第三或第四个采访了。我现在觉得博客人给记者写博客，比记者报道博客人还无聊。你们不这么看吗？

贴于2004年12月7日“诺贝尔”专栏

迷人的音乐……

明天（12月8日）就要诺贝尔奖演讲了。为了使获奖人不至于太紧张，诺贝尔奖委员会在12月7号这天安排的各种活动之丰富，一如饕餮之宴。

终于有这么一刻，弗兰克认为他笔记本电脑里的诺贝尔奖演讲稿算是准备好了，但其实还没好，唷。

今晚，瑞典皇家科学院请我们大家在同样雅致，又灯火通明的一个18世纪建筑物里享用了晚餐。用餐后，年轻的斯德哥尔摩歌唱家们［丽尔顿朋友（Riltons Vanner）组合］为我们表演了他们那迷人的清唱。他们时而谐趣，时而优美动人。

大家都着迷到了忘我，甚至包括明天的诺贝尔演讲。

贴于2004年12月7日“诺贝尔”专栏

拉雪橇狗、瑞典王室以及斯沃克

多棒啊！诺贝尔奖获得者可以邀请多达16位亲朋到斯德哥尔摩出席庆典——还会发现他们的日程都排得满满的，你常常会在大型招待会上见到他们，或偶然在酒店大厅中邂逅。

获奖人：“沃特（Walter）叔叔！碧丽（Billie）姨妈！你们还好吗？哦，对不起，汽车在等我……”

我对诺贝尔奖来宾，也是博客人的斯沃克·弗莱德里克（Sverker Fredriksson）的感激包括他发给了我许多电子邮件，我想读者会对这些邮件有兴趣的。

周四深夜：

贝特希、弗兰克，你们好：

我估计现在你们已经睡了，明天将要发表诺贝尔奖演讲，这是来瑞典后的首个正式任务。今晚我在电视上看到了你们，发现电视里的你们与我照片中的一样，热爱生活、随和并富有魅力。

这也预示着弗兰克的演讲有可能会突破传统诺贝尔演讲的沉闷乏味了。大多数报告人似乎忘记了多数听众并不是专家，他们只是想更多一些了解诺贝尔奖获得者和他们的发现，而获奖人却在努力把他们的演讲归于经典。如奥斯卡奖获得者一样，演讲的主要内容成了冗长的致谢。

我猜想周四是留给“受难星期五”作预演的。

今晚我听到格罗斯说他期待着见到我们国王。国王是个很有趣的老兄，在非正式场合他能开玩笑，但在像登基之类的传统仪式上他会很正统，有时甚至有点腼腆。

国王在瑞典深受爱戴。然而作为一名“共和党人”，在这儿他却从未在选举中投过票（很遗憾，不像你们的国家那样）。

我们的执政党曾经在什么地方背书，说瑞典应当成为共和国；但一个世纪以来，政府却成功地回避这个问题。

不管怎么说吧，周五晚上，在你们与王室一起的五分钟里，别忘了说你们要去北极，还要在冰旅馆中过夜，你们还要参观太空组织和矿井。我敢肯定国王一定会非常关注。

弗兰克，你很可能会被邀在晚宴上作一个两分钟的讲话。这些讲话通常可以很随意，适合于心情好的听众，也包括我们这些看电视的人。去年文学奖得主的讲话是说给“所有的母亲”的，说没有她们的支持，绝不可能有人能得诺贝尔奖。

今早上我们发行量最大的报纸上讲，美国获奖人在忧虑那些周五要穿戴的，奇怪的“尾巴”（指燕尾服——译者注）。在瑞典它们是学术界标准制服的象征，表明在科学上要评价一个人取决于他的思想和观点，而不是取决于一个人看起来多么奇特。老百姓把各种仪式的入场式戏称为企鹅游行。

最后还有一些新闻：英格瑞德·圣达尔（Ingrid Sandahl）（物理学家，极光研究专家）是一个了不起的人，她几乎认识所有基律纳（Kiruna）的人。周四我们访问过空间中学（Space High-School）后，她给你们晚上安排了狗拉雪橇。英格瑞德有一个朋友叫莉娜（Lena），她有很多条狗，准备为游客开展商业观光业务呢。如果她能把你们当做第一批“游客”，那对她未来业务是再好不过了。当然你们的旅游是免费的，不过不会像商业线路那么长，因为那样会要几个小时，还会在某个咖啡店停留（因而会有花销）。

你们是养犬爱好者，你们到时候可以和狗交流，给它们讲你们家的爱犬。如果你们在电视中看到过狗拉雪橇，你们就知道其中困难的不是如何使狗跑起来，而是怎么让它们停下来。它们喜欢跑，通常人们必须绕着树抛一个锚才能使它们停下来。因此，我不敢保证到时候你们会有机会自己驾驭雪橇——这个技术性太强了。让我们一起期待下周四的北极光和月亮吧！

周四深夜更晚些时候，斯汉克对我的答复给了回信（我告诉他，在诺贝尔晚宴上，我被安排挨着瑞典王子坐）：

贝特希，恭喜你在宴会上与一位英俊友好的人士为邻。传统上，最年长的物理学获奖人的妻子会被安排挨着国王。这在萨拉姆（萨拉姆是巴基斯坦物理学家，1977年同格拉肖、温伯格一同获得诺贝尔物理学奖——译者注）得奖时带来一点小麻烦，因为他把他两个妻子都带来了。最终年长的那位夫人有幸被优先安排，而年轻的那位就只能挨着学生坐了。这种情况诺贝尔先生当年没有预料到，他遗嘱中关于宴会上的座次安排仍然在沿用。

王室的三个孩子各个聪敏可爱。重要的是，不像英国王室那样丑闻缠身，瑞典王室完全与丑闻无关。

现在我也得睡觉了。一晚上我都在准备今天白天晚些时候的一个演讲，一个用外星人绑架和地面辐射（earth radiation）为实例分析的新课："好和不好的科学。"在课上我常举物理和天文学方面的例子。

我有可能会睡过了我的课。要那样，准备可就全白费了。贵司宾几小时前就睡了。

祝你们在后面的时间里好运，或者断腿。这是这里的迷信者的口头禅。

半醒的斯沃克致以良好的祝愿。

又：国王和王子也都是养犬爱好者。国王曾经有一只叫阿里（Ali）的拉布拉多猎狗（labrador）。由于瑞典穆斯林的抗议，他后来给狗改名叫做查理（Charlie）。最近王子在斯德哥尔摩市里遛狗时没有用皮带牵着，马上被小报指责是违法。这是50年代以来，我们听到与王室最为有关的丑闻了。也许还有某些王室成员在过马路时闯过一次红灯，或两次？

诺贝尔奖演讲很快就会上网：http://nobelprize.org。我希望网上的版本也会有弗兰克关于"欧姆三定律（Ohm's Three Laws）"的故事（从萨姆·特瑞曼那里听来的）。

贴于2004年12月8日"诺贝尔"专栏

徒手将两个夸克分开

尽管有些夸张，却能给听众一个生动的描绘。演讲者在演示夸克拒绝分开的情形。

弗兰克·维尔切克2004年12月8日诺贝尔演讲时的画面，由天才的摄影师、生物学家，现在是瑞典皇家科学院科学编辑和出版社负责人的乔纳斯·福拉里（Jonas Forare）所摄。谢谢你，乔纳斯。

贴于2004年12月9日“诺贝尔”专栏

叫维尔切克的人多得超乎想象

有多少家庭的姓氏具有“小狼”的意思呢？比你想象的要多，我们已经收到了许多来自这样家庭的电子邮件。

弗兰克的姓氏维尔切克源自波兰——他爷爷和奶奶的老家分别在华沙和加利西亚（Galicia）（西班牙西北部一省——译者注），他们在第二次世界大战中某个时候来到美国（弗兰克的妈妈是意大利人，但那另当别论）。

今早五份《瞭望》（Przeglad）周刊从波兰华沙送到了我们住的旅馆。从他们的网站上你能找到对弗兰克的一个简短采访——他们称之为“Lowca Kwarkow”，别人告我说就是“夸克搜寻者”的意思。

应杂志编辑之约，在这儿贴一张在诺贝尔典礼活动少有的间歇期间，弗兰克在阅读《瞭望》杂志的照片。

感谢沃德玛·皮亚塞奇（Waldemar Piasecki）使此照得以留存。

贴于2004年12月8日“诺贝尔”专栏

桑塔·露琪亚和诺贝尔桂冠

12月13日是瑞典家家户户欢庆光明节（Festival of Light，这天也叫桑塔·露琪亚（Santa Lucia）日——译者注）的时候，这天男孩女孩们都身着白袍，用歌声和小黄点心来“惊吓”睡梦中的大人。传统上女孩这天的头饰是上面插有燃烛的王冠，但这有时候会带来意外，没人想要了。

不用说，大饭店12月13日也有露琪亚们来闹早。饭店已经告诉我，他们的露琪亚们是瑞典漂亮的、20多岁的什么人。

我得永远感激昨晚吃晚餐时候邻座告诉我的信息：惊吓成人的典型服饰是“你最体面的睡衣”。

我们最体面的睡衣，嗯……，我好像没带。但我很高兴能提前四天知道要用它们。

贴于2004年12月8日“诺贝尔”专栏

诺贝尔周前后

美国驻瑞典大使今天招待诺贝尔奖获得者用午餐，中间有一道奇妙的巧克力甜点给弗兰克，上面附有闪烁的灯饰［多谢大使和毕纹（Bivins）女士！］

获得诺贝尔奖之前的弗兰克·维尔切克和贝特希。根据我们的经验，再来几顿宴会，维尔切克夫妇就会变得很“宽”。

贴于2004年12月8日“诺贝尔”专栏

哇，诺贝尔惠及博客！

破天荒第一次，诺贝尔奖官方网站在其关于弗兰克·维尔切克“其他有关内容”的副页里，给这个博客做了链接！

现在（12月10日周五早晨），我们得在斯德哥尔摩音乐厅演练走到我们预定的位置。尽管男士们的正装大礼服已经送到了大饭店，但预演不需要穿那些个奇特的服装。

贴于2004年12月10日“诺贝尔”专栏

参加诺贝尔奖颁奖仪式

有人把诺贝尔周描绘为一系列“无上”之经历。12月10日就是排满各种这样活动的一天。

第一个重要活动是预演诺贝尔奖颁奖仪式，就是弗兰克和其他桂冠得主排练如何行进，然后从国王那里领取奖章；夫人和记者们就“练”坐在观众席。

排演中国王由诺贝尔奖评选委员会一位杰出成员代替——我想是迈克尔·索尔曼（Michael Sohlman）。我在排练过程照了些照片准备给博客用，但他们要求我不要贴出来以示对报刊的公平，因为预演中新闻记者是不允许照相的。

后来哈洛德（Harald）开车把我们送回了大饭店，饭店的健身中心提供了一顿丰盛的色拉午餐。弗兰克做了一会儿健身，洗了一个桑拿，然后到诺贝尔博物馆去买玩具了，我和两个女儿在旅馆里做了头发……太开心了，多谢摩根·约翰松（Morgan Jonansson）和他的小组。

十辆加长的黑色豪华轿车已经在大饭店门口排好了，等着把获奖人送到斯德哥尔摩音乐厅。穿行过微暗的街道，我到了一处灯火明亮的院落，由一些不到十岁的孩子组成的儿童团在那里舞动着欢迎我们。

爬上各色隐蔽通道，弗兰克和其他获奖人到一边等候去了，我和其他家属坐到了观众席（非家庭成员来宾、朋友和同事坐在其他地方）。

弗兰克的叔叔沃特和婶婶碧丽在我来之前就坐好了。我们的座位非常好，在正数第二排。早晨我就给弗兰克看我分配的座位——84号，正中间。正式仪式上，我坐在我女儿艾米蒂和奥地利大使之间（大使代表获奖人奥地利女作家埃尔弗里德·耶利内克（Elfrida Jelinek）出席）。

我不打算就仪式写些什么了——现在是凌晨三点，报纸的报道（或网路视频）会更好。所有获奖人都礼貌地与国王握了手，而且没忘记适当地鞠躬致谢。音乐非常动听，特别是由瑞典女高音歌唱家苏珊娜·安德森（Susanna Andersson）演唱的罗西尼（Rossini）的咏叹调（在我后来遇见国王和王子时，他们都表示对她的演唱非常之欣赏）。

在最后一曲音乐和正式退场结束后，家属们都冲上台去和自家的获奖人欢聚。“让我们看一下你的奖章”，他对弗兰克说，“这是盒子，你打开给我们看吧”。

哇！

贴于2004年12月10日“诺贝尔”专栏

对大理石台阶的忧虑

诺贝尔奖晚宴的菜谱和音乐一直会保密到最后一刻。但座次安排和有讲究的入场次序在瑞典报刊上早些天就披露了。

当听说要挽着尊贵的卡尔·菲利普（Carl Philip）王子殿下走下三层大理石楼梯时，我还是感觉有点紧张。

本博客的老读者们一定在期待着像童话中英俊（还迷人）王子们的一些趣事。另外，甭管我多么怀有敬意，只要他是博客中的人物，我都可以想见一个二十多岁的年轻人受伙伴们嘲弄的情形。

晚宴非常惬意，我左边是富有魅力、懂计算机图形学的王子，右边坐着我的朋友，歌剧迷理查德·艾克塞尔（Richard Axel）——欲知更多的诺贝尔奖消息，请看《瑞典日报》（Svenska Dagblad）和《每日新闻》。

贴于2004年12月11日“诺贝尔”专栏

很不容易的“上菜秀”

为什么把食品装饰上香料做的小树枝或和纸一样薄的黑巧克力片就会觉得很好呢？

诺贝尔奖晚宴的餐后甜点“上菜秀”，在莫扎特的小歌剧序曲声中登台，数百名侍者一只手高举托盘，另一只手摇着小铃铛齐步前行。

走下三层大理石楼梯的事加剧着我的紧张感。据说，只有以往在诺贝尔奖晚宴上服务过的侍者才有资格上甜点。

贴于2004年12月11日“诺贝尔”专栏

12 月 11 日，一个愉快的诺贝尔式的生日

按照传统，在诺贝尔奖颁奖的第二天，国王和王后会邀请新获奖的诺贝尔奖获得者到王宫用餐——这样，今天的生日晚餐要有点麻烦了。

我需要补充一点，除了那个富有魅力、还记得今天是我生日的王子外，瑞典还有一位非常有魅力的首相。多谢我同座的约然·佩尔森（Goran Persson）和芬恩·基德兰德与我一起讨论我感兴趣的经济问题，这可是比做货币投机买卖要安全得多的消遣方式。

大饭店做什么都很大气，他们给我送来一大花瓶鲜花，还有生日祝福（住酒店用护照登记的这个好处，我还是头一次享受）。

弗兰克送给了我一副带有琥珀坠的项链；艾米蒂送了我一个手机套，上面用精美的人造钻石粒缀出一个大大的字母“B”来；米拉（Mira）给了我一支填满杏仁酥的巧克力雪茄。嗯嗯嗯，还有，伊藤壤一（Joi Ito）的生日祝福链接到了我的博客。

这个生日过得太好了，我都不想再变老，不想再过更多的生日了！

贴于 2004 年 12 月 11 日“诺贝尔”专栏

对诺贝尔奖舞会上舞裙的建议

我在孩提时对“舞裙”的概念来自迪士尼动画中的灰姑娘——美丽的肩膀若隐若现，但不过分暴露。在给自己买舞裙前，我通过谷歌的调研知道，美丽的瑞典王后和名媛们穿长袖或帽口袖的长下摆服装。

在王宫的传统宴会上，我穿了我长袖的天鹅绒大衣，这样就可以露出我的新项链。我很满意我的长袖，要知道斯德哥尔摩王宫可比市政厅冷！

贴于 2004 年 12 月 14 日“诺贝尔”专栏

其他人的照片：瑞典电视台

瑞典电视台网站的诺贝尔页面上链接着许多很有意思的弹出页，它们没有自己的网址。为了不懂瑞典语的读者方便，我冒失地翻译了几条你也许会点击的链接。

若看：诺贝尔奖颁奖仪式和晚宴静态照片。

点击：Nobelpriser och festmingel（诺贝尔颁奖仪式和社交派对图组）

若看：钧特·格拉斯（Gunter Grass）（德国作家，1999 年诺贝尔文学奖获得者——译者注）跳吉特巴舞的两张照片，以前的诺贝尔奖冰激凌以及其他。

点击：Snillen och glitter pa tidigare feste（追忆往日的荣耀/人文）

若看：王室和其他人下楼到宴会厅。

点击：Vem bar snyggaste klanningen?（谁穿戴最华丽?）

贴于 2004 年 12 月 11 日“诺贝尔”专栏

启斯东警察版的诺贝尔晚宴视频[1]

诺贝尔奖基金会还贴出了一些颁奖仪式和晚餐的录像，包括一段 2 分钟长、配有启斯东警察（Keystone Cops）电影音乐、2002 年宴会时的慢镜头影片。该片欢快有趣，但也具有雪莱十四行诗《奥西曼提斯》般的现代悲情意识。

贴于 2005 年 1 月 11 日“诺贝尔”专栏

露琪亚日前奏

昨晚晚饭前，蕾蒂西雅（Laetitia）和爱丽丝（Alice）给我们展示了她们的露琪亚装束。

我对欢庆露琪亚日的理解现在已经不再局限于只是“体面的睡衣”了。现在是早晨 6 点一刻，弗兰克和我都已经起来洗漱好了，这样当露琪亚来临的时候，我们就可以马上爬上床，当然还会适当地做出看起来吃惊的样子。

贴于 2004 年 12 月 12 日“诺贝尔”专栏

我们见识了露琪亚日

早 6:50，干净整洁的维尔切克夫妇又奔回床上，关了灯。当然我

① 启斯东警察为系列戏剧电影——译者注。

们是穿着“体面的睡衣”的（由于我们在斯德哥尔摩没有时间买新睡衣，我们只得把很沉的，但还很平展的长内衣穿戴上）。没多久，我们就听到露琪亚在敲我们的门了……

露琪亚伴唱者由两位大饭店“客服部”的女士陪同，因而我们不必起来去开门。轻声的吟唱和烛光慢慢地向我们黑暗的卧室靠近。露琪亚少女戴着插有真燃烛的头饰，她的侍从手里也都拿着蜡烛（我后来知道，她们是当地音乐学院的学生——她们的歌声非常动听！）。

露琪亚的侍从们或戴着尖尖的帽子［所谓“超男”（喜剧故事中的超人——译者注）］，或戴着花环（所谓“女傧相”）。她们一起唱着“桑塔·露琪亚”（用瑞典语发音是“露西亚”，而不是“露琪亚”），再来一点瑞典圣诞调的音乐，然后鱼贯而出再唱“桑塔·露琪亚”。

后来格罗斯告诉我，有一年有个获奖人还真被这个瑞典风俗给吓着了。他在睡梦中感觉到来了金发碧眼，穿着长袍的漂亮姑娘，猛地意识到他已经死了，上了天堂。

大饭店的露琪亚歌手们还给我们送来了咖啡、藏红花面包和一个带包装的露琪亚礼物，原来是一个陶瓷的露琪亚。彼时咖啡远没有露琪亚的歌声诱人。这对像我和弗兰克这样对咖啡如此上瘾的人来说，也算是个奇迹了。

后来我在楼下大厅里再见到这些歌手，就赶紧抓拍了几张照片。歌唱者非常认真，但听歌的人却乐开怀——的确如此。

贴于2004年12月13日“诺贝尔”专栏

呱，呱，赶紧跳回到12月13日

我想再回到斯德哥尔摩大学12月13日微笑的绿跳蛙仪式，它是我们所经历过的最有趣派对之一。

作为最年轻的获奖人，弗兰克意识到（在几支祝酒歌和白兰地下肚后），他需要致午夜答谢辞。他在餐巾纸上草草地写出如下七对平仄句，说：

我很清楚在这种场合讲话的要旨是简练。但我写不来俳句，你们也就只能将就着听十四行诗了。十四行诗有严格的范式，它由十四行句子构成。

研究物理时，谁曾想到，
几天大吃大喝的聚会之后，人已半醉半醒，
灵感却像一只青蛙，蹦蹦跳跳到达顶峰，
杰出的诗篇一气呵成。

经历了所有的一切，我方清醒，
我喜欢上海盗般的生活，无拘无束，
而一旦回到我那宁静的乡村小屋，
我便在赃物和战利品中得到满足。

是你教给了我，瑞典人如何不再犯错。
时光宁可在学习饮酒唱歌中度过，
表面上人们似乎是那么宁静祥和，
相反，私下里充满着风趣欢乐。

多谢了，青蛙和蛙迷，为了这一课。
总共十四行，恰是我之所得。

注：我在我们宁静的乡镇里的家中记录那一夜，现在我太想睡觉，而不是“劫掠”了……

贴于2004年12月18日“诺贝尔”专栏

喔，凌晨5点！

嗯……是70年代电视偶像帕娣·杜克（Patty Duke）的橄榄球帽式发型？还是她那在《指环王》（Lord of the Rings）中扮演萨姆·詹姆吉（Sam Gamgee）的儿子肖恩·奥斯汀（Sean Astin）的魔兽紊乱发式？

昨晚非常有趣。现在弗兰克·维尔切克也是一只绿蛙了。我们在凌晨一点，微笑着上床休息。现在是五点，我们正在做北上整理行装之前的最后洗浴。

我必须决定怎么安排我的杜克头盔式发型。不要责备我那优雅年轻的美容师摩根·杰森（Morgan Johansson），在我逗留期间，两次做了这种历史悠久的发式——是我说服了他，两次都是。没有许多的抹平和抖松以及认真的喷发定型，我的头发喜欢卷曲成细的“骇人”的长发绺。

尽管今天上午我忍不住要洗它，但我宁愿更像肖恩·奥斯汀的母亲，而不是第三集中的弗罗多（Frodo）和萨姆（Sam）。并且，如果我从那个雪橇上跌落，我会惋惜我的头盔发型。

贴于2004年12月13日“诺贝尔”专栏

北极圈诺贝尔奖的明天

与诺贝尔辉煌告别

今天下午差不多一点，将是我们看到的最后一缕日光的时候——至少到12月18日我们再次飞回南方前如此。现在我们在卢勒奥暂住一晚。这儿有建于1492年的教堂。明天我们再次向北，穿过北极圈。

此刻我们向斯德哥尔摩和诺贝尔周做了依依惜别。我们正在迎接没有塞茜丽亚的生活，她以无可匹敌的效率和良好的精神解决了我们所有的问题。我们正想知道，没有哈罗德·古斯塔夫松（Harald Gustavsson），我们将如何存活，他曾用他那沃尔沃豪华轿车带着我们到处跑。

卢勒奥的北极宾馆（Arctic Hotel）有舒适宽敞的房间和甚至免费的无线网络。但我想，弗兰克和我在一段时间内还会怀念斯德哥尔摩那不可思议的大饭店……

❖ 明镜高悬的金色电梯。

❖ 给获奖者的鲜花和巧克力。

❖ 送早餐和收拾衣服的白衣少女，就好像她们在别处做复杂的脑科手术，而在此做短暂愉快的休息。

尽管如此，未来就在眼前，包括明天的冰旅馆！

贴于2004年12月14日“诺贝尔”专栏

冰旅馆并非挤满了来自不列颠旅游者，不可思议……

通过贝特希的博客——滑稽还是古怪？来自斯德哥尔摩的汉斯（Hans）把这个电子邮件发给你：

你好，贝特希，你写了一个多么精彩的博客。我真的喜欢读你的诺贝尔非凡经历。但你似乎有点约束自己，因为链接来自nobelprize.org。无论如何，我看到了这篇短文，认为你也许对其他酒店顾客来自何处感兴趣。

http://www.reuters.co.uk/newsarticle.jhtml? type = oddlyenoughnews&stor yid = 7067483

继续你的出色工作，不必回复……

谢谢，汉斯（Hans）！

文章：

不列颠圣诞阳光之梦

伦敦（路透社）——相对于更精美的食物，如龙虾和鱼子酱，不列颠人偏爱带有圣诞节装饰的火鸡，但国家的一半将一改阳光灿烂而代以传统的雪景，一个季节性调查说明了这一点……

但人们因为节日理想目的地的选择而分裂了——50%选择加勒比海马斯蒂克（Mustique）岛，而只有四分之一喜欢瑞典的冰旅馆（Ice Hotel）。

贴于2004年12月16日“诺贝尔”专栏

我希望尽快回复的电子邮件

妈妈，你好，

冰冻的北方如何？跳蛙舞会如何？我非常渴望听到更多，关于神秘仪式和镀铋两栖动物的事情。

爱你的

米蒂（Micky）

我正在亚斯蓝吉（Esrange）[瑞典的一个空间中心，在瑞典北部城市基律纳（Kiruna）附近——译者注]的会议中心写博客，正要观看一次同温层气球放飞。我不会忽略青蛙舞会，但首先快速转存今天上午我们从冰旅馆（喜欢它！）驱车去空间站的记录：

对大约500名以放牧驯鹿为生的人和数量相等的太空科学家来讲，基律纳（瑞典北部城市——译者注）就是家……

现在他们正等着我呐——稍后详述！

贴于2004年12月16日“诺贝尔”专栏

我爱你，亚斯蓝吉！

一个多么壮美的地方——稍后详述。我们必须赶紧访问空间中学……

贴于2004年12月16日“诺贝尔”专栏

更多关于瑞典独特的“空间中学”的内容

我曾谈到我们乘坐基律纳狗拉雪橇的计划，但关于瑞典空间中学说得还不够。斯沃克·弗莱狄克森（Sverker Fredriksson）告诉我们：

它在全国范围内招生，有非常优秀的学生。他们当中许多人来自瑞典南方，2000公里以外。为学习研究太空三年，在16岁时离开父母这么远，这确实需要有真挚的热情。

我还收到了一些有趣的博客邮件，有更多信息和照片链接。

奥德·梅迪（Odd Minde）通过贝特希的博客——滑稽还是古怪——发送这个信息给你：

你好！我在互联网上你的诺贝尔博客中发现：“最后，一些消息：英格瑞德·圣达尔（Ingrid Sandahl）（物理学家和极光专家）是一名伟人，她几乎熟悉在基律纳（Kiruna）的每一个人。她已经为你安排了星期四晚上的狗拉雪橇，在我们访问过太空中学之后……”

这里你有一张那个空间中学的照片。学校的名称是：基律纳的利姆吉姆纳斯特（Rymdgymnasiet in Kiruna）。我们的天文台被命名为本特·胡尔特奎斯特（Bengt Hultquist）天文台。在这里可找到照片：

http://www.malmgruppen.com/t1pubhttpdocs/temp/282422793974968_BHO_mini.jpg

奥德·梅迪

项目经理

教师

（1）http://w1.171.telia.com/~u17106184/skolan.JPG

（2）http://BetsyDevine.weblogger.com/

（3）http://betsydevine.weblogger.com/

感谢奥德·梅迪使我分享这个邮件！

贴于2004年12月11日“诺贝尔”专栏

诺贝尔之旅回放：遭遇外星人（12月16日）

在去空间中学的途中，斯沃克（Sverker）告诉我们，这次访问的形式将会……不同寻常。将有一个小组讨论，而不是讲座。并且，小组的其他人将会是……外星人！

斯沃克说，这些外星人计划毁灭地球上的所有生命。幸运的是，奥德·梅迪说服他们首先会晤来访的诺贝尔奖获得者。如果我们对他们问题的回答使他们满意，整个星球将会被拯救！

非常有礼貌的年轻学生们陪同我们进入会议厅——结果证明，在这里，计划也有提问诺贝尔奖获得者的配偶加博客作家。他们甚至用两个玻璃酒杯布置我们的桌子。我们入座之后，“外星人”鱼贯而入，他们穿着长袍和着有艳绿或蓝的化妆。绿色队长还带着一个头骨（弗兰克后来为他签了名）。我从没看到过比这儿更狂喜的观众了！

他们的问题是深刻和滑稽的良好组合。幸运的是，他们尚喜欢我们给出的答案（其中之一是“42”）。取代毁灭地球，他们给了我们大量的战利品，包括一个表示北极光的谜语和一个雪雁（基律纳）别针，现在它戴在我的夹克上。

所有人都很快乐——多么精彩的形式！带着利姆吉姆纳斯特学生和老师留给我们的深刻印象，我们离开了这里。

贴于2005年1月30日“诺贝尔”专栏

诺贝尔之旅回放：探访基律纳的LKAB[1]

我一直收到这样一些读者的电子邮件，他们对我开始讲许多诺贝尔故事，但从没找到时间讲完的而感到灰心。有一个人称之为“博客中断”。例如，我几次在博客上写基律纳，但从没有对它有同样多的太空科学家和驯鹿放牧者（各约500）讲很多。

在12月17日，我、弗兰克、弗莱狄克森和英格瑞德·圣达尔一起，花了一上午的时间参观大LKAB铁矿井，它雇佣了基律纳的24 000名非太空科学家和非驯鹿放牧者中的另外2000人。

这里是我匆匆记下的几个关于LKAB的事：

❖ 你可以用每天在LKAB挖掘出的铁矿石，建造12座新埃菲尔（Eiffel）铁塔（法国巴黎标志性铁塔——译者注）。

❖ 每夜约2点，矿井进行爆破作业——这使基律纳市微微振动。

❖ 如果将铁矿石加工成统一的小球，则更易于航运和分级。

❖ LKAB通过支付全公司范围内的，基于完成任务程度而确定的奖

① 瑞典大铁矿——译者注

金，来实现它的目标。

❖ 在 LKAB 矿井工作的人一致认为，他们有世界上最好城市中的，最好公司中的，最好工作。

这最后一项，在基律纳人中似乎广为流传。而我只是希望空间科学家、驯鹿放牧者同 LKAB 的人，不会因为究竟谁实际上拥有最好的工作而发生战斗。

贴于 2005 年 1 月 5 日“诺贝尔”专栏

非凡经历在继续

拍摄诺贝尔奖庆典……

此时，一场瑞雪正降临剑桥，我喜欢哈利（Halley）筛面般的雪景。再见吧，像夏季薄荷般的影像！我不想让我的美好记忆也像它们一样很快凋零……

弗兰克与太空中学化妆成外星人的学生在一起的瑞典电视录像，到12月30日星期四也许就会被删除了，但幸亏奥德·梅迪发给了我链接。

当然，我仍然可以请弗兰克在现实生活中唱圣歌……

不管怎么说，我已经开始贴我自己的诺贝尔相册了。

感谢戴吉泰勒邦德（DigitalaBonder）（某人的网名——译者注）——我不认识的某个人——他拍了一张我同卡尔·菲利普王子的照片。

贴于2004年12月20日“诺贝尔”专栏

取出青蛙

在托运中丢失一只手提箱也有一点好处是，它使你在开启其他箱子的时候，所装物品备受关注。

我很高兴有几件物品我们没有丢失——一个来自诺贝尔博物馆的蓝色陀螺、埃拉·卡尔森（Ella Carlsson）关于火星水的论文、一个基律纳拉普尔（Lappish）教堂的明信片、有关亚斯蓝吉空间开发和LKAB铁矿采集的信息……当然还有弗兰克的绿色镀铋跳蛙。

我被告知，丢失的手提箱并没有真正丢失，它只是在斯德哥尔摩转运中迷失，今天较晚时候会通过雷克雅未克（Reykjavik）（冰岛首都——译者注）到达——毫无疑问，有它自己的故事要讲。

贴于2004年12月19日“诺贝尔”专栏

作家贝特希和其他诺贝尔奖获得者的失误

我写诺贝尔博客的原始目的之一，是帮助将来的获奖者避免这些“我要是知道该多好啊”的时刻。所以，在这触手可及的地方，有几个小贴士：

（1）当你填报有人名、职业和头衔的表时——“头衔”并不像在美国那样意味着“工作头衔”，它意指头衔如教授、先生、女士，也许殿下甚至公爵或伯爵。呜！我很惊奇但并不高兴，在我的诺贝尔宴会餐位上注明的是“Författare”（瑞典语“作家”）——但我想知道在友人娜梅（Naomi）身上发生了什么，其双重职业我将其概括为“电影导演和宾馆老板”……

（2）获奖者及其配偶不必考虑如何从阿兰德（Arlanda）机场去大饭店——或就此而言，如何去其他任何地方——因为诺贝尔奖委员会提供一辆加长沃尔沃（Volvo）豪华轿车，配有出色的司机［谢谢你，哈罗德（Harald）!］，几乎开到了飞机悬梯旁。

（3）当你在12月11日到达皇宫参加宴会时，不要从先前的宴会得出这样的结论，即沿着你左边巨大的招待会队列开始握手。你应该做的是站立于右边的招待会队列。

（4）不必担心会犯我这样的错误，或你自己一些新的错误，因为你的“诺贝尔侍者”（谢谢你，塞西丽亚!）会以愉快、聪明又善意的方式帮你解困。

贴于2004年12月21日“诺贝尔”专栏

机场乐事

我用了圣诞节前夜的前夜（今天）的七个小时，试图在波士顿洛根（Logan）国际机场找到我们丢失的那只皮箱。

我等了没多久，突然来了三个男人——不是骑着骆驼的东方三贤，而是三个年轻人，都带着乡村红帽，携着一个喇叭，一个长号和一个巨大的金色法国萨克斯管。他们坐在折叠椅上，沙沙地翻动活页乐谱，并开始很温柔地演奏起“普天同庆”。同时他们伴以有点滑稽，并感人的嗡姆吧低音和弦（oompah bass line）。

音乐改变了我对周围人的感受——机场挤满了节日旅游者，我把他们都想象成急于同家人团聚的人。我忘不了我弟弟马克（Mark）带孩子们驱车看圣诞灯火时的兴奋；我忘不了我母亲对她约克郡(Yorkshire)布丁的骄傲。

今天寻找我的手提箱意味着我必须麻烦一大群忙碌、疲惫的人。他们中的每一个人都以善意和关心对待着我。

有时候我们中的一个对另一个说“圣诞快乐”，有时我们则不，而有些人则说“节日快乐”，并且令我很惊奇的是那些自认为是基督徒的人会对“节日快乐”发怒，抑或是因为在白宫弃儿养育院看不到圣婴耶稣。

无论如何，我没找到我的手提箱（讨厌!），但在这个拥挤的机场上，我找到了人们以友善关爱方式相互对待的圣诞精神。当然，也是在“寂静的夜”的嗡姆吧节奏中。

贴于2004年12月23日“朝圣”专栏

非圣诞、非宴会和其他12月25日闲话

我们今天吃的是非圣诞、非宴会加利福尼亚（California）式的烤素三明治。嗯，味道不错。

我们正在为12月30日储备我们家的圣诞欢庆，届时两个女儿都将过来。长袜会在12月29日的夜里小心地挂在烟囱旁，而新年的夜晚将会有更多的礼物和丰盛的节日食品。

将“圣诞节”（为我们家庭异教徒间互赠礼物和聚会的日子所起的名字）从12月25日，即公元336年后耶稣的官方生日做一些变动，会让人多少感到舒服一些。它对每年纷至沓来的“教导”他人如何庆祝圣诞节的喧嚣，起了一定的化解作用。

广告促进消费，但对于那些不与别人一样感兴趣“购买日最后一分钟”的人，触动不大。

我们第一个早期圣诞节大约在1999年。因为按日程计划我们会在飞往智利（Chile）的飞机上度过12月25日，所以我们把圣诞节变动到12月21日。令人惊奇的是，后来的四天我们比我们所知道的任何人都更感到平静——准备在赤道和国际日期变更线的另一侧过三周，就要比备战圣诞节从容的多了。

当然，我们的家庭也许只是逃避一丁点儿。当我打出这些文字时，弗兰克正在钢琴上弹奏“普天同庆”。我们有一些圣诞节水果夹心面包做午餐后甜点。

总而言之，我祝所有的读者都有一个如愿的好庆典和一个快乐的

2005年!

贴于2004年12月25日“生活、世界和万物”专栏

高兴的消息和一个易压扁的十二面体

五个柏拉图立体，从左到右：八面体、二十面体、立方体、四面体、易压扁的一个是十二面体。

换句话说，我们丢失的手提箱找到了——消失了几乎整整一周（谢谢你，斯堪的纳维亚（Scandinavian）航空公司找到了它，并且感谢大陆（Continental）航空公司在凌晨1：30分把它送到了我们家）。

现在，我极为高兴——尽管接下来的上午足够用来检查一下它——我的冬季帽、两双鞋等，这又重新成为我生活的部分。然而，对弗兰克来说，更激动地是，他的来自诺贝尔博物馆的磁“棒和球”，现在他已经把它们变成了五个柏拉图立体。

根据史蒂夫·沃夫拉姆（Steve Wolfram）的说法：“柏拉图立体为古希腊人所知。”“柏拉图把四面体视为火‘元素’，立方体为土，二十面体为水，八面体为空气，十二面体是构成天体和天空的材料［克伦威尔（Cromwell），1997］。”

当然，如果天空由磁铁和球组成，它们也会由于自重而压得变形。但我知道不久的将来弗兰克会找出巧妙的压不扁的方法。

*磁棒和球生产于英国（UK），如果你想要一些，许多人在网上出售。弗兰克有3套——每一套价值10美元。

贴于2005年1月2日“诺贝尔”专栏

由11月11日那破玩意儿所产生的

我刚发现，我在11月11日实况博客过的电视摄制组，制作了一个小电影，并把我的博客部分做成了片花。

它包括许多我写过的这儿的东西（我们的钢琴真需要调一下），还有一些有趣的、有关物理学的片段。

- 磅！一个人从大炮中射出，飞进一个网中（至少20次）。
- 哗！一辆旧卡车撞进了碎石中（只一次），
- 呜……，夜空打开，显示……格罗斯！

罗兰·朱得沃德（Roland Zuiderveld）对有关强作用、夸克和胶子

的科学研究方面的记述的很不错——总共 15 分钟，瑞典语，带有弗兰克演奏手风琴和我们两人在我们房子附近慢慢步行的部分。

我们的狗玛丽亚妮（Marianne）没有上镜的时间。在炉子上，我用计算机写厨房博客的镜头也没有。尽管有这些小缺陷，我真的很喜欢这部电影。所以，谢谢你，罗兰！并且感谢戴尼斯（Dennis）、格林纳达（GD）的神秘朋友，他给我发了这个链接。

贴于 2005 年 1 月 8 日“诺贝尔”专栏

难以置信，诺贝尔宴会是在 1 月之前……

我不是在抱怨——我真非常喜欢我的现实生活。并且诺顿刚再版了《渴望和谐》的平装版本，这是一本我和弗兰克合写的书，整个一代孩子（也许你？）通过它学习到了不含数学的有趣物理。

诺顿寄给了我们一些平装本——书皮是新的，但正文没变。我很喜欢看到我用 Macpaint 图形文件和点阵式打印机制作的图像。将来我将贴一些。

同时，我得到了一个亚马孙协会（Amazon Associate）给的链接，来帮助我跟踪它的统计。如果你是通过点击我博客里的一个链接购买这本书，我也许最终会得到 50 美分。

与 html 厮混在一起并希望得到 50 美分，比每晚穿上晚礼服盛装打扮，感觉更像真实的我——但真实的我也喜欢那样，一月之前！

贴于 2005 年 1 月 14 日“诺贝尔”专栏

炉子烧得过火了（警笛长鸣，但还好没有爆炸）

今天，我们的旧炉子在我购物时堵塞了。我回到家，房间里充满了重重的味道和奇怪的热量——当我检查地下室时，它正冒着滚滚浓烟。

稍后是三辆鸣着响亮警报的红色消防车和满载友善并愉快的消防员。我的炉子的燃烧室仍在焖烧，但至少不再满屋子冒烟了。

“你需要每年清扫炉子”，消防员说。唉，我经常这样做，但该死，2004 年忙于两个女儿的毕业，两个女儿都搬家（两次），一个女儿结婚，正当事情开始安顿下来的时候，弗兰克又接到了诺贝尔的电话，之后从我脑子里滑出的事情之一就是炉子。

我不是在抱怨，尤其是我们的房子并没有爆炸。

至少还没有。

贴于2005年1月20日“生活、世界、万物”专栏

第一个在网上（eBay）售DNA的博客作家

博客写作的微小一步，博客作家的巨大惊奇：瑞典空间中学蓝和绿外星人已经与电子商务网站eBay合作，提供“独特的2004年诺贝尔奖获得者纪念品”：他们使用过以后一直没洗的两个水杯。

这对某个特殊的人确实是个独特的礼物，如果你正好想出价的话……

* * *

投标维尔切克和黛雯的DNA在继续，这不仅得益于我这里的链接，还有格林帕斯·佐伊（Greenpass Zoe）（人们会做任何事情）的友情链接，也多亏朱莉（Julie）名为“克隆贝特希·黛雯”的帖子。

如我们所知，弗兰克是天才，他指出，投标者“贝特希·黛雯”不可能太隐匿。据说该投标者的理由，是他或她将拥有一次在利姆吉姆纳斯特（Rymdgymnasiet）与蓝和绿外星人难忘遭遇的纪念品。

反方竞投标者“海洋人”（Oceanman）无疑代表中太平洋某处一个秘密的克隆实验室。

贴于2005年1月25日“诺贝尔”专栏

275 瑞典克朗买天才的DNA

电子商务网站eBay拍卖结束了！我出价高于“海洋人”，从而赢得了我们基律纳外星人遭遇的独特纪念品。

一个令人惊奇的附带收益是来自我们瑞典朋友的大量电子邮件！

> 亲爱的贝特希和弗兰克，今天瑞典国家广播电台新闻广播提到了你们，报纸上也有报道。你们也许能猜出为什么。关于DNA投标的报道……
>
> 依旧兴风作浪……我在今天的报纸上看到一则关于学生试图在网上拍卖出售玻璃杯的短文——你买了它！在报纸上再一次看到你的名字真是愉快。
>
> 你好，贝特希！我跟踪了电子商务网站eBay关于“弗兰克DNA”的投标。今天瑞典最大的报纸、地方报纸和媒体都

报道了它。例如，http://www.aftonbladet.se/vss/telegram/0，1082，64554414_852_，00.html……

哎，这里是我简略的翻译："一个诺贝尔物理学奖获得者使用过的水杯，由基律纳空间中学的学生在电子商务网站eBay提供。诺贝尔奖获得者弗兰克·维尔切克在访问这个学校时用这个玻璃杯喝过水，所以沉积了一些天才的DNA。然而，该DNA永远不可能用于将来的克隆，因为是他的妻子用275克朗买了它。"

即便还有航空速递DNA再加25美元的事——对我钟爱的DNA来讲也是很划算的。

有一件事我十分确定——它绝不可替代美好而传统的DNA传递的老方式。

贴于2005年2月4日"诺贝尔"专栏

我电子邮件里和其他地方的诺贝尔DNA纪念品

我刚收到麻省理工学院（MIT）新闻办公室伊丽莎白·汤姆森（Elizabeth Thomson）的电子邮件……似乎她刚收到瑞典基律纳奥德·梅迪的电子邮件……

来自：伊丽莎白·汤姆森

日期：东部时间2005年2月25日9：29：27

主题：转递：维尔切克的DNA

贝特希和维尔切克！

收到了以下短信，这儿的每个人都绝对喜欢它。太绝了！请注意出价刚刚结束，胜出者是……贝特希·黛雯。

贝特希：你真重新得到玻璃杯了吗？

务必讲！

伊丽莎白：

你好！

与你的文章有关：

MIT的维尔切克获2004年诺贝尔物理学奖

伊丽莎白·汤姆森，新闻办公室

2004年10月5日；2004年10月6日更新

我建议你看：

http://cgi.ebay.com/ws/ebayisapi.dll? viewItem&item=6149217230

祝好
奥德·梅迪
利姆吉姆纳斯特
基律纳
瑞典

我的回复：

你好，伊丽莎白！

是的，来自瑞典的包裹昨天到达！

利姆吉姆纳斯特的学生，用标有“贝特希·黛雯”和“弗兰克·维尔切克”的多层泡沫给每个玻璃杯做了包装。现在我很犹豫是否打开它们的泡沫包装，也许泡沫本身也是故事的一部分。

如你所看到的，我将泡沫包装的玻璃杯放在了我们的壁炉上。那儿，弗兰克的机器人和乐高（Lego）（一种拼装玩具——译者注）拼装小动物会很高兴看到它们的。

祝好
贝特希

附：当我将这写进博客时也包括了你友好的电子邮件，你不介意吧？

贴于2005年2月25日“诺贝尔”专栏

捉鬼的诺贝尔奖？

我正在四处奔走，准备驱车去麻省理工学院，在那里我希望用实况博客（live-blog）系统记下弗兰克的最新奇遇——他正在“佩恩和泰勒”（Penn and Teller 是美国一档滑稽秀栏目——译者注），作为专家在论鬼！

佩恩（Penn）和泰勒（Teller）开始是作为魔术师，他们有过巨大成功的和非常有趣的舞台表演。现在他们在电视台的娱乐板块有一段秀的时间，叫做“特斯拉部”（Tishllub）。（我认为谷歌的审查员不会反着拼，但我肯定你能（Tishllub 反拼类臭狗屎——译者注）。每集都取笑某一种流行的假冒——如不明飞行物（UFO）、绑架或与死者交谈，向观众演示它的“结果”可以如何被伪造。

这是非常有趣的表演，伴之以很令人惊奇的语言。如泰勒（我认为是泰勒）所指出的，“如果我们称某人为说谎者，我们会被控告，但我们的律师说称他们为 &#@@!! 或 * * &^% $??!! 是没问题的。”

[他们的律师了解迈克尔·鲍威尔（Michael Powell）吗?]

无论如何，弗兰克没必要在节目中起誓——至少没有一个专家在其他表演秀节目上这样做过，并且他已经做过多次出色的物理演讲了。这个特别的表演秀是关于鬼的，有关这个话题我还有许多要讲的，不过那要在另一篇博客帖子中了。

贴于 2005 年 3 月 8 日“诺贝尔”专栏

偶遇阿尔伯特·爱因斯坦之幽灵

好多年以前，当我们现在已长大成人的女儿们还小的时候，弗兰克和我搬进了爱因斯坦曾住过的房间，周围布满了爱因斯坦用过的家具。在那里我们居住了 8 年左右。

当然，我们俩曾计划睡在爱因斯坦的卧室，一个很小的房间。它与书房紧邻，显得又矮又小。爱因斯坦的比德迈（Biedermeier）式（一种德国式样——译者注）大床并没真正大到能睡上两个人。这是我们后来的结论，但在那里的第一夜我们还不是很清楚。

其实，我并不相信鬼，即使是爱因斯坦的。但非常奇怪，在第一个午夜，醒来时听到慢而重的呼吸声，不是弗兰克的，不是我的，也不是我们女儿们的。

吸（嘶）—停—呼，吸（嘶）—停—呼。

不相信鬼是一件事，不被这奇怪的午夜怪声吓着是另一件事！

关于一架小床的好处（也是坏事）之一是，如果你在半夜醒来，你不必主动地叫醒你的同伴。无论如何，你的同伴会自动醒来。下面是一幕一幕如何发生的，至少在我的记忆中是这样的：

神秘怪声：吸（嘶）—停—呼，吸（嘶）—停—呼。

弗兰克：(困倦地) 贝特希，怎么了？

神秘怪声：吸（嘶）—停—呼，吸（嘶）—停—呼。

贝特希：(很小的声音) 这是什么声音？

神秘怪声：吸（嘶）—停—呼，吸（嘶）—停—呼。

弗兰克：是蒸汽散热器。

散热器噪声：吸（嘶）—停—呼，吸（嘶）—停—呼。

贝特希：噢。

所以，佩恩和泰勒也许还不清楚，当他们有了弗兰克，他们就有了一个真正的驱鬼者！

贴于2005年3月8日“诺贝尔”专栏

特斯拉部电视：虚无佩恩和缥缈泰勒

在弗兰克的办公室内，采访拍摄开始了。我说不准是高兴还是悲哀，伟大的、举足轻重的佩恩和滑头的泰勒都没有亲自到场，问弗兰克他们电子邮件所发的问题［他们在拉斯韦加斯（Las Vegas）的某个地方，每夜在“一个包括刀、枪、火、歹徒和舞女的喜剧和魔术的综艺节目”中出现。麻省理工学院的物理学组凭着他们的才干，可以轻松地演绎这些东西——火除外，它会引发我们头顶上的喷淋灭火装置］。

同时，我在佩恩和泰勒娱乐秀网页关于“与死者交谈”的部分注意到，“专家”连同到他们主页的链接都一起列出。也就是说，“你的母亲正用我的声音讲话”的巫师（如果我没记错，佩恩称她为“猪狗”）与照片上彬彬有礼的，揭穿真相的心理学家们在同一平台上……

这时，我禁不住要站在弗兰克关闭的门外，发一个模糊的、鬼一般的“呜……”声。

贴于2005年3月8日“诺贝尔”专栏

怪人的庆典：10亿秒周期纪念

这是1 000 000 000秒，一个美国的10亿秒。

我在博客里写下我们在新泽西交通法庭的有趣婚礼——那发生在1973年7月3日晚。

10 秒、100 秒及 1000 秒后，我们依然是围城中的新婚夫妇，很可能继续在新泽西州荷兰颈（Dutch Neck）那儿走失。

我们举行婚礼后的 10 000 秒——略少于 3 小时——我们正在吃用盒装的，现成材料做成的蛋糕和冰淇淋以表庆祝。

在 100 000 秒（接近 7 月 4 日和 5 日的边界线），弗兰克不见了！

他在西西里（Sicily）岛的一个物理暑期学校度我们的“蜜月”；而我在普林斯顿过，做着非常枯燥的研究生学习的事，并非常想念他。在 1 000 000 秒——长长的 11 天之后，我们分离的蜜月阶段仍在继续。

在 10 000 000 秒后，已是 1973 年 10 月 26 日。我们正幸福地与两只白鼠分享着我们的已婚研究生学生公寓。在那时，我们有各自的计算尺（计算机是房间中那么大的价值为 10 000 000 美元的东西）。

在 100 000 000 秒后，到了 1976 年 9 月 5 日。弗兰克已经成为一名助理教授，我们漂亮的女儿米蒂（Mickey）也刚两岁，而我正在考虑重回研究生院。

现在，婚后 1 000 000 000 秒，把我们带到了 2005 年 3 月 11 日星期四晚约 11 点。

噢，如果你认为庆祝 10 的幂次周期纪念是令人讨厌的，那么请记住：假如我们真的令人讨厌的话，我们会庆祝 2 或 8 或 16 的幂次周期纪念。

我真的期待着我们的下一个 10 亿秒。

贴于 2005 年 3 月 10 日“生活、世界、万物”专栏

到下一个 10 亿秒……

如果你们年轻人想知道庆祝一个 10 亿秒周期纪念需要什么东西，回答是：许多巧克力和两个闪光的狂欢戒指。

但，你们不必为下一个 10 亿秒而一直带着狂欢戒指。

贴于 2005 年 3 月 12 日“生活、世界、万物”专栏

令人愉快的许多金牛座

不要告诉乔治·布什，但根据谷歌，现在弗兰克·维尔切克似乎在法国很著名。专门研究著名人物（不仅包括“科学精英”，而且包括“性感偶像”）的一个法国占星术网站已经贴出了弗兰克的星象出生图。

根据他们著名的金牛座列表，与弗兰克一样 5 月 15 日出生的人，包括双胞胎玛德琳·奥尔布莱特（Madeleine Albright）和春尼·劳普斯（Trini Lopez）都出生于 1937 年。除此而外，还有苏格拉底（Socrates）（公元前 466 年）！

回到现实——维基（Wikipedia）把苏格拉底的出生日期定为公元前 470 年 6 月 4 日，大不列颠百科全书对这个年份还不确定，那我又在意什么呢！

将苏格拉底描绘成弗兰克的星象密友很有趣。它使人们相信，是他们所迷信的东西让占星术者在太阳和月亮的许许多多个轮回中得以谋生。

贴于 2005 年 3 月 24 日“生活、世界、万物”专栏

我在代尔夫特物理会议时发的电子邮件

我们的旅馆是一座老式代尔夫特（Delft）（荷兰城市——译者注）运河房子，我们充满阳光的房间可以俯瞰一条古老的代尔夫特运河，确切地说是老（Oude）代尔夫特运河。我散步走到今天称之为大集贸广场的地方，弗兰克正努力摆脱飞行时差带来睡意。

我的秘银（mithril）雨衣并没落上什么雨，但多云的天气和湿润的微风让我很高兴，这几天带了些暖和的衣服。这是一个可爱的、典型的荷兰城市户外景观，地上到处都有人造木鞋在出售。

看到你爸爸去参加他的会议，我希望我能在去海牙（Den Haag）的火车上，重访莫瑞泰斯（Mauritshuis）那可爱的画家维美尔（Vermeer）的画（最著名的是“戴珍珠耳环的女孩”和“代尔夫特风光”）。

当然，再次乘坐荷兰列车和有轨电车也很有趣，更不用说高兴地漫步于许多小巷的砖和鹅卵石上了。再有就是要吃一顿有许多开胃品的午餐，它包含有生汉堡，让人吃惊。顺便说一句，我没吃这些东西。现在，我实在太需要打个盹了，但要在使这个邮件成为一个旅游者博客帖子之后。

非常爱你并×××所有人。

妈妈

贴于 2005 年 4 月 8 日之前“朝圣”专栏

荷兰自行车带来的快乐

在新书《快乐：来自新科学的教训》第32页，理查德·莱亚德（Richard Layard）绘制了快乐相对不同国家人均收入的图表。

具有最高百分数的国家就“快乐”或“满足”？

荷兰，高出了相当多。

为什么？是荷兰自行车。让我告诉你我的看法。

就莱亚德的七大因素——家庭关系、财务状态、工作、团体和朋友、健康、个人自由和个人价值——荷兰并没有独占优势，而莱亚德宣称这些因素主要地决定了快乐。

如下是为什么荷兰自行车运动方式会带来更多欢乐的原因：

❖ 锻炼使人的身体感觉良好。

❖ 锻炼提高人的精神状态。

❖ 骑车人不像汽车司机那样隐匿，所以他们在交通中的相互关系要更文明。

❖ 骑自行车而不是开悍马（Hummer）去工作，是普通荷兰人讨厌炫耀财富的一个例子——竭力赶上（或超过）你的邻居在许多文化中都会产生不快乐。

❖ 快要超过笨拙的、准备回家并写让你兴奋的博客的美国旅游者了。

最后，荷兰自行车的确给我带来了快乐。

贴于2005年4月7日“朝圣”专栏

初见利雅得

昨晚大约午夜时分，我们到达了奥-费萨尔利雅（Al-Faisaliah）酒店。在利雅得（Riyadh）（沙特阿拉伯首都——译者注）的天空背景下，这儿有令人惊异的景色，比王国大厦（Kingdom Tower）更受欢迎。

我们到这里是因为费萨尔国王基金会（King Faisal Foundation）很友好地为弗兰克颁发了费萨尔国王自然科学国际奖。

其他获奖者几天前就到了这里。我们错过了在沙漠里乘骑骆驼和一次野餐，但弗兰克有一个先前去代尔夫特的承诺不能食言。KFF（费萨尔国王基金会）理解我们的晚到，甚至在午夜时分，也给我们以高规格的欢迎。

会见一些迷人的名流，喝西瓜汁，吃带有咸杏仁的棉花糖（没吃提供给我们的甚至更具诱惑性的东西），之后打开行李，最后上床休息已是凌晨2了。

我们需要在7点起床，因为今天日程排得很紧。所以，如果我说错了什么，这就是我的借口。

檀香、没药（myrrh）、玻璃碗里的粉红玫瑰花瓣

今天上午，我们参观了利雅得广场，这是一个露天市场，陈列着许多不同的檀香、一桶一桶的古代珠宝和镶满各种装饰、在机场安检时会引发十种警报的匕首。

费萨尔国王基金会对所有他们的获奖者都照顾得极好——我喜欢我们在奥—费萨尔利雅酒店的房间，从新鲜的水果和鲜花（包括漂浮着的粉红玫瑰花瓣），到每一个床边超现代的、可以让你打开或关闭三层窗帘的触摸式开关，都尽显它的豪华。

但在贵宾的保护圈外，我发现沙特阿拉伯（Saudi Arabia）比我预期的更好客。在达曼（Dammam）机场，当我和弗兰克努力寻找下一趟飞机时，错误地提了别人的手提箱，而将我们自己的手提箱丢在了那里。我们与之交谈过的许多沙特阿拉伯人都特意来帮助我们。人们告诉我，对客人的热诚是一个沙特阿拉伯儿童首先需要学习的社会技能之一。对此，我深信不疑。甚至对我们拿错手提箱的过失，当地人也予以友善对待。

居住在这个被分割的零零散散的星球上任何一个国家，都很容易从其他国家找到一些难以接受的理念。最近沙特阿拉伯外交部长苏德·奥-费萨尔（Saud Al-Faisal）王子殿下做了一次雄辩的讲演，提到了西方世界的许多荒唐。

另一观点来自英国学者卡罗尔·海仑布莱特（Carole Hillenbrand），她刚刚因为她的一本有关从伊斯兰视角所看到的十字军东证的书，而获得了费萨尔国王国际奖。顺便说一句，卡罗尔想说清楚，她除了英语外，并非是11种语言都很“流利”——11只是她所研究语种的数目。

如此的谦虚令人景仰。但是……我清楚记得，曾经和包括卡罗尔在内的一群人试着玩一种单词游戏。最后我们不得不放弃了，因为我们没有人能够在大词典中找到一个卡罗尔不知道的英语单词。

贴于2005年4月12日“朝圣”专栏

在苏黎世机场，有关长袍的思考

利雅得女人身着长袍（abayas），并且罩住她们的头。一些妇女（不到一半）还遮住她们的脸。米亚为我们两人从开罗（Cairo）带来了迷人的罩袍。我很遗憾这张照片没有显示出富有金色图案的袖子和我的头巾边缘，但从米亚的紫红色带子，你可以想象得出。

许多室内空间，包括我们的酒店，都是穿戴罩袍的非强制区域——挤满了生气勃勃的、有良好教养的沙特阿拉伯妇女。其中，一些戴着头巾，另一些则没戴。

在室外，当阳光洒在罩袍上时，黑色会使它们变热。我可以预言，善于发明创造的沙特阿拉伯人不久就会有新的、改进了的行为方式，即在夏天穿白色长袍。

现在该轮到弗兰克上网了。

贴于2005年4月13日“朝圣”专栏

2005年4月30日在普林斯顿贝特希·黛雯对弗兰克·维尔切克和戴维·格罗斯的“挖苦”

今夜在这里见到如此多的朋友真是好极了。不怨我认不出你们，原来你们都是盛装打扮啊！这是件令人震惊的事情——为了庆祝两个穿着牛仔裤的家伙在1973年所做的工作。

我特别想把每个人都带回到那些迷人岁月，那时普林斯顿对我来讲仍然很新鲜。在新英格兰女子学校（那里典型的建筑式样是白色木瓦的临街房子）度过了一段时间后，驾着破旧的大众（VW）面包车跑到了城里。

这样，我走进了普林斯顿美丽的研究生院和华丽的普林斯顿校园，而我在那里的所见简直令我震撼。我在想："所有这些华丽的建筑、雕像还有花园，是被只关心学术的人设置的。他们想启迪像我这样的人——噢，也许不完全是像我这样的人，……"因为普林斯顿刚刚开始接收女研究生。"好，也许我不是他们所想象的人，但这也是我的机会，我要抓住它。"

我必须承认，我以最大热情抓住的一个机会是一个精明的三年级研究生，他的名字叫弗兰克·维尔切克——一名非常年轻的3年级研究生，因为当我在1972年6月遇到弗兰克时，他刚过21岁生日差不多一个月。

也是我的遗传后代之幸，1972年夏有菲舍尔－斯帕斯基（Fischer-Spassky）象棋比赛季。研究生院只有一台电视，并且它的位置在纽约和费城之间，这意味着它能收到非常多的频道，也许有7或8个频道！几乎所有的研究生会一起观看菲舍尔－斯帕斯基比赛。就在我们坐在那里对象棋选手起哄时，我无意中发现，每当弗兰克·维尔切克喊出一个建议："卒到王6！"鲍里斯·斯帕斯基或博比·菲舍尔（Bobby Fischer）都会那么做。甚至即便是弗兰克与房间中其他人意见相左时，如果我们都喊"吃掉象！"但弗兰克喊"吃掉马"，选手走的是弗兰克所讲的，而不是我们所说。所以我自言自语道："这是一个很聪明的人，我得多了解了解他。"

事实上，我早就认识弗兰克。说起来有点不好意思，是我那时的男朋友将我介绍给他的。但不久，弗兰克和我便是一对了，而且我们的录音机——还记得它们吗？——也到了一起。

也许是命运使我们走到了一起——他带着他那优质的计算尺，我有我的。他带着他的CRC（循环冗余码校验——译者注）手册，我带着我自己的手册。对那些不知道为什么我们会用CRC手册的年轻人，我只需告诉你，查对数是我们在1973年经常要做的事情。

当我遇到弗兰克·维尔切克时，我知道了在普林斯顿某个地方住着一位伟大的天才，名叫格罗斯。并且我意识到，弗兰克不想听到我拿戴维的姓来开玩笑。最后，我见到了这位伟大的天才，他给我留下了很深的印象。戴维提醒我，他是要到最后才讲，而我不行。所以，也许我不应该再多说了……

暂时向前跳一步，我今天很激动弗兰克和戴维的像被加进了嘉德文礼堂（Jadwin Hall）诺贝尔奖获得者展厅。在我们多次深夜漫步在普林斯顿长长的羊肠小路时，弗兰克和我经常一起瞻仰这些画像。我们最后总是在老移民餐厅（Colonial Diner）吃百吉饼（Bagel）和熏鲑鱼，并做第二天纽约时报的纵横填字游戏，这些报一般在凌晨4点送到报亭。

嘉德文礼堂地下室有非常好的展厅，还有黑板，写满了我们深夜漫步伙伴约翰·纳什精彩的格言手迹。回想起那时年轻的我，假如知道最终弗兰克的画像会进入嘉德文礼堂的话，我会很高兴但不会十分意外。但约翰·纳什在弗兰克之前获得诺贝尔奖的确令我非常吃惊！

我还记得，1972年和1973年，被接纳进入普林斯顿物理团队对我们两人来讲是多么重要。戴维和舒拉·格罗斯（Shula Gross）第一次邀请我们到他们的住处令我如此激动！但这只是一起共享美好时光的开始。事实上，如果说我们的女儿艾米提（Amity）有一个第三监护人的话，这第三监护人就是艾丽莎娃·格罗斯（Elisheva Gross）。当我和弗兰克结婚时，艾丽莎娃还只是一个婴儿，但她是一个如此美丽、聪明、迷人的孩子，以至于让我们都想要一个我们自己的艾丽莎娃了。

萨姆（Sam）和琼·特瑞曼（Joan Treiman）也是帮助年轻物理学家进入物理团队的重要角色。我记得在他们的住处经常有物理学家的聚会——我们总是一起聚在客厅里吃东西聊天，然后男士们会消失到地下室，萨姆在打乒乓球时能击败他们所有人。琼在这种场合如此轻松的应对，以至于使人很容易忘记对她说“谢谢你，琼”但我从来不曾忘记。谢谢你！琼！我希望萨姆此时此刻也能在这里。

2005年是多么不平凡的一年！这年或称为世界物理年，或按有些人的说法是国际物理年。在英国，人们称之为爱因斯坦年。是的，这些日子物理学真成了新闻。

为什么现在甚至我们的政府也在谈“核选择”（The Nuclear Option），或按我们总统说的，是“the nucular option”（后者拼写有误——译者注）。总之，现在真是物理学家的好时光呀！

我想我的讲话并不只是一个嘲讽——要我说它是一个祝福。一个对物理学的祝福，对物理界的祝福。在这里，是对弗兰克和戴维的——祝贺。

你有时差的（贝特希），发自美丽的巴塞罗那

纳瑞酒店（Hotel Neri）是美丽的——我喜欢屋顶花园和flash-y制

作的网站。

我肯定，这一群群充满魔力、说说笑笑，不断从我们窗下经过的20岁左右的年轻人无疑是去参加精彩的派队。济慈（Keats）（英国近代诗人——译者注）在世也一定会被他们激发出灵感的。

另外，现在只是下午3点，我非常不希望他们都是回家上床去休息。

稍后精神好点再写更多的博客。

贴于2005年5月2日“朝圣”专栏

“欧洲仅有的洪水泛滥的亚马孙森林”

我和弗兰克进入电梯，按下“-5”层的按钮。

巴塞罗那的宇宙科学（Cosmocaixa）博物馆在历经一次浩大的扩建之后刚刚重新开放，正在通过赞赏物理学中最优美方程的讲座来庆祝世界物理年。这些方程有助于诠释他们的志向。

还有关于……

❖ 洪水泛滥的亚马孙丛林，从它的雨林华盖到在树根间游动的鱼都有展示。

❖“一次展览超过90吨的岩石。”（引自他们的英语网站）

❖ 这里是从比利时出发的驾车旅行途中的6个禽龙骨架。

❖ 一个巨大的傅科（Foucault）摆，以令人满意的声响打翻物体。它是由一个非常善良的人所建，他也为我解决了97个计算机疑难。

❖ 还有50 000平方米的更多相同的……

这足以从时差中唤醒任何人！

贴于2005年5月3日“朝圣”专栏

10个豆买一只野兔，100个买一个奴隶

可可豆是，或者说恰是可以从巴塞罗那巧克力博物馆（Museum of Chocolate）学到的事物之一。

❖ 阿兹台克（Aztek）语“xocoatl”意为“苦水”——胆小的欧洲人首先把它调成牛奶和糖的味道。

❖ 学名“Theobroma”意为“神的食物”——林奈（Linnaeus）写的编者按，我完全同意。

❖ 在我的童年，巧克力是年轻天主教徒被要求为四旬斋（Lent）必须放弃的享乐之一。但中世纪的很多宗教斋戒允许僧侣大量享用美味的巧克力——依我看来，这是技术产生新诱惑比官僚主义者制造罪孽要快得多的典型例子。

该离开这个烟熏味十足的网吧了，再见（hasta la vista①）！噢，今天还有一个发现——巴塞罗那热巧克力又稠又黑，像熔化了的赫尔希（Hershey）棒或巧克力布丁。我喝了半咖啡杯，我不再需要午餐了——我不是在抱怨。

贴于 2005 年 5 月 5 日“朝圣”专栏

弗兰克在《先锋》报

通过阅读报纸采访的集中引文，你了解到的关于你丈夫的事情……如下来自《先锋》报。

> Tengo 53 años：menos memoria，pero mejor utilizada. Naci in Long Island y soy orgulloso fruto de la escuela pública de Nueva York. Casado，dos hijas…A veces me escuchan. No sé si Dios es；el de los humanos no lo he visto. No juzguen a EE. UU. por sus gubernantes：son mucho más mediocres que el pais.

借助谷歌语言工具（用上面的西班牙文翻译——译者注）：我 53 岁，记忆力较差，但用得较好。我生于长岛（Long Island），我是纽约公立中学的骄傲成果。已婚，有两个女儿……有时他们会听我的。我不知道上帝是否存在，作为人类一员我从没见过。不要由政客来判断美国：他们比国家平庸得多。

我还发现在西班牙语中“gluons（胶子）”是“gluones”。

贴于 2005 年 5 月 6 日“朝圣”专栏

软钟和旅途中的星期六

受广义相对论理论的启发，加泰罗尼亚画家萨尔瓦多·达利（Sal-

① 也作“fins aviat”——来自何塞普·派拉纳（Josep Perarnau）的邮件让我想起巴塞罗那是在加泰罗尼亚（Catalonia）（西班牙东北部地区——译者注），也是在西班牙，所以加泰罗尼亚语“再见”也很切题……

vador Dali）所创作的画，正在熔化的钟非常形象，也激发了对这个旅途中星期六的反思。

时间流逝……

你把日常生活很少一部分打包，把所有其他抛下。

时间流逝……

一架飞机使你在地狱边缘好多小时。

时间流逝……

在巴塞罗那日出日落比剑桥早 6 个小时，你需要重新调准你的钟表。

时间流逝……

但当地的进餐时间也不尽相同——午餐是下午 2 点；晚餐在 10 或 11 点。

那么现在是干什么的时间了？是吃饭时间？睡眠时间？或（当然）写博客时间！

贴于 2005 年 5 月 7 日“朝圣”专栏

在巴塞罗那高迪（Gaudi）的日日夜夜

今天上午前往寒冷的牛津（必须打包！）

关于巴塞罗那，只能写些微型博客。

❖ 非凡的科学博物馆。我们花了 6 小时参观，应该用更多的时间。

❖ 非凡的高迪建筑和由他的对手创造的宏伟建筑。

❖ 大教堂附近每天都打扫得干干净净的、绝妙的、铺满鹅卵石的狭窄街道。

❖ 友好的人们。包括年轻、时髦又出色的纳瑞酒店职员。

❖ 美味的食物。特别是加泰罗尼亚奶酪，一种改进了的（如果你相信）“烤布蕾”（brulee）奶酪，其奶蛋糊较稀，而顶上的糖较稠。

我喜欢的旅行快照：高迪雄心勃勃的圣家族赎罪大教堂（Sagrada Familia），依然在建造中；一位街头艺人装扮成巴塞罗那的哥伦布雕像样；两个旅游者（弗兰克和贝特希）很欣赏这一切。

贴于 2005 年 5 月 10 日“朝圣”专栏

一个科学博物馆热爱者（和痛恨者）的话

现代“博物馆学”经常是古老博物馆收藏的一个污点。几年前，大博物馆学的时尚是说老式科学博物馆令人生厌。所以各地的科学博物馆，都腾出巨大空间来做关于“鲨鱼是可怕的！”或“蛇是危险的！”的展览。

我理解，并非每个人都像我一样，喜欢巴黎集中在一起的，各类漂白骨架的展览［就像乔治·居维叶（Georges Cuvier）成列的那样］。

但是，也有可能使博物馆的展览既新鲜不陈旧，又不失科学价值。在乔治·维格斯伯格（Jorge Wagensberg）管理指导下的巴塞罗那科学博物馆就是这样的一个样板。

6个巨型禽龙骨架的展览，微妙地显示了科学家对如何成列他们的思维逻辑。它们是四条腿走路还是两条腿走路？许多年巨大的拇爪（thumb-claw）曾被描述为鼻角（nose-horn），直到完整无缺骨架的出现才揭示了答案是什么。另一标志序列准确地反映了科学家在23个骨架发现中的理论变化，并显示了证据是如何相互支持或否定的。

除了以上有关“噢和啊”（ooh and ahhh）的大型展览，请让我再提一下水中的亚马孙雨林——交互式展览巧妙、贴切并且修整完好［弗兰克喜欢科里奥里（Coriolis）力机器并很高兴在马德里（Madrid）也看到了类似的装置。两个博物馆都由科斯莫凯撒（CosmoCaixa）基金会所建，所以他们两边会有灵动］。

巴塞罗那的宇宙科学博物馆在蒂比达博（Tibidabo）附近——还有马德里。如果你有机会，两个都去看看！

*当学校的课程被痛恨学校教育，并认为所学课程让人生厌或很难学的人重新设置后，你会看到完全相同的结果。在我的家乡，当最聪明和最有抱负的职业女性很自豪地在同一学校教授孩子们她们所学过并钟爱的学科时，我幸运地上了公立学校

贴于2005年5月11日“朝圣”专栏

加百利·加西亚·马尔克斯、弗兰克·维尔切克以及伊克尔·卡西利亚斯

如果有一天你去马德里，一定要在“卡萨·卢西奥”（Casa Lucio）餐厅吃东西——其他人都这样做，包括西班牙国王。

加百利·加西亚·马尔克斯（Gabriel Garcia Marquez）5月10日在那里吃的午餐，所以那天夜里当弗兰克被迫为他们的“金书”签名时，他的页码正好在另一诺贝尔奖获得者之后。所有职员都悉心照顾我们。老板与他的女儿过来与弗兰克一起拍照——难怪名人都喜欢去那里！

我们吃完晚餐（约午夜过半小时）往外走的时候，弗兰克被介绍给各个顾客，并与他们握手。我们遇到了第二拨来吃晚餐的有钱有闲富豪（jet-set type）（指常乘飞机从一个时髦地方到另一个地方旅行的有钱人一族——译者注）的年轻随从。

弗兰克被怂恿与年轻的富豪相互握手，他们不失时机地这样做了，并且都带着疑惑但融洽和蔼的微笑。当两个随从从他们的不同方向将他们拉开时，我们的一个西班牙朋友问："你们知道那是谁吗？他就是皇家马德里（Real Madrid）队的守门员！"

皇家马德里队是地方足球队，我用谷歌推测，金书中正好排在弗兰克之后的名字会是伊克尔·卡西利亚斯（Iker Casillas）。并且我猜想他被介绍给弗兰克时的疑惑，至少与弗兰克被介绍给他时的疑惑一样大。

当然，食物是让我们去"卡萨·卢西奥"餐厅的真正原因——英文菜单实实在在地翻译了它的地方特产——"鳕鱼腮"，"肥鸡"，…"鳕鱼腮"是一种灰色的汤，鱼鳃漂浮在里面——但由于我们桌九分之四的人都要了它，它也许比它听起来味道更好些……

贴于2005年5月17日"朝圣"专栏

金盘：尤吉·贝拉（Yogi Berra）又名劳伦斯·彼得·贝拉（Lawrence Peter Berra）

（弗兰克）……做了一个绝妙而简短有趣的讲话，以"我饿了"结束——饭前讲话的最佳类型——在从4分跑完1英里的运动员班尼斯特那儿得到他的奖章之前。比尔·克林顿（Bill Clinton）的讲演非常吸引人，难以置信得长，但又有谁会想象他不是这样呢？

每当弗兰克获得一个新奖，我都很激动。但我从没听说金盘成就奖（谢谢你，谷歌先生）。似乎得金盘奖的人喜欢这种方式——新闻媒体没有被邀请参加他们的聚会，但（考虑到我具有珍妮弗·洛佩兹（Jennifer Lopez）先生般的能力）写这个博客的人被邀请了。

于是我们在这里了，但是是在另一宾馆套房，在纽约市的里吉斯（Regis）街。当我去体育馆健身时，我希望凯蒂·库里克（Katie Couric）或莎莉·菲尔德（Sally Field）会在相邻跑步机上（此二人为著名电视主播和电影演员——译者注），因为接下来的几天她们也要到这里（与很多其他人一起）开座谈会，会见一些极为出色的研究生（我想有200人），并领取她们自己的金盘。

接着，另一个巨震惊的经历是昨晚在大都会博物馆的丹得神殿

(Temple of Dendur) 用晚餐。我依然期待着看到大鸟 (Big Bird) 或斯那夫卢珀格斯 (Snuffleupagus) (电视剧《芝麻街》中人物——译者注)。你们还记得《不要吃画》吗?

还有，来自博茨瓦纳 (Botswana) 总统新闻处……博茨瓦纳新闻处有更多消息。

贴于2005年6月2日"诺贝尔"专栏

娜奥米·贾德心仪莱昂·莱德曼

"你知道莱昂·莱德曼 (Leon Lederman) 吗?"一个纤小、漂亮的女士问道，她的化妆无可挑剔并穿着粉红色牛仔套装。"莱昂是我所喜欢的人。"

娜奥米·贾德 (Naomi Judd) 是一个乡村歌手、歌曲作家、积极的演说家、两个著名女儿的母亲 [歌手维奴娜 (Wynnona) 和演员爱斯莉 (Ashley)]，并且充满了传奇。

她也有自己的网站 (建一个博客，娜奥米!)，并有我要看的，含很多有趣俏皮话的书在亚马逊 (Amazon)，我想我要买。亚马逊似乎没有"大爆炸布吉 (Big Bang Boogie)"音乐光盘，这个曲子是她为莱昂而作，为此他俩在一次音乐会上而共舞。

如果我必须打赌，我将赌娜奥米·贾德也是莱昂·莱德曼喜欢的人之一。

莱昂·莱德曼，1988年诺贝尔奖获得者，也是我喜欢的物理学家之一，并且是我所遇到过的最会讲笑话的人。顺便说一句，在物理圈子里，你会遇到一些很会讲笑话的人。

贴于2005年6月3日"诺贝尔"专栏

金盘：对罗德斯学者的"弗兰克"忠告及其他

在美国科学成就学会2005国际成就峰会上，每一位获奖者都对学生代表——来自50个国家约200名罗德斯 (Rhodes) 学者等——作一简短讲演。所以我们都听到了一些特别好的讲演，但当然最好的当数弗兰克·维尔切克所作的——它短小、精炼、富有知识性，且很有趣。

我特别喜欢他对如何明智地选择课题所作的阐述。

给出含糊的忠告是容易的，但我将另辟蹊径，给你们一个算法。你们当中许多人也许正在考虑结婚，很自然，你想使找到最佳配偶的机会最大。我将给出对这个问题的一个算法……

等一下，我希望这并不意味着我是一个麻烦……

如果你想要弗兰克的算法，并理解为什么我的新绰号是“e 加 1 分之 n”，请看弗兰克的 5 分钟讲话，其中包括爱因斯坦喜欢的笑话作为奉送品（对学生的劝告）。

贴于 2005 年 6 月 5 日“诺贝尔”专栏

金盘：对韦恩（Wayne）和凯瑟琳（Catherine）$n/(e+1)$ 的感谢

太好玩了，但现在我很累。聚会到凌晨 1 点半，然后 6 点得起床整理行李。

一个多么超乎想象的派对啊。

我们都到了，在去金盘宴会的公共汽车上。弗兰克和我转过身去问坐在后面的乔治·卢卡斯和桃乐皙·海米尔（Dorothy Hamill），金牌仪式是否有一些需要特别注意的环节（他们告诉我们没有）。然后我们开始谈论在奥斯卡和诺贝尔仪式上出差错的各式各样的事情。

在宴会上，我与弗兰克的诺贝尔奖同伴坐在一起，有亚伦·思辰诺娃（Aaron Ciechanover）、琳达·巴克（Linda Buck）和格罗斯，还有克理登斯复兴清水（Creedence Clearwater Revival）合唱团的约翰·弗格蒂（John Fogerty）。

跳回到 20 世纪 70 年代，那时我曾努力劝说一个经典音乐迷，在摇滚中有真正的音乐。克罗斯纳（Krasner）夫人要求我给她演奏一些有说服力的东西。因为她喜欢贝多芬（轰，哗，砰），我选择了克理登斯清水乐队的“骄傲的玛丽”。并且我认为基于那个演奏，我能真正说服她从贝多芬转变过来，但我真的想把这个故事告诉约翰·弗格蒂。在台上他很狂野（现在正在巡回演出!），但台下非常惹人喜欢。

那为什么这个博客作者笑得如此厉害？是因为琳达·巴克准备好拍照片，而萨姆·唐纳德森（Sam Donaldson）突然从她的后面出现，并给她做了一个“魔鬼之角”的手势。

艾萨克·伊斯莫夫（Isaac Asimov）告诉马文·明斯肯（Marvin Minsky）：“不要问什么，走就是了。”

这是一个好忠告。

如果这听起来好像我在自夸——那我又能讲什么呢？将它写入博客是邀请我的博客朋友与我共享这个乐趣的最贴切的方式了。

贴于2005年6月4日“生活、世界、万物”专栏

与弗兰克之根的联系

弗兰克的波兰籍祖母，又称维尔切克奶奶，在她5英尺高的身躯里，凝聚着一种很强的原动力。她的结婚照占据了我们饭厅的一角，相片里她拖着一大捆和她手臂一样长的百合花。

19岁时，在波兰第一次世界大战后灾难的岁月里，她离开了她的故乡加利西亚巴比采（Calician Babice）。在长岛，她遇到了弗兰克的波兰籍祖父——一个来自华沙的6英尺高的铁匠，是他给了我们每个人意为“小狼”的姓氏。

弗兰克和我刚从波兰美洲科学与艺术学院的一次盛大聚会回来——这是些在这里、在曼哈顿保持着波兰优秀传统的流亡学者们。

我很高兴见到弗兰克与他的波兰根脉间的联系（反之亦然），但今天的波兰美洲科学与艺术学院聚会更胜一筹（或按照维尔切克奶奶的话说，是波兰炸排叉和甜圈饼）（原文中“takes the cake”中的“cake”被用做俏皮话双关语——译者注）。

我有地球上最好的姻亲……

……还要说是沃尔特（Walter）叔叔和比利（ Billie）婶婶（他们与我们一起去了斯德哥尔摩仪式），杰瑞（Cheri）和帕蒂（Patti）堂兄妹（还有很多!），还有吉姆（Jim）表兄。

但这张特别的照片展示了昨天在纽约的诺贝尔纪念仪式之后，弗兰克与他的爸爸妈妈在一起。这是各种“盛赞弗兰克”的场合中他们第一次到场。对他们的到来，我们非常高兴。

贴于2005年6月14日“生活、世界、万物”专栏

克利夫笔记（Cliff Notes）版本的弗兰克的诺贝尔经历

……我们成了一个典型喜剧中的陪衬。弗兰克被邀请在他的中学和小学的毕业仪式上讲话。

谈谈儿时的梦想（或儿时的噩梦）……

还有，另一桩具有莎士比亚讽刺风格的事是，《纽约时报》决定用它的星期日时尚部分报道上周诺贝尔纪念仪式，还有婚礼和炫目的募捐者。这张照片不在线，但［幸亏我的朋友罗伯塔（Roberta）锐利的眼睛］现在我有一张印有弗兰克和纽约市十几岁的诺贝尔短文竞赛获得者在一起的报纸。他们与派对狂人戴维·洛克菲勒和亨利·基辛格（Henry Kissinger）共享一页。

这些学生短文作者将享有12月份的所有诺贝尔奖庆典活动，所以我猜想他们很关心纽约时报把他们的照片放于何处。

贴于2005年6月22日“诺贝尔”专栏

皇后区的壮观景象

在背景中，雷·查尔斯（Ray Charles）唱着“美丽的美国”。严肃的五年级学生列队行至学校礼堂的前面，爬上台，伴着歌曲“誓言”（歌曲名——译者注）引导我们宣誓。

这给我带来了一些很有用的启示：当你的丈夫被邀请给他以前的小学毕业仪式致辞时——不要化任何眼妆。

现在，在动身前往康士坦茨湖（Lake Constance）的一个有众多诺贝尔奖获得者的岛屿之前，我们在家整整待了一天。接下来是在乌普萨拉（Uppsala）的轻子－光子会。我仍然喜欢旅行，但我已经厌倦了打包和解包。

贴于2005年6月24日“朝圣”专栏

纽约时报上的性、物理学和丹尼斯·奥弗比

博客的成功有约84.3%[①]要归功于我们对已经了解的人想知道更多，哪怕是多一点。

当丹尼斯·奥弗比（Dennis Overbye）给弗兰克一次纽约时报后台参观的机会时，我很高兴追随［顺便说一句，比在CNN（美国有线电视新闻网）的后台印象要深刻得多］。所以，我必须多读些关于丹尼斯的东西。我偶然看到就他的书《恋爱中的爱因斯坦》的一次精彩采访，其总结忍不住要和大家分享：

> 我认识很多喜欢阿尔伯特（Albert）的人。我本人也许喜欢他。他是一个不可救药的浪漫主义者，他生活在预感之中。他总是渴望下一件事情。他总是想象一些与别人在一起的精彩生活，而勉强支撑着与现有女伴的共同生活。如果我考虑一下这种情况，我会说这正与他心理状态适合，他具有完美的境况和实足的个人魅力。当然，如果你是爱因斯坦，你会以你的方

① 这些统计数据是虚构的，值得这么做。

式要你想要的一切，然后又想独自清净。所以你需要爱，你需要感情，你需要一顿美餐，但又不想之外的任何干涉，你不想有任何义务干涉你的生活，你的工作。这在成人关系中是很难维持的姿态；这行不通……如果他在附近，我会买一瓶啤酒给他……但我怀疑我会将我妹妹介绍给他。

现在，也许你对爱因斯坦的了解比你想要了解的更多了。假如他也有一个博客，他就可以站在他的立场上给我们说说他的想法了。

贴于2005年6月30日“朝圣”专栏

银河草莓和军事隔离区观鸟

昨晚在第55届林道（Lindau）诺贝尔年会上有美妙的甜点：顶部是半球形糖线，果汁冰糕和冰淇淋交互的一个塔，构造出一个小天文雷达的构形。

现在我是在德国的林道，美丽的博登湖（Bodensee）（又称康士坦茨湖）之滨，一个可爱的、19世纪的并带有沙滩和小船的旅馆的5层。弗兰克·维尔切克和其他46位诺贝尔奖获得者以及700多名来自世界各地的学生在林道岛，做着科学家们的那一套。

在被飞行时差困倦击倒之前，我获许从我昨夜一起吃晚餐的汉斯·乔维尔（Hans Jornvall）那里分享一些信息，他是医学诺贝尔奖评选委员会的头头，而且是一位很认真的热爱自然者和爱鸟者。

汉斯告诉了我关于朝鲜军事隔离区的一些不平凡的事——一小条土地，密密的一排北朝鲜士兵从北面用大枪对着它，南朝鲜士兵则从南面用枪指着它。那里没人居住、没人耕种、没人打猎，所以它回到了蛮荒时期，充满了稀有和濒于灭绝的物种。很高兴知道了对峙对世界的一种好处。

然而，不要到韩国观鸟，然后戴着你的小博士能（Bushnell）光学设备和彼得森（Peterson）野外考察指南漫步去军事隔离区。否则，你多半会被一方或另一方当场击毙。

贴于2005年6月27日“朝圣”专栏

有多少诺贝尔奖获得者在一个大头针尖上跳舞？

或者，不管大头针，有多少诺贝尔奖获得者在林道的一个小舞池里跳波洛乃兹（Polonaise）舞（一种波兰舞蹈——译者注）？昨夜聚会之后，我猜差不多有47个。

特殊荣誉归于艾伦·黑格（Alan Heeger）（2000年化学奖），因为他漂亮的舞步，当然还有弗兰克·维尔切克（2004年物理学奖）。

我喜欢这样的旅游，在那里你会遇到你早已认识并喜欢的人。从2004年12月起，对我来讲，这些人中99.44%/100%是诺贝尔奖获得者（前一个数字代表认识的，后一个是喜欢的——译者注）。该列表中最上面的是亚伦·思辰诺娃（Aaron Ciechanover）（2004年化学奖），他刚教会了我如何用Skype（网络即时通信工具——译者注）。

亚伦（Aaron）因研究泛素（ubiquitin）而得奖，这是一种我们细胞中有用的蛋白杀手。昨天，他进行了一次关于细胞如何通过分解有缺陷的蛋白质来控制质量的演讲。只要用一些泛素来标记坏蛋白，一个巨大缭乱的蛋白酶体（proteasome）就会发现并摧毁它（这里我简化了许多）。

细胞不能再生损坏的蛋白质——老而无用的蛋白质妨碍了健康的进程，因此有很多医疗可能性。

还有类似的比喻。我希望我们大家都有些精神上的“泛素”——一个摆脱不良思想和陈旧观念的机制，通过仔细检验后，了解哪些是有缺陷的……

当然，我的想法包括这一个，都是完全理想化的。但对有些人，嗯，他们确实需要一些反思。

贴于2005年6月28日“诺贝尔”专栏

拥有4个无线网络和19世纪风情

在林道召开的诺贝尔奖获得者会议，以19世纪夏天的壮观景色接待了获奖者——草坪、林荫小径 、大量的玫瑰、午后在阳台上俯瞰康斯坦茨湖，而同时穿着长裙的服务员送来冷冻白葡萄酒或冰巧克力（eischocolade）甜点 。

同时，在巴德-莎阿亨酒店（Hotel Bad-Schachen），在我们有纱帘的房间里，在石头阳台上，或在梧桐树下的绿色长椅上，有2~4个无线网络。

如果你打算参观康斯坦茨湖——它在德国是一个长满了果树，说grüss gott（德语方言，意为你好——译者注）以打招呼的地方，它挨着奥地利和瑞士的高地。如果你不是太喜欢空调，那我推荐可爱的巴德-莎阿亨酒店，即原白天鹅酒店（White Swan Hotel）。

贴于2005年7月2日“朝圣”专栏

突然想起了过去在一起的时光

30 年前……

……在 1973 年 7 月 3 日，我是一个 20 多岁的年轻人，即将第二次结婚，是与一个让我有些紧张的男孩。那一天几乎一切都出了错。

❖ 因为我们的“私奔”，仅有 4 个研究生密友为我们当证婚人，我们的家人都以为一个宝宝快要出生了。事实上，我们只是对所有的推迟感到急躁，这是由于“阿加莎婶婶 6 月 7 日不能来，下周末怎样——不，爱德华叔叔下周末不能来……”而过于烦躁。是啊，宝宝出生了，但在大约 15 个月后。

❖ 我用调好的料烤了一个巧克力结婚蛋糕，原想不会在我崭新的不粘锅（Teflon）巴上油和面粉呢。错了！我们的客人只吃到了大碗的冰激凌和从锅里刮下来的蛋糕块。

❖ 驱车去荷兰颈（Dutch Neck）交通法庭时我们迷了路，所以我们错过了与法官约定的时间。在被叫进后面为我们举行“仪式”的房间之前，我们和朋友不得不坐下听了 1 小时有关违反交通信号和酒后驾车的听证。

这件事做对了——我与一位非凡的男士结了婚，之后的 30 年里他从没停止过给我惊喜。

有空来洒大米（西方婚礼习俗，向新人身上洒大米——译者注）。

贴于 2003 年 7 月 3 日“我的左页”专栏

电子邮件！我喜欢！

1973 年的电子邮件在哪里？我们婚礼后的第一天，弗兰克便离开去参加在西西里（Sicily）的为期三周的暑期学校——并且第一封封面白蓝的航空信，是在他去了整整一周后才到达的。

让我写出来：

整　整

一　个

星星星星星星星星星星星星星星期!!!!!

但 30 年后，我仍然保存着弗兰克所有低科技（low-tech）的信件。与此同时，我们高科技的早期记忆，关于米蒂（Michy）学习走路和讲话的特制 8 毫米电影（super 8 film）（一种电影格式——译者注），一再被说过时了。一开始，我们被建议将它们转换为家用录像（VHS）带。后来，我们被建议将家用录像带转换为 DVD 光盘。现在，高清晰电视（HDTV）即将到来，谁知道下一种格式会是什么呢。

电子邮件，我爱它。一个重要原因是因为我可以将它打印出来，然后它便是 * 我的 * 。

贴于 2004 年 2 月 7 日“朝圣”专栏

女士们和先生们——是或否的问题！

如果一个男人说“是”，他的意思是也许。

如果他说“也许”，他的意思是不。

如果他说“不”——他就不够绅士。

如果一个女人说“不”，她指的是可能。

如果她说“也许”，她就指是。

如果她说“是”——她就不够淑女。

这是一个保罗·狄拉克（1902～1984）喜欢的笑话，他是一位极出色的物理学家，他如此害羞，以至于他剑桥大学的同事创造了一个单位，dirac（狄拉克），用来代表语言的最小单位。狄拉克是一位我所称道的第一男性（aleph male）——基本奢望（alpha ambitions）被其执著所征服。

1981 年，狄拉克 80 岁诞辰的前一个夏天，我见到了他和他卓越的妻子莫皙（Moncie）。他在西西里岛一个被称为埃里塞（Erice）的小山城，举办了一个著名的暑期学校。我是一位年轻的物理学者的妻子，很明显已经怀孕（在一年前，我的臀部被西西里人拧得青一块紫一块，但我圆圆的小肚子让我像皇后一样被招待）。

我对学语言有书呆子般的爱好，所以我给不会讲意大利语的物理学家充当业余导游。我很高兴被挑选成为诺贝尔奖获得者的伴当，尽管只有一两个小时，也不过是为他买一些鞋。狄拉克教授殷勤但害羞——当他微笑时，他的眼里闪动着迷人而顽皮的目光。

我认为莫皙是一个很幸运的女人。

贴于 2003 年 6 月 5 日“学习写笑话”专栏

1983 年：费恩曼和我的情人节礼物

谈到情人和爱（我们不谈吗?），我喜欢这张 1983 年弗兰克·维尔切克与物理学界的传奇人物——坏小子费恩曼的照片。

是的，就是《别闹了，费恩曼先生》的费恩曼；发现造成挑战者号灾难的冷冻 O 型密封圈的费恩曼；撬保险箱、玩小手鼓、喜欢图瓦（Tuva）（俄罗斯内共和国——译者注），1965 年诺贝尔奖获得者，1918 ~

1988 年的费恩曼。

关于这张照片，首先，将你内心的相机再调得更远，调到 1972 年，这一年我遇到了弗兰克·维尔切克。当我回想起这些非常快乐的日子，我还记得玩鲍勃·迪伦（Bob Dylan）的唱机，并将唱针移到我以为弗兰克“应该”会听的声道。我永远不会忘记他把我介绍给费恩曼，借此他想说那套三卷红色破旧的《物理学讲义》，他在高中学物理时就自学过。

他让我坐在他旁边研究生院的破旧沙发上，把第一卷放到我的手里，等待着欣赏我一读便会感到的那种喜悦。这些书籍是一个智力宝库，他迫不及待地要去分享——只有到后来，我才发现它们也是他漫漫人生历程中的一部分——假如我以前没爱上他，那么我肯定会在那时爱上他的。

现在——十多年后，在有大量的物理和两个非凡的孩子后，我们到了 1983 年。戈德伯格发给我们这张弗兰克与费恩曼在他的（莫夫）60 岁生日聚会上的照片。难怪弗兰克看上去很快乐，即使费恩曼正在取笑他，我们的朋友特瑞曼正给他做“魔鬼之角”手势……

我一直在努力收集弗兰克·维尔切克的照片，这必须要到大量的出版物中去找。所以，需要一些巧克力来补偿我情人节未能想出完美的十四行爱情诗……

贴于 2005 年 2 月 14 日“诺贝尔”专栏

1984 年：我们的第一台苹果电脑

1984 年，我们有了第一台苹果电脑，劳伦斯·克劳斯（Lawrence M. Krauss）（《星球旅行的奥秘》作者）就是播种第一颗苹果机（Macintosh）种子的约翰尼·阿普尔西德（Johnny Appleseed）（Johnny Appleseed 是美国垦荒时期农场童话 *Johnny Appleseed* 中的主人公，花了 49 年时间在美国未开垦的土地上播撒苹果种子，他梦想着有一个到处是苹果树、人人衣食无忧的国度——译者注）。

1984 年，利用加利福尼亚大学圣巴巴拉分校（University of California, Santa Barbara，UCSB）理论物理研究所 VAX/VMS 系统上那鲜为人知的文字处理器，弗兰克和我试图合作写一本书。

后来有一天，一位叫做劳伦斯·克劳斯（Lawrence Krauss）的年轻物理学家来了，无论到哪里，他都带着一个 15 磅重的大塑料箱，他称之为 Mac①。我们还从没想过在我们的旅途中带上我们那台不错的老式 Atari 800 电脑（我们用它在一个旧电视上玩简单的游戏，并用 Atari BASIC 语言写简单的游戏）。这台“Mac”有什么我们电脑没有的呢？

劳伦斯急于演示 Macwrite 和 Macpaint 软件（Macwrite 类似于 Microsoft Word，只是简单可靠得多）（Macpaint 是苹果机用的绘图软件——译者注）。我们马上就被征服了，我们的孩子也一样！我仍然有许多页用 Macpaint 所产生的点阵打印结果，来证明这一点。

这个 Mac 正是我们所需要与之合作的。

❖ 不要介意你得在软盘上保存每一件东西②。

❖ 不要介意每一章都不到 10 页。

❖ 不要介意我用点阵打印机制作的“插图”是黑白的，且像素很低。

这第一台 Mac 就是一个极好的例子，告诉人们电子计算机可以极大地改善人们的生活。我们仍然感谢劳伦斯·克劳斯（Lawrence M. Krauss）（现在他正在这里与我们一起参加美国物理学会会议，他做了 3 个精彩报告！）

早在劳伦斯写《星球旅行的奥秘》之前，他就帮助我们大胆地涉猎维尔切克或黛雯还没去过的地方。

贴于 2005 年 4 月 19 日“我的左页”专栏

至少来访者还不算粗鲁……

> 为了纪念玛丽·雪莱（Mary Shelley），将在伦敦她去世的房子上装一个英国遗产委员会（English Heritage）的蓝色牌子——这是一项在 1975 年就提议的荣誉，但被当时住在那里的教区牧师所抵制。他反对“《弗兰肯斯泰因》（Frankenstein）（人造怪物——译者注）的作者”这样的词句，大概害怕一群群举着火炬的农民，并觉得“作家（或女性作家）和诗人的妻子”就可以了。

以上摘自这个月的《安赛波》（Ansible）月刊、大卫·朗福特

---

① 哇！Mac 加键盘，加其他，再加机器包总共才重 22 磅！多亏了麻省理工学院的库巴·塔塔科维兹（Kuba Tatarkiewicz），给出了原始的 Mac 规格链接。

② 再一次感谢库巴通过网络告诉我：软盘的大小“为 400 KB，而原始 Mac 计算机的内存为 128 KB，因此，当您试图在单一驱动器的 Mac 上复制软盘时，就有所谓的苹果机辛苦了（我曾经嵌入 27 次——非常痛苦的！）”。

（Dave Langford）的精彩英国科幻小说/狂热爱好者时事通讯。

我有些同情这位教区牧师，因为多年前我们曾住在普林斯顿，阿尔伯特·爱因斯坦住过的房子。爱因斯坦很坚决，他不想让房子成为博物馆——它也的确不是，但这并没有阻止游客按门铃。

无论如何都想进来的是一些德国人。在这种不太令人愉快的时刻，我想指出，假如不是他们的先辈轻率地将他驱逐，爱因斯坦本来会快乐地在德国一直活到老。

我从来没有想过英国牧师的解决方案："这里曾住过一位作家，两位爱因斯坦夫人的丈夫。"

贴于2003年10月2日"生活、世界、万物"专栏

王者归来：绝对最好的时刻

很难在《魔戒Ⅲ》（rotk）中选一个最佳场景，但这里是我的前5个（主要破坏者在前面！）：

5：当莱格拉斯（Legolas）与巨象和骑士战斗时。

4：当吉姆利（Gimli）告诉莱格拉斯（Legolas），"这只能算一个"时。

3：当伊欧温（eowyn）和梅丽（Merry）打败戒灵王（Witch King）时。

2：当萨姆（Sam）突然站起去找到露丝·卡彤（Rosie Cotton）时。

1：绝对是最佳的：后来在电影院外，当我的丈夫说"可怜的阿拉贡（Aragorn），他真选择了错误的女孩"时。

贴于2004年1月11日"英雄和有趣的人们"专栏

伴随着蚊虫嗡嗡声的引人注目的理论

有一次黄昏，当我们在潮湿的天气中散步时，我从丈夫那里听说了加里·维尔（Gary Wills）对比尔·克林顿新书的评论。

弗兰克对于加里·维尔评论的一句话概括是："维尔说，比尔·克林顿是一个悲剧英雄。"

弗兰克对加里·维尔评论延伸的一句话是："换句话说，比尔·克林顿是一个大笨蛋。"

贝特希对弗兰克评论的注释：我认为这不仅是对比尔·克林顿，而且是对悲剧的真正深刻的理解 。考虑一下，俄狄浦斯（Oedipus）—安提歌尼（Antigone）—麦克白（Macbeth）—哈姆雷特（Hamlet）—皇室，真是痛苦啊，他们中的每一个都是。

弗兰克·维尔切克：数学和物理之间的差异……

有一个写博客的妻子，就会带来一些问题。举例来说，如果你对一群你的高中同学说了一些有趣的事，你的妻子很可能会在一张餐巾纸上快速地把它记下，以后写进她的博客里。

就这样，4 个月后，她重新找到那张餐巾纸。所以，今天（在这里啦!）我将在博客里写下两个很不错的弗兰克·维尔切克语录!

我去大学计划主修数学或哲学。

当然，这两种想法其实是一样的。

在物理中，你的答案应该能说服一个理性的人。

在数学中，你必须说服一个试图制造麻烦的人。

最终，在物理中，你希望说服自然。

并且我发现，自然是很理性的。

现在，我要前去无法写博客的新罕布什尔（NH）边远地区了。在我离开的时候，假定我的博客朋友们现在并没有都决定也休息不写的话，请读他们的文章，我博客上给出了相关的链接。

贴于 2005 年 7 月 9 日“英雄和有趣的人们”专栏

诺贝尔奖之完整循环

诺贝尔奖之完整循环：2005年10月5日

一年前，弗兰克在上午5点半接到诺贝尔电话。今年，一个诺贝尔电话打到了罗伊·格劳伯（Roy Glauber）——我们的一位剑桥邻居那里。这是一个完整的周期性循环——多么精彩、有趣（古怪且滑稽）的一年啊。

❖ 詹妮弗·洛佩兹的歌迷围着我丈夫要签名。

❖ 瑞典卡尔·菲利普王子殿下告诉我哪种长内衣对冰旅馆是最合适的（他说重量适中的，他是对的）。

❖ 最终我看到了北极光（起伏波动且是绿色的）。

❖ 普林斯顿将弗兰克的照片加进了诺贝尔画廊。很早以前，当我们交往的时候就很喜欢光顾这个地方。

❖ 漏掉了许多的东西［列赫·瓦文萨（Lech Walesa）、卢卡斯等外星人……］10月15日前，我正在拼命挑选这一年中其他特别的经历，要与弗兰克一起出一本书！

弗兰克收到的邀请，要远远比他实际有可能去的地方多得多——而且我们已经去过的地方比应该去的要多得多。尽管现在手提箱扁了，有时脚跟酸痛，但是我们怎么会后悔去了那些地方，后悔发现那些新奇的事物，后悔遇到那些出色的人物呢？

谢谢，诺贝尔基金会，这一切因你而成为可能。

谢谢，亲爱的读者，感谢你们一同分享这美妙的旅程。

贴于2005年10月5日“诺贝尔”专栏